Los viajes en el tiempo
y el universo de Einstein

J. RICHARD GOTT

Los viajes en el tiempo
y el universo de Einstein

Traducción de
Luis Enrique de Juan

CÍRCULO de LECTORES

Dedicado a mis padres, a mi esposa y a mi hija;
mi pasado, presente y futuro

AGRADECIMIENTOS

Ante todo, quiero dar las gracias a mi encantadora esposa Lucy por creer en mí. Lucy es una de las personas más inteligentes que conozco (fue *summa cum laude* en Princeton), por lo que siempre tengo muy en cuenta sus consejos. En lo que se refiere a este libro, su experiencia profesional como escritora y editora ha contribuido a mejorar la calidad del manuscrito.

Doy las gracias también a mi hija Elizabeth, la mejor hija del mundo. Además de iluminar nuestras vidas, ha robado tiempo a su brillante carrera universitaria para echarme una mano, manejando a veces el ordenador y, muy a menudo, sugiriendo la forma gráfica más adecuada de explicar ciertos conceptos físicos. Ella es la autora del simpático y mofletudo transbordador espacial que empleé para mostrar (en la revista *Time*) cómo se podrían rodear dos cuerdas cósmicas, al igual que del diminuto astronauta que enarbolaba una bandera mientras caía en el embudo que ilustraba las propiedades de los agujeros negros (en *The McNeil-Lehrer Newshour*).

Agradezco a mis padres, Marjorie C. Gott y John Richard Gott hijo, su apoyo durante tantos años y a mi madre, en particular, el haberme llevado, sin desfallecer, a incontables convenciones de la Liga Astronómica y exposiciones científicas durante mis años de colegial.

Quisiera citar en especial a Laura van Dam, mi extraordinaria editora en Houghton Mifflin, que fue la primera persona en proponerme que escribiera un libro sobre viajes en el tiempo. Su entusiasmo, buen criterio y talento editorial han hecho que trabajar con ella fuera un placer. También debo mencionar a Liz Duvall, Susanna Brougham y Lisa Diercks, por su desinteresada ayuda durante el proceso de producción.

Por haber convertido mis garabatos en bonitos dibujos y gráficos, doy las gracias a JoAnn Boscarino y a Li-Xin Li, respectivamente. Algunos de los diagramas fueron creados con los programas Mathematica, Claris-Works o Design It! 3D.

Charles Allen (presidente de la Liga Astronómica) y Neil de Grasse Tyson (director del planetario Hayden) leyeron el manuscrito completo. Sus comentarios fueron esenciales y, más aún, su amistad de tantos años. Jonathan Simon y Li-Xin Li leyeron algunos capítulos y me proporcionaron valiosas sugerencias. También fueron útiles las observaciones de Jeremy Goodman, Suketu Bhavsar, Deborah Freedman, Jim Gunn, Frank Summers, Douglas Heggie, Ed Jenkins, Michael Hart, Matthew Headrick, Jim Peebles, Bharat Ratra y Martin Rees.

Estoy en deuda también con todos mis profesores (desde mi profesora de matemáticas del instituto, Ruth Pardon, hasta el director de mi tesis, Lyman Spitzer) y con mis numerosos colegas, entre los que también se hallan mis alumnos. Debo destacar aquí a Li-Xin Li, cuya aportación a la investigación descrita en el capítulo 4 fue crucial. La figura 27 procede de nuestro artículo en el *Physical Review* de 1998 «¿Puede el universo crearse a sí mismo?». Me gustaría citar también a George Gamow, Charles Misner, Kip Thorne y John Wheeler, cuyos libros me han servido como fuente de inspiración, también a Carl Sagan y, de nuevo, a Kip Thorne, cuyo interés por mi obra he apreciado mucho.

Doy las gracias a Dorothy Schriver y a toda la gente que he conocido en el Science Service; a mi suegra, Virginia Pollard, y a los doctores William Barton y Alexander Vukasin. Mi lista de reconocimientos incluye también a los escritores científicos que han realizado excelentes artículos a partir de mis trabajos: Timothy Ferris, Michael Lemonick, Sharon Begley, James Gleick, Malcolm Browne, Marcus Chown, Ellie Boettinger, Kitta MacPherson, Gero von Boehm, Joel Achenbach, Marcia Bartusiak, Mitchell Waldrop y Rachel Silverman. Gracias a estos autores muchas investigaciones científicas están al alcance de todos. Me gustaría que el presente libro de algún modo también contribuyera a ello.

Finalmente, saludo con admiración a Albert Einstein, cuyas ideas aún suponen un reto.

PREFACIO

Los hijos de mis vecinos están convencidos de que tengo una máquina del tiempo en el garaje. Hasta mis colegas se comportan a veces como si así fuera. En cierta ocasión, el astrofísico Tod Lauer me envió una carta formal invitándome a dar una conferencia sobre viajes en el tiempo en el Observatorio Nacional de Kitt Peak. Envió su invitación seis meses *después* de que yo hubiera dado la conferencia. La carta decía que supuestamente yo no tendría problemas en volver al pasado y realizar mi alocución puesto que yo era un experto en los viajes en el tiempo. En otra ocasión, en una convención cosmológica en California aparecí vistiendo una sudadera de color turquesa, que supuse resultaría adecuada en el distendido ambiente californiano. Bob Kirshner, que por aquel entonces pertenecía al Departamento de Astronomía de Harvard, se acercó y me dijo: «Richard, llevas la "chaqueta del futuro"; has debido de conseguirla en el futuro y traerla aquí, porque ese color ¡no ha sido inventado todavía!». Desde entonces, siempre que doy conferencias sobre viajes en el tiempo llevo esa sudadera.

El viaje a través del tiempo es ciertamente uno de los temas más divertidos de la física, pero tiene también su lado serio. Hay gente que me ha llamado para informarse sobre los últimos avances en este campo con la intención de regresar al pasado y rescatar a un ser querido muerto en trágicas circunstancias. Mi actitud ante esas personas es de absoluto respeto. En parte he escrito este libro para tratar de dar respuesta a sus preguntas. Una de las razones por las que el viaje en el tiempo resulta tan fascinante es precisamente el hecho de que sintamos deseos de realizarlo.

Los físicos que, como yo, investigamos sobre tales viajes no estamos en la actualidad a punto de patentar una máquina del tiempo, ni mucho menos, pero analizamos si su construcción sería posible, en principio, según las leyes de la física. El planteamiento ha atraído a algunas de las mentes más preclaras: Einstein demostró que el viaje hacia el futuro era posible, y con ello inició la discusión. Tanto Kurt Gödel como Kip Thorne y Stephen Hawking se han preguntado si era posible viajar al pasado. La respuesta a la cuestión nos proporcionaría a la vez nuevas ideas sobre cómo funciona el universo y, posiblemente, la clave de cómo comenzó.

Este libro es un relato personal y no un tratado científico. El lector puede imaginarme como un guía que le ayuda a llegar hasta la cumbre del Everest. En ocasiones la ascensión es ardua, y otras veces no tanto, pero me comprometo a subir por la ruta más fácil. Es un sendero de ideas que conozco bien y parte del cual yo mismo he allanado. A lo largo de este camino nos cruzaremos con los trabajos de algunos de mis colegas. He mencionado a muchos de ellos para que el lector tenga una idea de quiénes son los pioneros en estos terrenos. También he subrayado algunas contribuciones y, en cambio, de otras sólo he hecho una breve mención –en secuencia no siempre cronológica–, según el papel que desempeñan en mi historia. Pido anticipadamente disculpas a todos aquellos cuyos trabajos no he mencionado pero que, siendo también importantes, han seguido un camino diferente hacia la cima.

Comenzaremos nuestra aventura desde el campamento base: el propio sueño del viaje en el tiempo y las profecías de H. G. Wells.

1

El sueño del viaje en el tiempo

> El hombre... puede ascender en contra de la gravedad en un globo. ¿Por qué no esperar ser capaz de detener o acelerar su viaje a través de la dimensión tiempo o, incluso, virar y viajar en sentido contrario?
>
> H. G. Wells, *La máquina del tiempo*, 1895

¿Qué haría usted con una máquina del tiempo?

Ninguna propuesta de la ciencia ficción ha fascinado tanto al ser humano como la de los viajes en el tiempo. ¿Qué haríamos si dispusiéramos de una máquina del tiempo? Podríamos ir al futuro y hacer un recorrido turístico por el siglo XXXIII. Y también volver al presente con un remedio para el cáncer.

Podríamos regresar al pasado y rescatar a un ser querido, o asesinar a Hitler y evitar la Segunda Guerra Mundial, o comprar un pasaje para el *Titanic* y advertir a tiempo al capitán sobre los icebergs. Pero ¿y si el capitán ignorase nuestro aviso, al igual que ignoró muchos otros, y el transatlántico se hundiera a pesar de todo? En otras palabras, ¿el viaje en el tiempo permite cambiar el pasado? La noción de viaje al pasado implica algunas paradojas. ¿Qué pasaría si en un viaje al pasado matáramos accidentalmente a nuestra abuela antes de que ésta diera a luz a nuestra madre?

Aunque fuera imposible alterar el pasado, viajar hasta él seguiría resultando atractivo. Aunque no pudiéramos cambiar el curso conocido de la historia, podríamos participar en él. Por ejemplo, sería posible retroceder en el tiempo y ayudar a los aliados a ganar la batalla de Midway en la Segunda Guerra Mundial. A muchos les gusta reproducir las batallas de la guerra de Secesión; ¿qué sucedería si fuera posible participar realmente en una de ellas? Si eligiéramos una batalla ganada por nuestro bando, participaríamos en la apasionante experiencia con la tranquilidad de conocer el desenlace. Incluso podría ocurrir que el curso de la batalla estuviera determinado por la presencia de esos turistas procedentes del futuro. De hecho, hay quien afirma que ciertos personajes históricos muy adelantados a su época, como Leonardo da Vinci o Julio Verne, han sido viajeros del tiempo.

Si nos decidiéramos a viajar en el tiempo, podríamos elaborar un increíble itinerario. Sería posible coincidir con figuras de la talla de Buda, Mahoma o Moisés; podríamos comprobar el aspecto real de Cleopatra o asistir a la primera representación del *Hamlet* shakespeariano, o bien colocarnos en cierto montículo de Dallas y verificar personalmente si Oswald era el único asesino. Podríamos presenciar el sermón de la montaña de Jesús (filmarlo, incluso), o recorrer los jardines colgantes de Babilonia. Las posibilidades son infinitas.

Al parecer podemos movernos a voluntad en cualquier dirección del espacio, pero en el tiempo somos como remeros indefensos a merced de una poderosa corriente que nos empuja hacia el futuro a una velocidad de un segundo por segundo. A uno le gustaría a veces remar hacia delante e investigar las riberas del futuro o, quizá, dar media vuelta y bogar contracorriente para visitar el pasado. La esperanza de que algún día dispongamos de esa libertad se ve alentada por el hecho de que muchas cosas que antiguamente se consideraban imposibles son sucesos rutinarios hoy día. Cuando Wells escribió *La máquina del tiempo* en 1895, mucha gente pensaba que no era posible que existieran artefactos voladores más pesados que el aire. Los hermanos Wright demostraron que muchos escépticos estaban equivocados. Luego, otros dijeron que nunca se superaría la barrera del sonido. Y fue Chuck Yeager quien demostró de nuevo que lo que parecía imposible no lo era. Los viajes a la Luna pertenecían al reino de la fantasía, hasta que el programa Apolo los materializó. ¿Podría ocurrir algo similar con los viajes en el tiempo?

Actualmente, el tema de los viajes en el tiempo ha saltado de las páginas de la ciencia ficción a las de las revistas científicas, a medida que los físicos exploran si las leyes físicas los permiten e, incluso, si en ello se hallaría la clave de cuál fue el origen del cosmos. En el universo de Newton, el viaje a través del tiempo era inconcebible; sin embargo, en el de Einstein se ha convertido en una posibilidad real. El viaje hacia el futuro se sabe ya que es posible y ahora los físicos investigan también el viaje al pasado. Para entender mejor el objeto de estudio actual de los científicos será conveniente examinar los principales temas relativos a los viajes en el tiempo en la ciencia ficción, muchas de cuyas ideas fueron pioneras en este campo.

La máquina del tiempo *y el tiempo como cuarta dimensión*

La idea del viaje en el tiempo cobró relevancia gracias a la maravillosa novela de Wells, cuyo aspecto más notable consiste en tratar al tiempo como una cuarta dimensión, por lo que se anticipó en diez años al concepto acuñado por Einstein.

La novela comienza cuando el viajero del tiempo invita a sus amigos a examinar su nuevo invento: una máquina del tiempo. El viajero les explica la idea de esta manera:

> –Como todos ustedes saben, una línea matemática, una línea de grosor *nulo*, no tiene existencia real. Lo mismo ocurre

con un plano matemático. Ambas cosas son meramente abstracciones.

–En efecto –asintió el psicólogo.

–Del mismo modo, un cubo, que consta sólo de largo, ancho y alto, tampoco tiene existencia real.

–Aquí disiento –dijo Filby–. Por supuesto que un cuerpo sólido puede existir. Todas las cosas reales...

–... Aguarde un momento. ¿Puede existir un cubo *instantáneo*?

–No le entiendo –admitió Filby.

–¿Un cubo que no perdure un solo momento tendría existencia real?

Filby quedó pensativo.

–Es obvio –prosiguió el viajero del tiempo– que cualquier objeto real ha de extenderse en cuatro direcciones; debe tener longitud, altura, anchura y... duración. Existen en realidad cuatro dimensiones: las tres espaciales y una cuarta, el tiempo. Tendemos a establecer una diferencia artificial entre las tres primeras y la última, debido a que... nuestra consciencia se mueve de forma intermitente... a lo largo de esa cuarta dimensión, desde el principio al fin de nuestras vidas.

El viajero muestra entonces a sus amigos un modelo a escala de su invento: una estructura metálica con piezas de cuarzo y marfil. Una palanca sirve para impulsarla hacia el futuro y otra para invertir el sentido del viaje. Invita a uno de los presentes a empujar la palanca del futuro y el artefacto desaparece instantáneamente. ¿Adónde ha ido a parar? No se ha movido en el espacio, simplemente ha pasado a otro tiempo, según explica el viajero. Sus amigos no terminan de creerle.

A continuación, el viajero del tiempo lleva a sus amigos al laboratorio que tiene instalado en su casa y les presenta un modelo a tamaño real, casi acabado. Una semana más tarde, una vez terminada la máquina, sube a bordo de ella y emprende una singular expedición al futuro.

Para empezar, empuja suavemente la palanca del futuro. Luego aprieta la que hace de freno y echa un vistazo al laboratorio. Todo está igual. Entonces observa el reloj: «Hace un momento, marcaba las diez y un minuto, más o menos, y ahora señala... ¡las tres y media!». Vuelve a accionar la palanca y contempla a su ama de llaves moviéndose a toda velocidad a través de la habitación. Entonces, empuja más a fondo la palanca. «Se hizo de noche como si hubieran apagado la luz y un momento después ya era un nuevo día... Desde ese momento, los días y las noches se sucedieron como el batir de un ala oscura... Después, a medida que iba ganando velocidad, las noches y los días se fundieron en una continua penumbra... Vi entonces enormes edificios alzarse majestuosamente y luego desaparecer como si fueran un sueño.»

En un momento dado, el viajero detiene la máquina. El dial indica que ha llegado al año 802701. ¿Qué es lo que encuentra? La especie humana se ha dividido en dos razas: una, embrutecida y vil, que vive bajo tierra –los morlocks–, y otra, infantil y apacible, que habita en la superficie –los eloi–. Entre los últimos, el viajero encuentra una encantadora joven, llamada Weena, con la que entabla amistad. Así descubre, horrorizado, que los trogloditas de las profundidades crían y recogen las criaturas de arriba como si fueran ganado... para comérselas. Para empeorar las cosas, los morlocks consiguen robarle la máquina del tiempo. Cuando la recupera, salta a bordo y, para escapar, acciona al máximo la palanca del futuro. Cuando finalmente consigue controlar la máquina, se encuentra en un futuro lejano. Los mamíferos se han extinguido y en la Tierra sólo quedan mariposas y una especie de cangrejos. Más adelante llega a explorar hasta treinta millones de años hacia el futuro, donde contempla un Sol rojo y moribundo y una vegetación del tipo de los líquenes; la única vida animal visible es una criatura con forma de globo dotada de tentáculos.

El viajero regresa entonces a su época, junto a sus amigos. Como prueba de la aventura, muestra unas flores que Weena le había entregado, de una clase desconocida para quienes le rodean. Tras narrar sus peripecias, el viajero parte de nuevo en su máquina del tiempo y ya no retorna más. Uno de sus amigos se pregunta adónde habrá ido. ¿Regresaría al futuro o se hallaría, por el contrario, en alguna era prehistórica?

El libro de H. G. Wells fue verdaderamente profético por considerar el tiempo como una cuarta dimensión. Einstein utilizaría esta idea en su teoría especial de la relatividad de 1905, la cual describe cómo un observador estático y otro en movimiento miden el tiempo de forma diferente. La teoría de Einstein, desarrollada por su profesor de matemáticas Hermann Minkowski, demuestra que el tiempo, en efecto, puede ser tratado matemáticamente como una cuarta dimensión. Nuestro universo es, por lo tanto, tetradimensional. Decimos que la *superficie* de la Tierra es bidimensional porque todo punto perteneciente a ella puede ser especificado mediante dos coordenadas, longitud y latitud. Para localizar un suceso en el universo hacen falta cuatro coordenadas.

Un ejemplo adaptado a partir de uno del físico ruso George Gamow ilustrará mejor la idea. Si deseo invitar a alguien a una fiesta, le debo proporcionar cuatro coordenadas. Le diría, por ejemplo, que la fiesta será en la calle cuarenta y tres, esquina con la Tercera Avenida, en el piso 51 y la víspera de Año Nuevo. Las tres primeras coordenadas (calle cuarenta y tres, Tercera Avenida, piso 51) localizan la posición de la fiesta en el espacio. Pero también debo indicar el tiempo. Las dos primeras coordenadas informan a mi invitado a qué punto de la superficie terrestre debe acudir; la tercera, la altura que debe alcanzar sobre ese punto, y la cuarta, en qué momento llegar. Cuatro coordenadas, cuatro dimensiones.

Podemos visualizar nuestro universo tetradimensional utilizando un modelo de tres dimensiones. La figura 1 muestra un modelo así de nuestro sistema solar. Los ejes horizontales representan dos de las dimensiones del espacio (por simplicidad, hemos dejado fuera la tercera dimensión) y el eje vertical señala la dimensión temporal. Hacia arriba está el futuro; hacia abajo, el pasado.

La primera vez que vi un modelo como éste fue en el delicioso libro de Gamow *Uno, dos, tres... Infinito,* que leí cuando tenía doce años. El dibujo hace que cambie nuestra perspectiva del mundo. Los libros de texto presentan habitualmente un diagrama bidimensional del sistema solar. El Sol aparece como un disco circular y la Tierra, como un círculo más pequeño cerca de aquél. La órbita terrestre se representa como una circunferencia de puntos en la superficie plana del diagrama. Este modelo bidimensional capta sólo un instante en el tiempo. Pero supongamos que dispusiéramos de una película del sistema solar que mostrara el movimiento giratorio de la Tierra alrededor del Sol. Cada fotograma de la película sería una imagen bidimensional del sistema solar, una instantánea tomada en un momento concreto. Si cortáramos la película en fotogramas individuales y los apiláramos unos sobre otros, obtendríamos una representación adecuada del espacio-tiempo. Los sucesivos fotogramas muestran sucesos cada vez más tardíos. El instante en el tiempo al que corresponde un fotograma concreto viene dado por su posición vertical en la pila. El Sol aparece en el centro de cada fotograma como un disco amarillo inmóvil. Así pues, en la pila, el Sol se convierte en una barra vertical amarilla que se extiende de abajo arriba, representando el progreso del astro rey desde el pasado al futuro. En cada fotograma, la Tierra es un pequeño punto azul que, conforme ascendemos en la pila, se halla en un punto distinto de su órbita. Por ello, en la pila la Tierra se transforma en una hélice azul que envuelve la barra amarilla del centro. El radio de la hélice es el de la órbita terrestre, ciento cincuenta millones de kilómetros, o como nos gusta decir a los astrónomos, ocho minutos luz (puesto que la luz, que viaja a trescientos mil kilómetros por segundo, tarda

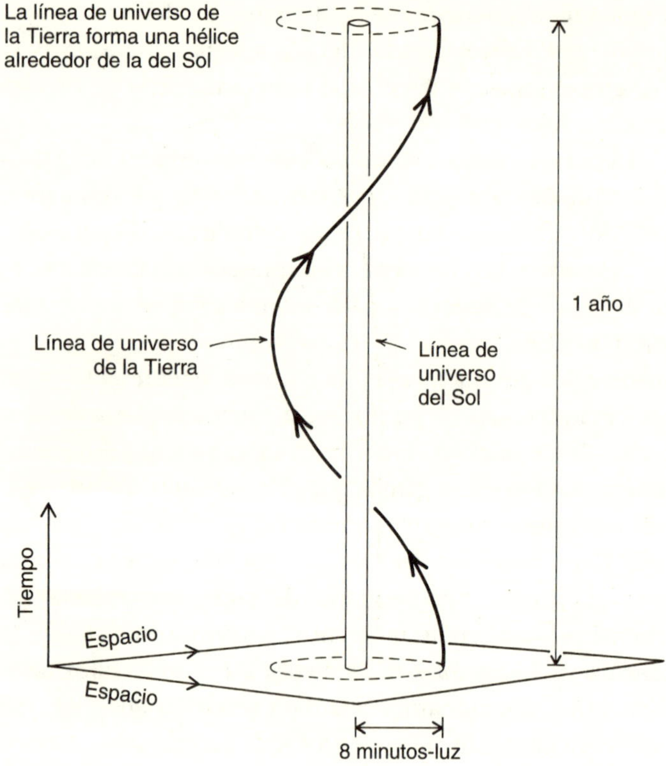

Figura 1. El universo tetradimensional.

ocho minutos en cruzar esa distancia). La distancia temporal que la hélice tarda en completar una vuelta es, por supuesto, un año (figura 1). Esa hélice es la *línea de universo* de la Tierra, su camino a través del espacio-tiempo. Si fuésemos capaces de pensar en cuatro dimensiones, veríamos que la Tierra no es simplemente una esfera; en realidad es una hélice, un gigantesco trozo de espagueti girando en espiral, a lo largo del tiempo, alrededor de la línea de universo del Sol.

Como decía el viajero del tiempo, todos los objetos reales tienen cuatro dimensiones: longitud, anchura, altura y duración. Los objetos reales tienen una extensión en el tiempo.

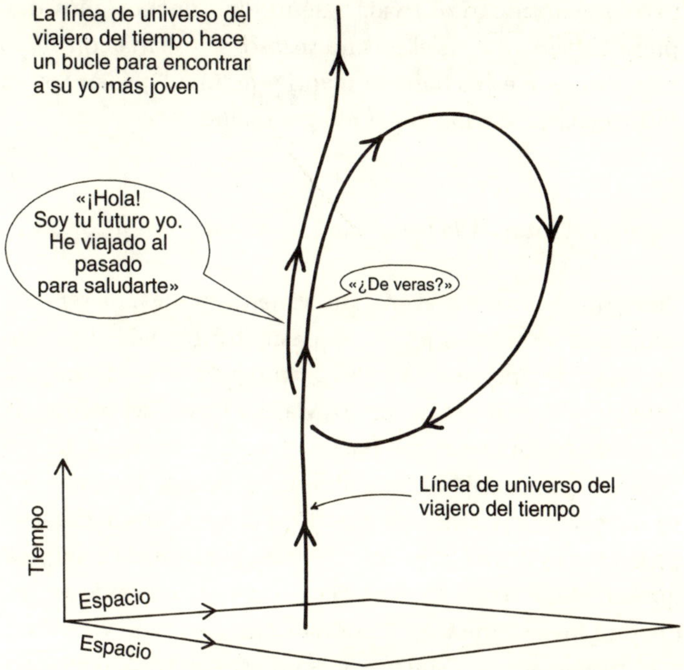

Figura 2. Encuentro con un yo más joven en el pasado.

Tal vez midamos ciento ochenta centímetros de altura, sesenta de ancho y treinta de espesor y nuestra duración sea de cincuenta años. También poseemos una línea de universo. Esa línea se inició con nuestro nacimiento, serpentea a través del espacio y el tiempo, ensartando todos los acontecimientos de nuestra vida, y terminará con nuestra muerte.

Un viajero del tiempo que visite el pasado es simplemente alguien cuya línea de universo forma un bucle en el tiempo, cruzándose quizá con ella misma. Esto último permitiría que el viajero se estrechara la mano a sí mismo. La versión más vieja de éste encontraría a su yo más joven y le diría: «¡Hola! Soy tu futuro yo. He viajado al pasado para saludarte» (figura 2). El sorprendido joven replicaría: «¿De veras?», y continuaría su vida. Algún día, muchos años después, volvería a vivir el mismo suceso, se toparía con su yo más joven, le estrecharía la mano y le diría: «¡Hola! Soy tu futuro yo. He viajado al pasado para saludarte».

Regreso al futuro *y la paradoja de la abuela*

Pero ¿qué ocurriría si el anciano viajero, en lugar de ser amigable con su yo más joven, le asesinara? El viaje al pasado implica este tipo de paradojas. Cuando me entrevistan para la televisión en relación con los viajes a través del tiempo, la primera pregunta que me hacen es siempre ésta: «¿Qué pasaría si alguien viajara hacia atrás en el tiempo y asesinara a su propia abuela antes de que diera a luz a su madre?». El problema es obvio: alguien que mate a su abuela e impida que su madre nazca, no llegaría a nacer; en tal caso, ese individuo inexistente nunca podría viajar al pasado y asesinar a su propia abuela. Muchos ven en este acertijo, conocido como la «paradoja de la abuela», una razón suficiente para descartar los viajes al pasado.

Un famoso ejemplo de historia de ciencia ficción que ha explotado esta idea es la película de 1985 *Regreso al futuro*. El protagonista, interpretado por Michael J. Fox, retrocede en el tiempo hasta 1955 e interfiere involuntariamente en el noviazgo de sus padres. Esta intromisión genera un conflicto: si sus padres no se unen, él nunca nacerá, con lo cual su existencia está en peligro. Así pues, debe hacer lo posible para que sus futuros padres se enamoren. Las cosas no van muy bien al principio; su madre empieza a enamorarse de *él*, el misterioso extranjero, en vez de hacerlo de su padre (Freud, toma nota). Para unir a sus progenitores, trama un complicado plan. Observa que, cuando actúa erróneamente, las imágenes de sí mismo y de sus hermanos, plasmadas en una fotografía que lleva en la cartera, se desvanecen. Hay un momento concreto en el que se observa cómo su propia mano comienza a difuminarse. Puede ver a través de ella: está desapareciendo. Comienza a sentirse débil. Al haber interrumpido el romance de sus padres, su existencia se diluye. Más tarde, cuando finalmente su plan alcanza el éxito y sus padres se unen, se siente mucho mejor y su mano vuelve a la normalidad. Al mirar en su cartera, su propia imagen y la de sus hermanos han reaparecido.

Una mano se puede desvanecer en una historia de ficción pero, en el mundo físico, los átomos no se desmaterializan de esa forma. Por otra parte, conforme a las premisas de la historia, el chico se va desmaterializando debido a que, como viajero del tiempo, ha impedido que sus padres se enamoren y, por lo tanto, ha obstaculizado su propio nacimiento. Pero si no ha nacido, su línea de universo, desde su venida al mundo hasta sus aventuras como viajero del tiempo, se esfumaría y no habría nadie que interfiriera en el noviazgo de sus padres, con lo cual su nacimiento tendría lugar, después de todo. Está claro que esta historia de ficción tampoco resuelve la paradoja de la abuela. Existen soluciones físicamente posibles para ella, pero los científicos están divididos sobre cuál de las dos aproximaciones siguientes es la correcta.

Cronopaisaje *y la teoría de los universos múltiples*

Examinemos en primer lugar la alternativa radical. Tiene que ver con la mecánica cuántica, esa rama de la física desarrollada a principios del siglo XX para explicar el comportamiento de los átomos y las moléculas. La mecánica cuántica señala que las partículas tienen naturaleza ondulatoria y que las ondas tienen naturaleza corpuscular. Su tópico más destacado es el principio de incertidumbre de Heisenberg, por el cual no podemos establecer simultáneamente la posición y la velocidad de una partícula con precisión arbitraria. Esta indeterminación, aunque despreciable en el mundo macroscópico, es trascendental a escala atómica. La mecánica cuántica explica el modo en que los átomos emiten o absorben luz en ciertas longitudes de onda cuando los electrones saltan de un nivel de energía a otro. La naturaleza ondulatoria de las partículas da lugar a fenómenos inusuales, tales como el denominado efecto túnel cuántico, por el cual un núcleo de helio puede saltar de repente desde un núcleo de uranio y causar su desintegración radiactiva. La resolución de las ecuaciones cuánticas de onda permite establecer la probabilidad de encontrar una partícula en distintos lugares. En una de las interpretaciones, esta línea argumental conduce a la teoría de los universos múltiples de la mecánica cuántica, según la cual existe un mundo paralelo por cada uno de esos lugares en los que la partícula es detectada. Muchos físicos opinan que esta interpretación es un añadido innecesario a la teoría, pero algunos de los que trabajan en las fronteras de la teoría cuántica se toman en serio la idea de los universos múltiples y sus consecuencias.

En este marco, el universo no contendría una única historia del mundo, sino muchas en paralelo. Experimentar una de esas historias, como en la práctica hacemos, es similar a viajar cuesta abajo en un tren que va del pasado al futuro. A modo de pasajeros, contemplamos la sucesión de los acontecimientos como si fueran estaciones situadas a lo largo de la vía, dejamos atrás el Imperio romano, la Segunda Guerra Mundial o a unos hombres pisando la Luna. Pero el universo podría ser como un gigantesco patio de maniobras, con muchas vías entrelazadas. Junto a la nuestra hay una vía en la que la Segunda Guerra Mundial nunca tuvo lugar. El tren está encontrando constantemente cambios de vía en los que puede tomar cualquiera de las bifurcaciones. Antes de la Segunda Guerra Mundial pudo haber existido un momento en el que Hitler estuviera a punto de ser asesinado, lo que conduciría el tren a la vía en la que dicha guerra no ocurrió. Según la teoría de los universos múltiples, cada vez que se registra una observación o se toma una decisión se produce una bifurcación en la vía. No tiene por qué tratarse de una observación o decisión humana; hasta un electrón en un átomo, al cambiar de un nivel de energía a otro, puede dar origen a una ramificación.

Siempre en ese escenario, y según el físico David Deutsch, de la Universidad de Oxford, un viajero del tiempo podría volver al pasado y matar a su abuela cuando todavía era joven. Esto haría que el universo se desviara hacia una rama diferente, en la que habría un viajero del tiempo y una abuela muerta. El universo en el que la abuela vive y da a luz a una mujer que, a su vez, alumbra al viajero del tiempo –el universo que recordamos– existiría aún: sería el universo de procedencia del viajero. Éste simplemente se habría movido a un universo distinto, donde participaría en una historia diferente.

Todas estas ideas se hallan muy bien ilustradas en la novela de ciencia ficción de Gregory Benford *Cronopaisaje*, ganadora del premio Nebula en 1980. La historia sucede en el año 1998; su protagonista emplea un haz de *taquiones* –una partícula hipotética cuya velocidad es superior a la de la luz– para enviar una señal a 1963 y advertir a los científicos sobre una catástrofe ecológica que hará que el mundo quede sumergido en 1998.

La novela atrajo mi atención porque cita uno de mis artículos publicado en 1974. El protagonista lee ese artículo durante un viaje en avión en 1998 y encuentra en él la clave para la construcción de su transmisor de taquiones. En las palabras de Benford, el héroe «revolvió su maletín en busca del artículo de Gott que Cathy le había conseguido. Ahí estaba: "Una cosmología de taquiones, de materia y antimateria, simétrica en el tiempo". Todo un nuevo mundo por explorar. Y las soluciones de Gott se hallaban allí, iluminando la página» (¡ya me gustaría que todos mis artículos fueran tan esclarecedores como afirma Benford!).

La alarma es recibida a finales de 1963 y los científicos comienzan a actuar conforme a ella. Conocen la teoría de los universos múltiples de la mecánica cuántica y, al exponer públicamente su advertencia sobre el futuro desastre ecológico, contribuyen a evitarlo haciendo que el universo transcurra por un camino alternativo. Incidentalmente, en ese universo paralelo el presidente Kennedy sólo resulta herido, en lugar de asesinado, en el atentado de Dallas.

Por supuesto se trata sólo de una obra de ficción. ¿O no? Tal vez exista algún universo paralelo en el que todo sucede como describe el libro.

¿Por qué hay gente convencida de que existe un infinito número de universos paralelos que desarrollan todas las historias posibles del mundo, a pesar de que observemos realmente sólo una de esas historias? El famoso físico del Instituto Tecnológico de California (Caltech), Richard Feynman, decía que, en general, si quisiéramos calcular la probabilidad de obtener cierto resultado, deberíamos considerar todas las posibles historias del mundo que podrían conducirnos hasta él. Así que, quizá, todas las historias del mundo sean reales.

A todo el que espere hallar algún día una máquina del tiempo que le permita volver al pasado y rescatar a un ser querido, lo más consolador que puedo decirle es que, hasta donde hoy sabemos, sólo sería posible si la teoría de los universos múltiples fuera correcta. En caso de ser así, entonces *existe* un universo paralelo en el que su ser querido se encuentra bien en la actualidad. Simplemente nosotros estamos en el universo equivocado.

Las alucinantes aventuras de Bill y Ted *y la autoconsistencia*

Examinaremos ahora la aproximación más conservadora a la paradoja de la abuela: los viajeros del tiempo no cambian el pasado porque siempre fueron parte de él. El universo que observamos es tetradimensional, con las líneas de universo serpenteando a través de él. Alguna de ellas puede doblarse hacia atrás y atravesar el mismo suceso dos veces; el viajero del tiempo puede estrecharle la mano a una versión anterior de él mismo; sin embargo, la solución ha de ser autoconsistente. Este *principio de autoconsistencia* ha sido propuesto por los físicos Igor Novikov, de la Universidad de Copenhague, Kip Thorne, de Caltech, y sus colaboradores. En este caso, el viajero del tiempo puede tomar té con su abuela cuando era joven pero no puede matarla, en cuyo caso no habría nacido, y ya sabemos que sí lo hizo. Si presenciamos un suceso anterior, deberá desarrollarse como la primera vez. Pensemos que volvemos a ver la película *Casablanca*. Sabemos perfectamente cómo va a terminar. No importa cuántas veces la veamos, Ingrid Bergman siempre toma ese avión. La contemplación de una escena por parte del viajero del tiempo sería similar. Estudiando la historia, podría saber qué va a suceder, pero sería incapaz de alterarlo. Si regresara al pasado y viajara en el *Titanic*, no podría convencer al capitán de la peligrosidad de los icebergs. ¿Por qué? Porque ya sabemos lo que sucedió, y eso no puede cambiar. Si hubo algún viajero del tiempo a bordo del famoso barco, desde luego no logró que el capitán evitara la catástrofe. Y el nombre de ese viajero estaría en la lista de pasajeros que hoy conocemos.

La autoconsistencia parece contraria a la noción habitual de libre albedrío. Aunque nos parezca que lo ejercemos, poder hacer lo que deseemos, el viajero del tiempo parece estar limitado en este sentido. Es como si se le hurtara una capacidad humana esencial. Pero consideremos lo siguiente: nunca somos libres de hacer algo que sea lógicamente imposible; una importante puntualización anotada por el filósofo de Princeton David Lewis en sus análisis sobre las paradojas de los viajes en el tiempo. Podría desear convertirme de repente en un tomate más grande que todo el universo pero, hiciera lo que hiciera, no lo conseguiría. Asesinar a mi abuela cuando era joven durante una expedición en el tiempo puede ser una tarea igual de imposible. Si imaginamos el universo como un ente tetradimensional con las líneas de universo enrolladas a todo lo largo de él como un montón de mangueras de jardín, está claro por qué. Esa entidad tetradimensional no cambia, es como una intrincada escultura. Para saber lo que se experimenta al vivir en ese universo hay que examinar la línea correspondiente a una persona en concreto desde el principio hasta el final.

Muchas novelas de ciencia ficción sobre viajes en el tiempo han explorado el concepto de historia del mundo autoconsistente. La fantástica película de 1989 *Las alucinantes aventuras de Bill y Ted* nos divierte con ese tema. Bill y Ted son dos muchachos que intentan formar un grupo de rock. Desgraciadamente han suspendido la asignatura de historia y, si no aprueban, Ted será enviado a una academia militar en Alaska, con lo que el grupo quedará roto. Su única esperanza es obtener un sobresaliente en el próximo examen, pero no saben cómo hacerlo.

Entonces llega un viajero del tiempo (interpretado por George Carlin), procedente del año 2688. Al parecer, la música y las canciones creadas por el grupo de rock de Bill y Ted son los cimientos de una gran civilización futura. Las canciones incluyen textos tales como «Sé un tío legal» y «Pasa de mí». El viajero del tiempo les ayuda en su trabajo de historia, de manera que el grupo de rock puede continuar. Les proporciona una máquina del tiempo con aspecto de cabina telefónica. Poco después de que el visitante del futuro aparezca, Bill y Ted se topan con las versiones ligeramente mayores de ellos mismos, las cuales han regresado al presente. Es entonces cuando los Bill y Ted más jóvenes caen en la cuenta de que su trabajo de historia hará época y permitirá la continuidad de su grupo. Deciden viajar al pasado y reunir algunos personajes históricos para traerles a su examen, y que por su espectacularidad la prueba fuera merecedora de un sobresaliente.

Continuando con la aventura, contemplamos la misma escena representada de nuevo, esta vez por los Bill y Ted de mayor edad. La escena se desarrolla exactamente igual que antes. No hay paradoja temporal alguna.

Bill y Ted usan la máquina del tiempo para reunir a Napoleón, Billy el Niño, Freud, Beethoven, Sócrates, Juana de Arco, Lincoln y Gengis Kan. Les traen a la California del siglo XX y sobreviene el caos. Los personajes crean un gran revuelo en la zona comercial de San Dimas. Beethoven reúne a su alrededor a una exaltada multitud cuando toca el órgano electrónico en una tienda de música. Juana de Arco es detenida tras asumir el mando en una clase de aeróbic y Gengis Kan destroza una tienda de deportes tratando de probar como arma un bate de béisbol. Al final todos ellos acaban entre rejas. Mientras los acontecimientos se suceden, el tiempo corre para Bill y Ted, sólo les quedan unos minutos para su examen de historia.

Afortunadamente, Ted es el hijo del sheriff y recuerda que su padre tenía las llaves de la cárcel antes de extraviarlas, un par de días atrás. Bill sugiere emplear la máquina del tiempo y regresar a buscarlas, pero por desgracia no disponen del tiempo suficiente para llegar hasta la máquina antes de que comience el examen. Entonces Ted tiene una gran idea. ¿Por qué no regresar al pasado y robar las llaves *después* del examen? De este modo las esconderían en algún sitio cercano marcado con una señal. Bill busca entonces junto a la supuesta señal y... ¡ahí están! Cogen las llaves, liberan a Gengis Kan y a los demás, devuelven las llaves al sorprendido padre de Ted y llegan al auditorio del instituto con los personajes históricos justo a tiempo de hacer su presentación ante el asombrado público. Por supuesto consiguen un sobresaliente y la emergencia en el futuro de una espléndida civilización basada en el rock queda asegurada. Los muchachos deben retroceder aún en el tiempo, encontrar las llaves y esconderlas en el punto señalado.

¿Ejercieron Bill y Ted su libre albedrío? Así parece. Cuando, en el curso de sus aventuras, se encuentran con la versión más joven de ellos mismos se preguntan por la conversación que tendrá lugar. No recuerdan lo que habían dicho, pero siguen adelante con la reunión, que por supuesto se desarrolla exactamente igual que antes. Ellos siempre actúan libremente, pero sus actos parecen estar predestinados: tras encontrar las llaves en el sitio señalado, tienen que volver al pasado, robarlas y dejarlas en ese lugar.

Aunque en ocasiones resultan muy complicadas, las historias autoconsistentes como ésta son posibles y existe un buen número de ellas.

La autoconsistencia es la alternativa conservadora: podemos visitar el pasado, pero no podemos alterarlo. Personalmente considero que este punto de vista es el más atractivo. Una buena razón es que llegar a soluciones autoconsistentes –las cuales son, de hecho, numerosas– parece siempre posible a partir de un conjunto dado de condiciones de partida, tal como sugirieron Thorne, Novikov y sus colaboradores en una serie de ingeniosos experimentos con bolas de billar que viajaban hacia atrás en el tiempo. Intentaron producir situaciones en las que una bola de billar que viajaba en el tiempo colisionaba con una versión anterior de ella misma, desviando su trayectoria de modo que aquélla no podía entrar en primera posición en la máquina del tiempo. Pero encontraron siempre una solución autoconsistente por la que la colisión era sólo un pequeño roce que no impedía que la bola entrara en la máquina, sino que la llevaba a otra trayectoria que casi la hacía evitar su versión anterior, dando por resultado ese pequeño choque en lugar de un impacto directo. Por más que hayan intentado generar paradojas, los físicos siempre han sido capaces de encontrar soluciones autoconsistentes a partir de un supuesto inicial. Según Thorne y sus colegas, los partidarios del enfoque conservador piensan que, *incluso* en el marco de la teoría de los universos múltiples, se debería mantener el principio de autoconsistencia, todas las bifurcaciones tendrían que ser autoconsistentes. De este modo podrían existir en paralelo muchas alternativas autoconsistentes de desarrollarse un mismo suceso, algunas de las cuales involucrarían viajeros del tiempo. En cada universo paralelo sucederían cosas distintas. En alguno, por ejemplo, el viajero del tiempo toma el té con su joven abuela, mientras que, en otros, ambos beben limonada. Pero todas las vías serían autoconsistentes y en ninguna de ellas el viajero asesinaría a su abuela. A todos les es imposible cambiar el pasado que recuerdan.

En algún lugar del tiempo *y el concepto de* jinn

En cualquier caso, hasta las historias basadas en el concepto de autoconsistencia pueden presentar aspectos curiosos. Generalmente imaginamos la línea de universo de una persona o partícula serpenteando a través del tiempo, con un principio y un final. Pero en un viaje en el tiempo sería posible que una partícula tuviera una línea de universo parecida a un *hula hoop,* una circunferencia sin extremos. Igor Novikov denomina *jinn* a estas partículas. Como el genio de Aladino (Novikov ha derivado el término del árabe *jinni*), parecen surgir por arte de magia. El reloj que aparece en el filme *En algún lugar del tiempo,* protagonizado en 1980 por Christopher Reeve y Jane Seymour, es un ejemplo[1].

La historia arranca en el año 1972. Christopher Reeve es un joven dramaturgo que es felicitado en la noche del estreno de su obra. De entre los espectadores surge una anciana que se acerca y le entrega un reloj de oro. «Regresa a mí», dice enigmáticamente la mujer antes de alejarse. Ocho años más tarde, en 1980, el escritor pasa sus vacaciones en el Grand Hotel de Mackinac Island, Michigan. Allí ve una antigua fotografía de una bella joven y se enamora inmediatamente de ella. Pregunta al viejo recepcionista quién es la joven y éste le responde que se trata de Elise McKenna, una famosa actriz que actuó en el hotel en 1912. El escritor intenta saber más sobre la mujer. En una visita a la biblioteca encuentra un artículo de revista que contiene la última fotografía que se tomó de ella. ¡Es la misteriosa anciana que le entregó el reloj la noche del estreno! El escritor queda totalmente confundido. Visita al autor de un libro sobre actrices famosas y averigua que Elise McKenna murió aquella misma noche. Asimismo, descubre que ella apreciaba especialmente un libro sobre viajes en el tiempo.

El escritor busca entonces al científico que redactó el libro, cuya teoría sobre los viajes en el tiempo se basa en la autohipnosis. Según su hipótesis, si, por ejemplo, alguien va a un viejo hotel, viste con ropas de época, hace un esfuerzo de imaginación y repite continuamente el tiempo que desea visitar, puede verse trasladado al pasado. El científico lo intentó una vez y se sintió transportado al pasado, pero la impresión duró sólo un momento y nunca pudo demostrarlo.

Ansioso por ensayar la técnica, el escritor regresa al hotel y examina los viejos libros de registro para saber el día exacto del año 1912 en el que había llegado la joven Elise McKenna. Encuentra la página donde ella había firmado y, en el mismo libro, ¡su propia firma! Él había estado allí. Animado por el descubrimiento, se viste con un traje de época y se pone el reloj de oro. Tras esconder en el armario todos los objetos modernos de la habitación que le podrían perturbar a la hora de concentrarse en el pasado, se tumba en la cama del hotel. Entonces comienza a murmurar una y otra vez el día de 1912 que quiere visitar, hasta que cae en un profundo sueño. Se despierta –como el lector ya habrá supuesto– rodeado por la florida decoración de una habitación de hotel de 1912.

No importa cómo pudo suceder físicamente. El joven acude a la recepción para registrarse a la hora exacta, las 9.18, que había visto en el libro del hotel. Se esmera en firmar correctamente, porque teme que, de no hacerlo, se romperá el hechizo y despertará de nuevo en 1980. Quiere cumplir el pasado, no cambiarlo. Encuentra a mister McKenna, que actúa en el hotel y –como era de esperar– ambos se enamoran. De hecho, él está presente cuando le hacen la famosa fotografía; ella dirige su mirada hacia él justo en el momento en que disparan la cámara. Tras una noche de amor, planean su futuro juntos. Ella mira la hora en el reloj de oro y bromea sobre el traje que lleva el escritor, diciendo que tiene más de quince años. Él protesta alegremente argumentando que tiene grandes bolsillos para guardar el dinero y, al hacerlo, mete la mano en ellos y saca un penique. Se da cuenta entonces de que la moneda lleva acuñada la fecha de 1979. ¡Ha cometido un error! De algún modo se ha deslizado una moneda moderna en el bolsillo. Al extender la mano hacia la joven, ella y toda la habitación se desvanecen rápidamente en la distancia, encontrándose de vuelta en el hotel en 1980. Trata entonces desesperadamente de repetir la fecha de 1912 una y otra vez, pero es en vano: ya no vuelve a regresar. El desgraciado joven languidece y pronto muere con el corazón roto, tras lo cual es recibido por una joven mister McKenna –por supuesto– y ambos se ven rodeados de una blanquísima luz. La música se intensifica y los títulos de crédito empiezan a desfilar.

Aunque el mecanismo del viaje en el tiempo es poco verosímil, la historia en sí trata de ser autoconsistente. No hay paradojas. El personaje de Christopher Reeve no altera el pasado en absoluto; de hecho, lo cumplimenta. Participa en dicho pasado haciendo que mister McKenna se enamore de él, y le entrega el reloj que ella, más tarde y ya anciana, le devuelve.

Pero ¿de dónde proviene el reloj? Se trata de un *jinn,* la anciana mister McKenna se lo da al joven escritor, quien lo transporta al pasado, para entregarlo a la misma mujer cuando era joven. Ella lo guarda toda su vida hasta el momento en que se lo devuelve a él. Así pues ¿quién fabricó el reloj? Nadie. El reloj nunca pasó por una fábrica de relojes. Su línea de universo es circular. Novikov ha observado que, en el caso de un *jinn* macroscópico como éste, el mundo exterior siempre debe emplear energía para reparar cualquier desgaste (entropía) que acumule, de modo que se halle exactamente en su condición original al completar el bucle.

Aunque posibles en la teoría, los *jinn* macroscópicos son muy improbables. La historia de *En algún lugar del tiempo* podría haberse desarrollado en su totalidad sin el reloj. Éste resulta, además, un tanto inverosímil porque parece marcar correctamente la hora. Sería más verosímil imaginar un reloj estropeado, o quizás un clip que pasara hacia atrás y hacia delante entre ambos protagonistas. ¡Pero es un reloj que funciona, nada menos! Según la mecánica cuántica, si se dispone de suficiente energía, es posible hacer que aparezca espontáneamente un objeto macroscópico (junto con las antipartículas asociadas, que tienen igual masa pero opuesta carga eléctrica), aunque es extremadamente improbable. Admitiendo la existencia de un *jinn*, sería menos probable toparse con un reloj que con un clip y más improbable todavía tropezar con éste que con un electrón. Cuanto más masivo y complejo sea el *jinn* macroscópico, más raro será.

Novikov ha señalado que incluso la información que viaja a través de un bucle cerrado puede constituir un *jinn*, aunque no haya ninguna partícula real que tenga la línea de universo circular. Supongamos que viajo en el tiempo hasta 1905 y le cuento a Einstein todo sobre la relatividad especial. Einstein podría entonces publicarlo en su artículo de 1905. Pero yo conozco la relatividad especial gracias a haber leído mucho después ese artículo. Dicho escenario es posible, pero altamente improbable. En cualquier caso, los *jinn* siguen siendo misteriosos.

Vosotros, los zombies
y la autocreación humana mediante el viaje en el tiempo

Más intrigante es aún *Vosotros, los zombies* (1959), del maestro de la ciencia ficción Robert Heinlein, una de las mejores novelas sobre viajes en el tiempo jamás escritas. Un joven de veinticinco años se halla en un bar lamentando su suerte; curiosamente se llama a sí mismo «Madre Soltera». El joven le cuenta al barman su historia. Su vida ha sido muy dura. Nació mujer y se crió en un orfanato. De joven tuvo relaciones sexuales con un hombre que la abandonó. Quedó embarazada y decidió tener el niño. Llegado el momento, fue necesario practicarle una cesárea y dio a luz a una niña. Durante la operación, el médico observó que en el interior de su cuerpo había órganos masculinos y femeninos, e intervino quirúrgicamente para transformarla sin su consentimiento en un varón. Ésta es la razón por la que el protagonista se refiere a sí mismo como «Madre Soltera». Por otra parte, el bebé fue secuestrado en el hospital por un desconocido.

El barman interrumpe al joven: «La matrona de su orfanato era mistress Fetherbridge, ¿verdad?... Su nombre cuando era mujer era Jane, ¿no? Y usted no me había contado esto hasta ahora, ¿no es cierto?». El barman pregunta entonces a Madre Soltera si quiere encontrar al padre de su hija. El desgraciado joven acepta y es conducido por el barman a la parte trasera del bar, donde hay una máquina del tiempo. Viajan siete años y nueve meses al pasado. El barman deja allí al joven y avanza nueve meses, justo a tiempo para raptar a un bebé llamado Jane. A continuación lleva a la niña dieciocho años atrás en el tiempo y la deja a la puerta de un orfanato. Después regresa junto al joven, que acaba de dejar embarazada a una muchacha llamada Jane. El barman conduce al joven al futuro para que estudie hostelería. Al final, mientras el barman reflexiona sobre la aventura, se mira una vieja cicatriz en el vientre y murmura: «Sé de dónde vengo yo. Pero *¿de dónde venís todos vosotros, los zombies?*».

El barman, que es Jane, ha retrocedido en el tiempo para convertirse a la vez en su propia madre y en su propio padre. Su línea de universo es verdaderamente compleja[2]. Comienza siendo el bebé Jane, es llevado al pasado por un barman, crece en un orfanato, tiene relaciones sexuales con un hombre, da a luz una niña llamada Jane, cambia de sexo, acude al bar a lamentarse de su sino, viaja al pasado con un barman, hace el amor con una mujer llamada Jane y es conducido al futuro por dicho barman, donde a su vez se convierte en barman que viaja al pasado para tramar la historia de nuevo. Se trata de un relato autoconsistente, extraño y maravilloso a la vez.

La idea fue trasladada al origen de las especies por Ben Bova en su novela *Orión*, de 1984, en la que un viaje en el tiempo permite a los humanos del futuro regresar al pasado y crear la raza humana. En la novela, pues, la especie humana se crea a sí misma. De una forma similar veremos más adelante cómo el viaje en el tiempo en la relatividad general puede permitir que el universo se origine a sí mismo.

Contact *y los agujeros de gusano*

En ocasiones, la ciencia ficción provoca directamente una investigación científica. En 1985, Carl Sagan estaba escribiendo una novela de ciencia ficción titulada *Contact* (posteriormente llevada al cine en una película protagonizada por Jodie Foster). Sagan pretendía que su heroína cayera en un pequeño agujero negro ubicado en la Tierra y saliera despedida de otro agujero negro en un punto muy lejano del espacio. Para ello, pidió a su amigo el profesor Kip Thorne que comprobara si su hipótesis de ficción violaba alguna ley física. Thorne replicó que lo que Sagan quería era un agujero de gusano –un túnel espacio-temporal– que conectara dos lugares. A raíz de ello, Thorne se interesó por la física de los agujeros de gusano y, junto con sus colegas, mostró cómo podrían ser usados para viajar al pasado.

Sagan quería presentar, de un modo dramático, las profundas consecuencias del contacto con una civilización extraterrestre. En la película, Jodie Foster interpreta el papel de una investigadora del equipo SETI (búsqueda de inteligencia extraterrestre) que detecta una señal de radio mientras examina la estrella Vega. La protagonista comunica el hecho a un colega australiano, quien también detecta la señal con su radiotelescopio. Tras la confirmación, su ayudante pregunta: «Y ahora, ¿a quién se lo decimos?». «A todo el mundo», replica Foster. En poco tiempo se hallan implicados desde la CNN hasta el presidente de Estados Unidos. La señal parece corresponder a una emisión de televisión, por lo que Foster la introduce en un monitor. Se trata de una secuencia en la que Hitler arenga a una concentración de nazis. ¿Nazis en Vega? No, los eventuales habitantes de la estrella se limitan a reenviar una señal de televisión recibida desde la Tierra: una primera transmisión realizada en 1936. Vega está a veintiséis años luz, con lo que la señal de televisión –que viaja a la velocidad de la luz– ha tardado ese tiempo en alcanzar dicha estrella. Cuando los veganos recibieron la transmisión, dedujeron la presencia de vida inteligente en nuestro planeta (qué primera impresión más nefasta se debieron de llevar). Los veganos imaginaron que reconoceríamos enseguida nuestra propia señal, lo que la hacía ideal para anunciarnos su propia presencia; así pues, la reprodujeron y la enviaron de vuelta. La respuesta tardó otros veintiséis años en llegar a la Tierra, en 1988. Entrelazadas con los fotogramas de la transmisión televisiva, se detecta una segunda serie de imágenes que resultan ser un conjunto de planos que, al parecer, describen la construcción de una especie de nave espacial, una esfera capaz de alojar en su interior a una persona.

¿Deben construir el artefacto? La cuestión provoca un fuerte debate: en lugar de una nave espacial podría tratarse de una bomba capaz de destruir nuestro planeta. Finalmente se supone que los extraterrestres tienen buenas intenciones y la nave se fabrica de acuerdo con los planos. Jodie Foster se convierte en la astronauta. Una vez en el interior, la puerta se cierra y... ¡bang! Se crea un agujero de gusano que conecta directamente con un lugar situado en las proximidades de Vega. La nave cae a través del agujero y emerge cerca de esa estrella. Foster contempla durante unos instantes el sistema estelar vegano y, seguidamente, es catapultada a través de otro agujero de gusano para dirigirse al encuentro de un enviado de Vega que adopta la apariencia del padre de la astronauta. El regreso a la Tierra se produce por el camino inverso; asombrada, Foster se da cuenta de que ha retornado exactamente al instante de partida. Cuando abandona la nave encuentra a sus colegas preguntándose qué es lo que había fallado. Según Foster, el viaje había durado dieciocho horas, mientras que para los demás la nave nunca había partido. Muchos expertos se niegan a creer su relato. No obstante, al final de la película el consejero de seguridad presidencial afirma haber observado algo: aunque la videocámara que Foster llevaba acoplada no había registrado imagen alguna que pudiera corroborar su historia, sí había grabado exactamente dieciocho horas de señales espúreas. De este modo se da cuenta de que ella estuvo realmente en alguna parte; sin embargo, decide mantener la evidencia en secreto.

Con la trama básica de su novela en la mano, Sagan le preguntó a Kip Thorne si los agujeros de gusano permitirían realmente que la línea argumental fuera posible, aunque, por supuesto, se requiriera una tecnología enormemente avanzada. Los agujeros de gusano conectados a agujeros negros habían sido ya tema de discusión en la literatura científica. El problema consistía en que un agujero de gusano se evaporaba tan deprisa que nunca habría tiempo suficiente para que una nave espacial pudiera recorrerlo de un extremo a otro sin resultar aplastada. Kip y sus colegas idearon entonces un modo físicamente lógico de mantener el agujero abierto mediante materia «exótica» (en términos profanos, materia que pesa menos que la nada) para poder viajar a través de él sin perecer triturado. Fue así como hicieron un fascinante descubrimiento: una manera de manipular los dos extremos del agujero de gusano que permitía al personaje encarnado por Jodie Foster no sólo regresar al momento exacto de partida, sino incluso volver más atrás. Se trataba, pues, de una máquina del tiempo que permitía viajar al pasado. Thorne y sus colegas publicaron sus investigaciones en la importante revista *Physical Review Letters*, en 1988, y con ello despertaron un nuevo interés por los viajes en el tiempo.

Star Trek *y el motor de distorsión*

Otro ejemplo de ficción científica que estimula una investigación real proviene de *Star Trek*, saga que ha producido innumerables historias basadas en los viajes en el tiempo. *Star Trek* transcurre en el siglo XXIII y relata las aventuras de la tripulación de la nave *Enterprise*. Serie televisiva en su origen, dio lugar a varias películas de éxito y a algunos telefilmes derivados, por lo que se convirtió en todo un clásico. El creador de la serie, Gene Roddenberry, deseaba narrar una historia de viajes interestelares en los que el *Enterprise* visitaba un sistema estelar cada semana, para después regresar al Cuartel General de la Flota Estelar e informar de sus exploraciones, todo ello a lo largo de un período de cinco años. Para que la nave pudiera moverse a una velocidad muy superior a la de la luz, Gene utilizó el concepto de motor de distorsión. De algún modo, el espacio alrededor de la nave se curvaba o deformaba, lo cual le permitiría a ésta saltar de una estrella a otra fácilmente. En la época en que nació la serie (mediados de los sesenta), la mayoría de los físicos se hubiera burlado de la idea tachándola de mera fantasía. Hasta que Miguel Alcubierre, un físico mexicano, decidió comprobar si la cuestión podía funcionar conforme a las reglas de la teoría de la gravitación de Einstein. Podía, en efecto, pero requería la presencia de alguna clase de materia exótica (como en los agujeros de gusano de Thorne). La solución de Alcubierre, publicada en 1994, no implicaba los viajes al pasado, pero especulaba con la posibilidad de que se pudiera acceder a él mediante un motor de distorsión. Dos años después, un artículo del físico Allen E. Everett indicaba cómo lograrlo utilizando dos motores de distorsión en cascada.

Es curioso el hecho de que los guionistas de *Star Trek* parecieran saber, instintivamente, que el motor de distorsión podría ser empleado para viajar al pasado, y así incorporaron la idea a muchos de sus episodios. Una de las mejores historias de este tipo tiene lugar en el filme *Star Trek IV. Misión: salvar la Tierra*. En el siglo XXIII se produce una crisis cuando una nave extraterrestre gigante amenaza con lanzar un potente rayo que destruirá la Tierra. La nave envía una señal: se trata del canto de un rorcual. Los extraterrestres advierten a los humanos de que destruirán el planeta si no reciben la respuesta adecuada por parte de otro rorcual. Por desgracia, los rorcuales se han extinguido en el siglo XXIII y no queda ninguno que pueda responder a la señal. Solución: emplear el motor de distorsión para viajar hasta el siglo XX, época en la que estos cetáceos existían, capturar una pareja de ellos y transportarlos al siglo XXIII para que emitan la respuesta que los extraterrestres esperan, conjurando así el peligro.

Como vemos, la ciencia ficción a menudo hace pensar a los científicos.

¿Por qué los físicos como yo se interesan por los viajes en el tiempo? No se debe a que esperemos patentar una máquina del tiempo en un futuro próximo, sino a que deseamos explorar las fronteras de las leyes físicas. Las paradojas asociadas a los viajes en el tiempo suponen todo un reto. A menudo, tales paradojas no son sino un indicio de que algo importante en la física está esperando a ser descubierto.

Einstein resolvió algunas de las paradojas que existían en la época con su teoría especial de la relatividad. El físico Albert Michelson y el químico Edward Morley habían realizado un bello experimento en 1887 que demostraba que la velocidad de la luz era exactamente la misma, por distinta que fuese la dirección de propagación en el laboratorio. Pero este fenómeno sólo podía explicarse si la Tierra fuera estacionaria, y todos los científicos sabían que nuestro planeta gira alrededor del Sol. Se trataba, pues, de una paradoja. Einstein la resolvió mediante su teoría especial de la relatividad que, como veremos, derribó la concepción newtoniana del espacio y el tiempo. La bomba atómica demostró de forma elocuente que la teoría funciona, y confirmó la validez de su ecuación fundamental, $E = mc^2$, en el sentido de que una pequeña porción de masa puede ser transformada en una ingente cantidad de energía.

La mecánica cuántica, un campo que despertaba dudas al propio Einstein, pero que hoy los físicos aceptan ampliamente, posee sus propias paradojas[3]. Aun así, la mecánica cuántica funciona. Puede predecir las probabilidades de obtener distintos resultados en un experimento. A priori, parece obvio que si sumamos las probabilidades de obtener todos los resultados posibles de un experimento dado deberíamos obtener un total del 100%. Pero David Boulware, de la Universidad de Washington, en sus trabajos sobre una solución relativa a viajes en el tiempo que descubrí, demostró que las partículas *jinn* impiden que ese total alcance el 100%. Mi antiguo alumno Jonathan Simon resolvió esta paradoja afirmando que se puede simplemente multiplicar las probabilidades cuánticas por un factor de corrección, con lo que se obtiene de nuevo el 100%. La investigación condujo a Simon y a sus colegas a apoyar el concepto de las múltiples historias de Feynman, ya que este enfoque de la mecánica cuántica proporciona respuestas únicas. Stephen Hawking pensaba de otra manera[4]. Si ciertos enfoques de la mecánica cuántica son lo suficientemente flexibles como para permitir trabajar incluso en las regiones asociadas a los viajes en el tiempo, deberían ser considerados más fundamentales. Ésta es la razón por la que las investigaciones sobre los viajes en el tiempo son especialmente interesantes: podrían conducirnos a una nueva física.

En cierta ocasión, Richard Feynman comentó que descubrir las leyes físicas es como tratar de aprender las reglas del ajedrez a base de observar partidas. Observamos que los alfiles permanecen siempre en casillas del mismo color y lo anotamos como una ley del ajedrez. Después descubrimos una ley mejor: los alfiles se mueven en diagonal. Como las casillas en diagonal son siempre del mismo color, esto explica la primera observación. Esta nueva ley es una mejora, es más simple y, a la vez, explica más cosas. En física, el descubrimiento de la teoría de la gravitación de Einstein tras conocer la teoría de Newton representa un hecho similar. La observación de que las piezas no cambian su identidad a lo largo de la partida equivaldría al descubrimiento de las leyes de conservación de la masa y la energía.

Alguna vez observamos que en una partida un peón alcanza el otro extremo del tablero y se convierte en una reina. Podemos pensar: «Un momento. Esto viola las leyes del ajedrez. Las piezas no pueden cambiar su identidad». Por supuesto, la jugada no viola las leyes; lo que ocurre es que nunca habíamos visto una partida que llegara a alcanzar esa posición. En la investigación acerca de viajes en el tiempo exploramos situaciones extremas en las que el espacio y el tiempo se deforman de manera nada habitual. El que las posibles soluciones violen quizás el «sentido común» las hace aún más fascinantes.

De la misma manera, la mecánica cuántica y la relatividad especial transgreden creencias del sentido común y, no obstante, sus predicciones han sido confirmadas por muchos experimentos. La mecánica cuántica contradice nuestras expectativas de la vida diaria porque estamos acostumbrados a tratar con objetos tan grandes y masivos que los efectos de la mecánica cuántica sobre éstos son mínimos. Jamás hemos visto a nuestro automóvil experimentar el «efecto túnel» y salir de un garaje cerrado. Nunca nos hemos encontrado el coche aparcado de pronto en el césped de fuera. Si alguien afirmara que este suceso podría ocurrir (con una probabilidad pequeña, pero finita), diríamos –si viviéramos antes del siglo XX– que las leyes de la física no permiten esos fenómenos; sin embargo, se ha demostrado que ello sucede a escala subatómica: un núcleo de helio puede salir despedido de un núcleo de uranio precisamente de esa manera, mediante el efecto túnel, tal como observó George Gamow. El efecto túnel cuántico parece extraño porque en nuestro mundo habitual de objetos masivos y grandes los efectos cuánticos son prácticamente inapreciables. Gamow escribió un conocido libro para subrayar esta idea titulado *Breviario del señor Tompkins; En el país de las maravillas* (actualmente reeditado con el estrambótico título de *Mr. Tompkins en bolsillo*)*. La obra describe cómo veríamos el mundo si la velocidad de la luz fuera de sólo dieciséis kilómetros por hora y si los efectos cuánticos fuesen importantes a escala cotidiana. Los cazadores tendrían

* Traducción literal de una edición no editada en España con el título *Mr. Tompkins in Paperback*, que reúne las obras de Gamow: *En el país de las maravillas* y *La investigación del átomo. (N. del T.)*

que disparar a tigres borrosos que no podrían ser ubicados con exactitud y siempre andaríamos extraviando el coche cuando se le ocurriera experimentar el efecto túnel y salir de nuestro garaje (por no hablar de las llaves de ese mismo coche, que incluso hoy día perdemos con tanta facilidad). Si estuviéramos acostumbrados a experimentar esta clase de situaciones, no nos parecerían extrañas.

El viaje en el tiempo parece raro porque no estamos habituados a ver viajeros del tiempo. Pero si los contemplásemos todos los días, no nos sorprendería encontrar a un hombre que fuera su propia madre y su propio padre. Confirmar si en principio tales viajes pueden tener lugar, posiblemente nos dé nuevas pistas acerca de cómo funciona el universo e, incluso, del modo en que vino a parar aquí.

2

El viaje al futuro

> Un viaje de miles de kilómetros comienza siempre con un primer paso.
>
> Lao Zi

El viaje al futuro es posible

¿Le gustaría visitar la Tierra dentro de mil años? Einstein nos enseñó cómo hacerlo. Sólo tenemos que subir a una nave espacial, viajar hasta una estrella que se halle a una distancia algo inferior a quinientos años luz y regresar a nuestro planeta, moviéndonos en ambos trayectos a una velocidad igual al 99,995 % de la de la luz. Cuando estemos de vuelta, la Tierra será mil años más vieja, pero nosotros sólo habremos envejecido diez años. Tal velocidad es posible; en nuestro acelerador de partículas más potente conseguimos que los protones viajen aún más deprisa (en el Fermilab, el récord actual está en el 99,999946 % de la velocidad de la luz).

Sabemos ya que los agoreros del pasado se equivocaron al referirse a las máquinas voladoras más pesadas que el aire y a la barrera del sonido. Deberían haber reflexionado un poco más. Como ya observó Leonardo da Vinci, los pájaros vuelan a pesar de ser más pesados que el aire, por lo que conseguir hacer volar una máquina de esas características debía ser, en principio, posible. De igual modo, al restallar un látigo, el chasquido que escuchamos es el pequeño *bang* ultrasónico que se produce cuando el extremo de aquél franquea la barrera del sonido. Por supuesto que la punta del látigo tiene un tamaño muy inferior al de un avión, pero el mismo chasquido basta para demostrar que es posible superar la velocidad del sonido. Así pues, la NASA debería tomar nota: si podemos acelerar protones hasta un 99,995 % de la velocidad de la luz, algún día podremos hacer lo mismo con un astronauta. Es sólo una cuestión de coste. Los protones pesan poco, por lo que acelerarlos hasta una velocidad elevada es relativamente barato. Pero como un ser humano pesa alrededor de cuarenta y siete mil cuatrillones de veces más, acelerar a una persona sería muchísimo más costoso ya sólo en términos energéticos.

Es obvio que el viaje a una velocidad cercana a la de la luz debería ser planificado minuciosamente para evitar someter al cuerpo humano a esfuerzos excesivos. Por ejemplo, si quisiéramos evitar aceleraciones extremas, cabría simplemente limitar a 1 giga (la aceleración de la gravedad en la Tierra) la aceleración que aplicáramos al astronauta. De esta manera, a medida que el cohete ganara velocidad, el viajero quedaría presionado contra el suelo de tal modo que su cuerpo sentiría el mismo peso que en la Tierra, con lo que el viaje resultaría muy cómodo. El astronauta envejecería seis años y tres semanas durante el proceso de aceleración hasta el 99,9992 % de la velocidad de la luz, momento en el que se hallaría a doscientos cincuenta años luz de la Tierra. Entonces, haría girar 180 grados el cohete para que el empuje lo frenara. Tras otros seis años y tres semanas, el cohete habría reducido su velocidad a cero y viajado doscientos cincuenta años luz más. El astronauta habría llegado hasta la estrella situada a quinientos años luz y envejecido un total de doce años y seis semanas. Repitiendo el proceso para regresar se encontraría con una Tierra mil años más vieja, mientras que él habría envejecido apenas veinticinco años.

Veamos un posible escenario para un viaje de estas características. La cápsula tripulada podría pesar, por ejemplo, cincuenta toneladas, y su cohete multietapa, cargado con el combustible materia-antimateria más eficiente posible, tendría un peso superior a cuatro mil veces el de un *Saturno V*. Éste es el modo en que un combustible materia-antimateria funcionaría: por cada partícula de materia (protón, neutrón o electrón) existe una partícula equivalente de antimateria (antiprotón, antineutrón o positrón). Si juntamos una partícula de materia con la correspondiente de antimateria, ambas se aniquilan mutuamente produciendo energía pura, por lo general en la forma de fotones de rayos gamma. En la parte trasera del cohete habría un enorme espejo, una especie de vela de luz. Para lanzar la cápsula desde la Tierra, un láser gigante ubicado en nuestro sistema solar dispararía su haz sobre el espejo, que aceleraría la nave hacia el exterior de nuestro sistema durante la primera cuarta parte del viaje. A continuación, el cohete alejaría la nave de la Tierra hasta alcanzar el 99,9992% de la velocidad de la luz, momento en el que el astronauta invertiría su orientación para que los rayos gamma (generados de la mutua aniquilación entre materia y antimateria) frenaran la nave tras otros doscientos cincuenta años luz. Acto seguido, el motor de materia y antimateria volvería a acelerarla en el viaje de vuelta. Finalmente, el astronauta desplegaría otro espejo y el láser situado en nuestro sistema solar apuntaría hacia él y frenaría la nave a su llegada de forma eficaz. El proyecto requeriría láseres situados en el espacio mucho más potentes que cualquiera de los existentes en la actualidad. Por otra parte, hoy día sólo podemos crear antimateria de átomo en átomo; por lo que deberíamos ser capaces de fabricarla y almacenarla masivamente de un modo seguro. También deberíamos desarrollar tecnologías para refrigerar los motores y evitar que se fundieran. La nave necesitaría un blindaje contra los átomos interestelares y el impacto de las radiaciones. Nos enfrentaríamos a importantes problemas de ingeniería. No sería fácil, pero científicamente es posible que una persona visite el futuro.

La predicción de Einstein de que los objetos en movimiento envejecen más despacio ha sido confirmada por los experimentos en múltiples ocasiones. Una de las primeras demostraciones estuvo relacionada con la desintegración de los muones rápidos. Descubiertos en 1937, los muones son partículas elementales con una masa aproximadamente igual a la décima parte de la de un protón. Los muones son inestables: se desintegran en partículas elementales más ligeras. Si observamos un puñado de muones en el laboratorio, comprobamos que sólo queda la mitad al cabo de unas dos millonésimas de segundo. Sin embargo, los muones originados por los rayos cósmicos que inciden sobre la alta atmósfera, los cuales viajan cercanos a la velocidad de la luz, no se desintegran tan rápido en su trayectoria hacia la superficie terrestre como los originados en el laboratorio, lo que concuerda con las predicciones de Einstein. En 1971, los físicos Joe Hafele y Richard Keating demostraron la existencia del retardo de Einstein en los objetos en movimiento mediante relojes atómicos muy precisos que introdujeron en un avión que dio la vuelta al mundo en sentido este, un trayecto en el que se suma la velocidad del avión a la de rotación de la Tierra. Hafele y Keating constataron al concluir el viaje que los relojes embarcados se habían retrasado ligeramente –59 nanosegundos– respecto a los que habían quedado en tierra, una observación totalmente acorde con las predicciones de Einstein (debido a la rotación de la Tierra, el suelo también se mueve, pero no tan deprisa. Los relojes del suelo se retrasan *menos* que los del avión).

Einstein comenzó a pensar sobre la naturaleza del tiempo y su relación con la velocidad de la luz cuando todavía era un adolescente. Se imaginaba a sí mismo a mediodía, alejándose a la velocidad de la luz del reloj de la torre de su ciudad; el reloj le parecía parado porque viajaba junto a la luz que reflejaba su esfera mostrando las doce en punto. ¿Se detiene, realmente, el tiempo para alguien que se mueva a la velocidad de la luz? Einstein concebía el rayo de luz con el que volaba en paralelo como una especie de onda estacionaria de energía electromagnética, ya que no había movimiento relativo entre ambos. Pero una onda de este tipo violaba la teoría del electromagnetismo que Maxwell había establecido. Algo no encajaba. Einstein hizo estas reflexiones en 1896, cuando sólo tenía diecisiete años. Transcurrirían nueve más hasta que diera con la solución, una solución que supuso una auténtica revolución en la física y en nuestra concepción del espacio y el tiempo.

Cuando Einstein tenía cuatro años, su padre le mostró una brújula. Al niño le pareció un milagro y esto motivó su interés por la ciencia. Entre los doce y los dieciséis años, el futuro genio aprendió por su cuenta geometría euclídea y cálculo integral y diferencial. Era un muchacho brillante y, más importante aún, con ideas propias, que pronto quedó cautivado por la teoría del electromagnetismo de James Clerk Maxwell, la teoría científica más apasionante de la época. Una teoría a la que echaremos un vistazo rápido, pues supone la base sobre la que Einstein edificó la suya.

La teoría del electromagnetismo de Maxwell

Los científicos conocían desde hacía tiempo la existencia de dos tipos de carga eléctrica: positiva y negativa. Por ejemplo, los protones tienen carga positiva y los electrones, negativa. Las cargas positiva y negativa se atraen mutuamente, mientras que las del mismo tipo se repelen. Además, los científicos sabían que las cargas pueden ser estáticas o hallarse en movimiento. Las cargas estáticas producen interacciones eléctricas del tipo de las que observamos en la llamada electricidad estática. Las cargas en movimiento no sólo generan estos efectos, sino que también producen interacciones magnéticas, como cuando las cargas que se mueven a lo largo de un cable dan lugar a un electroimán.

Maxwell desarrolló un conjunto de cuatro ecuaciones que gobiernan el electromagnetismo. En esas ecuaciones existe una constante, *c*, que describe las intensidades relativas de las fuerzas eléctrica y magnética entre partículas cargadas. Maxwell ideó un ingenioso dispositivo para medir *c*. En un lado había dos placas paralelas, una cargada positivamente y la otra, negativamente, que se atraían debido a la fuerza eléctrica que existía entre ellas. En el lado opuesto había dos bobinas de hilo conductor a través de las cuales se hacía fluir una corriente, con lo que aquéllas se atraían por efecto de la fuerza magnética. Maxwell equilibró la fuerza magnética frente a la fuerza eléctrica que había entre las placas con el objetivo de determinar la proporción existente entre ambas y, por consiguiente, el valor de *c;* cuyo resultado fue de trescientos mil kilómetros por segundo, aproximadamente.

Maxwell pronto hallaría una extraordinaria solución para sus ecuaciones: una onda electromagnética, una combinación de campos eléctricos y magnéticos, viajando a través del vacío a la velocidad *c*, la cual identificó como la velocidad de la luz, una magnitud que los astrónomos ya habían medido en aquella época.

Ya en el año 1676, el astrónomo danés Olaus Roemer había observado meticulosamente los satélites –lunas– de Júpiter. Tras comprobar que orbitaban alrededor del planeta como las manecillas de un sofisticado reloj, Roemer constató que cuando la Tierra se hallaba en su punto más cercano a Júpiter, ese «reloj» parecía adelantar ocho minutos, mientras que cuando se hallaba en el punto más lejano (en el extremo opuesto de su órbita), el «reloj» parecía retrasar los mismos ocho minutos. La diferencia entre los dos resultados estaba motivada por los dieciséis minutos más que debía recorrer la luz para alcanzar la Tierra cuando ambos planetas estaban situados en su posición más alejada, atravesando una distancia extra –el diámetro de la órbita terrestre– que ya había sido determinada entonces mediante técnicas de medición astronómica. Roemer llegó a la conclusión de que la luz se movía a doscientos setenta mil kilómetros por segundo.

En 1728, el astrónomo inglés James Bradley midió la velocidad de la luz empleando el mismo efecto que hace que la lluvia que cae verticalmente parezca hacerlo de manera oblicua cuando es observada desde un vehículo en movimiento. A partir de las desviaciones ligeramente cambiantes de la luz de las estrellas, observadas a lo largo de un año a medida que la Tierra rodea el Sol, Bradley dedujo que la velocidad de la luz era unas diez mil veces mayor que la de la Tierra en su órbita, es decir, de unos trescientos mil kilómetros por segundo.

Así pues, Maxwell conocía la velocidad de la luz, y cuando en 1873 calculó la velocidad de sus ondas electromagnéticas y observó que viajaban a trescientos mil kilómetros por segundo, concluyó que la luz tenía que ser una onda electromagnética[1]. Se trataba de uno de los mayores descubrimientos de la historia de la ciencia. Maxwell también dedujo que las ondas electromagnéticas podían tener diferentes longitudes de onda y predijo que algunas de éstas podrían ser más cortas o más largas que las correspondientes a la luz visible. Entre las primeras se hallarían los rayos gamma, los rayos X y los ultravioleta, mientras que entre las segundas estarían la radiación infrarroja, las microondas y las ondas de radio. Inspirado directamente por los resultados de Maxwell, en 1888 Heinrich Hertz logró transmitir y recibir ondas de radio, lo que constituyó la base de este invento.

La obra de Maxwell fascinaba a Einstein, pero sus ecuaciones contradecían el aspecto que él había previsto para aquel rayo de luz junto al que se imaginaba viajando a la misma velocidad. En su visión, la onda electromagnética parecía estacionaria respecto a él, una onda estática con crestas y valles como surcos en un campo arado. Las ecuaciones de Maxwell no permitían ese fenómeno estático en el vacío, así que había un error.

Einstein se dio cuenta de algo más. Supongamos que desplazamos rápidamente una partícula cargada ante un imán inmóvil. Según Maxwell, la carga en movimiento se vería acelerada por una fuerza *magnética*. Dejemos quieta la carga y movamos ahora el imán. Conforme a las ecuaciones de Maxwell, el campo magnético variable producido por el imán en movimiento crearía un campo eléctrico, produciendo una aceleración en la carga debido a una fuerza *eléctrica*. La física involucrada en cada caso sería totalmente distinta y, sin embargo, la aceleración resultante sobre la partícula cargada sería idéntica en ambos. Einstein tuvo entonces una idea audaz. Pensó que la física *tenía* que ser la misma en ambos casos, puesto que la única relación entre la partícula cargada y el imán resultaba ser la velocidad relativa de uno con respecto al otro.

En la historia de la ciencia, muchos grandes avances se han producido cuando alguien se ha percatado de que dos situaciones que hasta entonces se creían diferentes son en realidad la misma. Aristóteles pensaba que la gravedad afectaba a la Tierra haciendo que los objetos cayeran hacia ella, pero que eran otras las fuerzas que operaban en los cielos y hacían que los planetas se movieran y la Luna girara alrededor del nuestro. Sin embargo, Newton comprendió que la fuerza que hacía caer a una manzana era la misma que mantenía a la Luna en su órbita. Se dio cuenta de que la Luna estaba «cayendo» continuamente hacia la Tierra, pues la trayectoria en línea recta que nuestro satélite hubiera seguido en el espacio en caso contrario se hubiera visto continuamente curvada para formar un círculo. Una idea que en absoluto era obvia.

Había otra cosa sobre la luz que resultaba muy peculiar. Supongamos que la Tierra se moviera a través del espacio a 100.000 kilómetros por segundo. Un rayo de luz que nos adelantara viajando en el mismo sentido que ella, ¿se alejaría de nosotros a sólo 200.000 kilómetros por segundo (es decir, 300.000 menos 100.000)? Y si el rayo viajara en sentido opuesto, ¿lo veríamos alejarse a 400.000 kilómetros por segundo (es decir, 300.000 más 100.000)? El hecho es que la luz se aleja siempre de la Tierra a la misma velocidad, con independencia del sentido en el que viaje. En 1887, el físico Albert Michelson, del Instituto Case de Ciencias Aplicadas de Cleveland, y el químico Edward Morley, de la vecina Western Reserve University, comprobaron este extremo dividiendo un haz de luz, de modo que una mitad fuera hacia el norte y la otra, hacia el este. Sendos espejos reflejaban después cada uno de los haces, devolviéndolos al punto de origen. Michelson y Morley pensaron que si la luz se desplazaba a través del espacio a 300.000 kilómetros por segundo y su aparato se movía, también en el espacio, a 30 kilómetros por segundo (la velocidad de la Tierra en su órbita alrededor del Sol), la velocidad de la luz respecto a su aparato sería de 300.000 kilómetros por segundo más/menos 30 kilómetros por segundo, dependiendo de si el haz viajaba en paralelo o en sentido contrario al movimiento de la Tierra. Estimaron que el haz de luz que iba y venía en la dirección paralela a la del movimiento de la Tierra debía llegar retrasado con respecto al que hacía el recorrido en una dirección perpendicular; sin embargo, su experimento mostró de manera muy precisa que los dos haces llegaban siempre a la vez.

Es fácil imaginar la enorme sorpresa para ambos científicos. Después de confirmar la precisión de su aparato, se preguntaron si la velocidad de la Tierra alrededor del Sol en el momento de hacer el experimento podría haberse visto cancelada por algún movimiento en sentido contrario del sistema solar en su conjunto. Motivo por el cual repitieron la prueba seis meses más tarde, cuando la Tierra se estaba moviendo en sentido opuesto en su órbita alrededor del Sol. Según su hipótesis, en la segunda ocasión deberían estar moviéndose a través del espacio a 60 kilómetros por segundo, pero los resultados fueron idénticos.

Con toda esta valiosa información en sus manos, en 1905 Einstein formuló dos sorprendentes postulados: primero, los efectos de las leyes físicas deben resultar iguales para cualquier observador sujeto a movimiento uniforme (viajando a velocidad constante a lo largo de una dirección constante, sin que existan giros), y segundo, la velocidad de la luz en el vacío tiene que ser la misma para cualquier observador en movimiento uniforme.

De entrada, los postulados parecen contradecir el sentido común: ¿cómo puede un rayo de luz alejarse de dos observadores a la misma velocidad si estos observadores se mueven uno respecto a otro? Sin embargo, Einstein demostró muchos teoremas basados en esos dos postulados y los numerosos experimentos realizados desde entonces han confirmado su validez.

Einstein probó sus teoremas ideando diversos e ingeniosos experimentos mentales. Denominó a sus trabajos «teoría especial de la relatividad», *especial* porque estaba restringida a observadores en movimiento uniforme, y *relatividad* porque mostraba que sólo cuentan los movimientos relativos.

Hagamos una pausa para admirar la enorme originalidad de la propuesta einsteniana. Nunca antes alguien había hecho algo similar en la ciencia. ¿Cómo llegó Einstein a sus conclusiones? Sin duda algo tuvo que ver su reverencia por lo que él llamaba el «sagrado» libro de geometría, un volumen que llegó a sus manos cuando tenía doce años. El libro describía cómo el matemático griego Euclides había observado que se podían demostrar numerosos teoremas notables a partir de unos postulados que definen puntos y líneas y las relaciones entre ambos. A Einstein, esa metodología le produjo una gran impresión: se trataba simplemente de adoptar un par de postulados y ver qué se podía demostrar con ellos. Si nuestro razonamiento es sólido y nuestros postulados son ciertos, todos nuestros teoremas deberán resultar ciertos también. Pero ¿por qué Einstein adoptó esos dos postulados en concreto?

Sabía que la teoría de la gravitación de Newton respondía al primer postulado. Según dicha teoría, la fuerza de gravitación entre dos objetos depende de las masas de ambos y de la distancia que los separa, pero no de la velocidad a la que se estén moviendo estos objetos. Newton asumía la existencia de un estado de reposo, pero no hay modo alguno de determinar, mediante un experimento gravitatorio, si el sistema solar está en reposo o no, por ejemplo. Según las leyes newtonianas, los planetas rodearían el Sol de igual modo tanto si el sistema solar fuera estacionario –se hallara en reposo– como si estuviera en movimiento rápido uniforme. Einstein decía que, como no puede ser medido, ese estado único de reposo simplemente no existe. Cualquier observador que se desplace con movimiento uniforme puede afirmar con todo derecho que su situación es estática[2]. Y si la gravitación no puede establecer un estado único de reposo, pensaba Einstein, ¿por qué iba a ser distinto para el electromagnetismo? Basándose en su razonamiento sobre la partícula cargada y el imán, Einstein concluyó que lo único que contaba era la velocidad relativa entre ambos. A partir de la interacción entre imán y partícula, nadie podría decidir cuál de los dos se hallaba «en reposo».

Einstein basó su segundo postulado en el hecho de que las ecuaciones de Maxwell predicen que, en el vacío, las ondas electromagnéticas se propagan a trescientos mil kilómetros por segundo. Si estuviéramos «en reposo», la luz nos rebasaría a esa velocidad. Si viéramos pasar un rayo de luz a cualquier otra velocidad, sería la evidencia de que no nos hallamos «en reposo» (de hecho, Michelson y Morley trataron de utilizar esta idea para demostrar que la Tierra no se halla «en reposo», pero su experimento falló). Einstein pensó que todo observador sometido a movimiento uniforme debería poder considerarse a sí mismo «en reposo» y, por lo tanto, ver pasar el rayo de luz a trescientos mil kilómetros por segundo. El segundo postulado einsteniano significa que un observador que viaje a una alta velocidad y realice el experimento de Michelson-Morley fracasará en el intento. Preguntado años después, Einstein admitió haber tenido conocimiento del famoso experimento en 1905, pero afirmaba que no había ejercido excesiva influencia en sus razonamientos; él había asumido, simplemente, que todo intento en ese sentido fracasaría. En cualquier caso, hoy podemos decir que el experimento de Michelson-Morley quizá constituyó la prueba más concluyente de que el segundo postulado de Einstein era correcto.

Einstein comprendió que la luz podía parecer que viajaba siempre a la misma velocidad para observadores que se movieran a distintas velocidades relativas sólo si sus relojes e instrumentos de medida diferían. Si un astronauta que viajara a una gran velocidad tuviese reglas y relojes diferentes de los míos, tal vez al medir la velocidad de un rayo de luz ambos obtendríamos un valor de trescientos mil kilómetros por segundo.

Isaac Newton había imaginado un tiempo universal sobre el que todos los observadores estaban de acuerdo y por el cual el tictac de un reloj en movimiento era igual de rápido que el de uno estacionario. Podríamos ilustrar el concepto newtoniano del tiempo mediante una secuencia clásica de las películas de acción. Antes de comenzar la misión, el jefe del comando reúne a todos los miembros del grupo y dice algo así como: «Sincronicemos nuestros relojes. En este momento son las 14.10». Todos ajustan sus relojes exactamente a las 14.10 y, a continuación, se separan, confiando en la idea newtoniana de que, aunque cada miembro del comando recorra un camino muy diferente y a una velocidad distinta (por tierra, mar o aire), todos alcanzarán el objetivo al mismo tiempo. Sin embargo, si uno de ellos viajara en una nave espacial a una velocidad cercana a la de la luz, la misión peligraría. Los relojes de una nave que se mueva respecto a nosotros a gran velocidad no pueden ser sincronizados con los nuestros. Según Einstein, el tiempo universal no existe. El tiempo es distinto para cada observador. Este principio abre la puerta a los viajes en el tiempo.

¿Por qué un reloj en movimiento avanza más despacio?

Uno de los primeros teoremas derivados por Einstein de sus dos postulados viene a decir que si un astronauta nos rebasara a gran velocidad, veríamos que sus relojes avanzan más despacio que los nuestros. Einstein demostró el teorema mediante un ingenioso experimento mental: imaginó un reloj muy simple, en el que un rayo de luz rebota entre dos espejos. El reloj hace «tic» cada vez que el rayo alcanza uno de ellos. Como la luz viaja a trescientos mil kilómetros por segundo, tardaría aproximadamente 1 nanosegundo (una milmillonésima de segundo) en recorrer 30,48 centímetros. Si separamos los espejos algo menos de 1 metro, nuestro reloj de luz haría un tic cada 3 nanosegundos (figura 3). Supongamos ahora que nos adelanta un cohete volando a una velocidad equivalente al 80% de la de la luz. A bordo va un astronauta

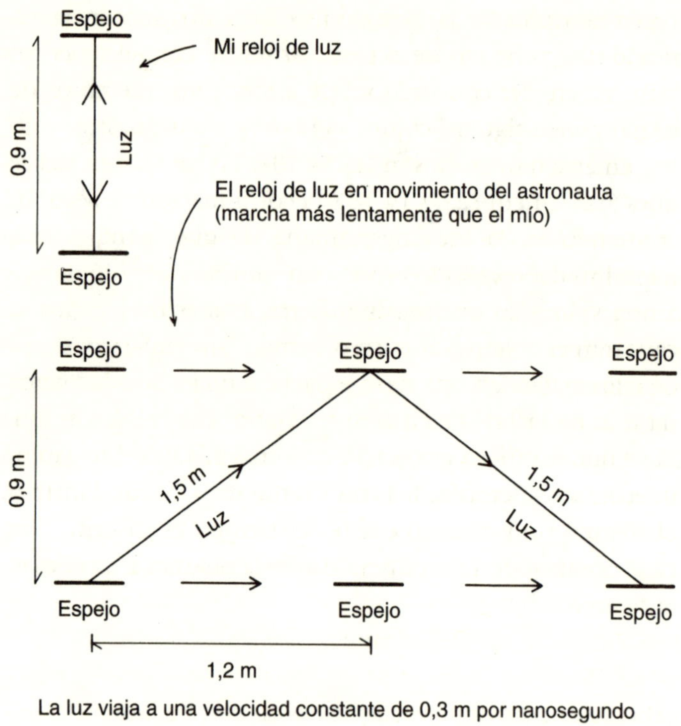

Figura 3. Diversos relojes de luz.

con un reloj de luz de dimensiones idénticas a las del nuestro[3]. Si al pasar el astronauta observamos su reloj, veremos rebotar su rayo de luz arriba y abajo, describiendo una trayectoria en zigzag conforme los dos espejos se desplazan de izquierda a derecha (figura 3). Cuando el rayo de luz va desde el espejo inferior al superior, nos parece que viaja en diagonal hacia arriba a la derecha, ya que, al alcanzar el espejo superior, éste se halla más a la derecha de donde estaba en el instante inicial. Cuando el rayo va hacia el espejo inferior, parece moverse en diagonal hacia abajo a la derecha por la misma causa. Si medimos la longitud de estas trayectorias diagonales, es evidente que el resultado supera los 0,9 metros. Como, forzosamente, la luz viaja para todos a 0,3 metros por nanosegundo (tal como afirma el segundo postulado), el intervalo entre tics en el reloj del astronauta es, para nosotros, superior a 3 nanosegundos.

¿Cuánto atrasa el reloj del astronauta? Podemos calcularlo. Si el astronauta viaja al 80% de la velocidad de la luz con respecto a nosotros, la distancia en diagonal que recorre la luz entre un espejo y otro resulta ser 1,5 metros. Podemos construir un triángulo rectángulo cuyos lados midan 1,5, 1,2 y 0,9 metros. Los antiguos egipcios ya conocían esto. El lado horizontal tendría 1,2 metros, el vertical, 0,9 y el diagonal, 1,5. Mientras el rayo de luz viaja en diagonal hacia arriba recorriendo 1,5 metros, el espejo inferior, moviéndose al 80% de la velocidad de la luz, se desplazará horizontalmente a la derecha una distancia de 1,2 metros exactamente.

Como la luz recorre 0,3 metros cada nanosegundo, transcurren 5 nanosegundos entre cada tic del reloj del astronauta. Después de 15 nanosegundos, habremos observado 3 tics en su reloj. Pero, después de esos mismos 15 nanosegundos, habremos observado 5 en el nuestro. Por cada 5 tics de nuestro reloj, el suyo sólo efectúa 3. Así pues, su reloj va más despacio que el nuestro.

Ahora viene lo más notable. El astronauta podría usar los latidos de su corazón como una especie de reloj. Sus espejos en paralelo (con un rayo de luz rebotando entre ellos) y su corazón son simplemente dos relojes en reposo el uno respecto al otro, por lo que existirá una relación fija entre sus respectivos ritmos. Cuando observamos que el astronauta se desplaza respecto a nosotros al 80% de la velocidad de la luz, no sólo vemos que su reloj de luz hace tres tics por cada cinco del nuestro: su corazón late también más despacio en la misma proporción, razón por la cual envejecerá más lentamente que nosotros. Cuando hayamos envejecido cinco años, veremos que él sólo habrá envejecido tres. Los relojes biológicos y los relojes de luz necesariamente atrasan del mismo modo; en caso contrario, el astronauta podría deducir que es él quien se está moviendo, lo cual violaría el primer postulado.

Estos efectos se hacen más espectaculares a medida que la velocidad del astronauta se aproxima a la de la luz. El resultado depende del cociente *v/c*, donde *v* es la velocidad del astronauta con respecto a nosotros y *c* es la velocidad de la luz. ¿Recuerda el lector las clases de geometría en el colegio? Uno de los tópicos fundamentales era el teorema de Pitágoras: en un triángulo rectángulo, la suma de los cuadrados de los catetos (los lados vertical y horizontal) es igual al cuadrado de la hipotenusa (el lado en diagonal). Al tiempo que la luz se mueve 0,3 metros en diagonal, el reloj del astronauta se desplaza a la derecha una distancia igual a 0,3 metros multiplicado por el cociente *(v/c)*, creando dos lados de un triángulo rectángulo. Si la hipotenusa fuera igual a 0,3 metros y el cateto horizontal *(v/c)* metros, según el teorema de Pitágoras, el cateto vertical valdría ∅[0,3 – $(v/c)^2$] metros (elevando al cuadrado la raíz cuadrada de [0,3 – $(v/c)^2$] se obtiene [0,3 – $(v/c)^2$]; si a ello le sumamos $(v/c)^2$ obtenemos 0,3, la hipotenusa). El recorrido vertical que vemos hacer al rayo de luz hacia el espejo superior no es, por consiguiente, 0,3 metros, sino 0,3 metros multiplicado por ∅[0,3 – $(v/c)^2$]. Como el rayo debe ascender 0,9 metros antes de que veamos hacer tic al reloj del astronauta, el ritmo de este último será ∅[0,3 – $(v/c)^2$] veces el del nuestro. Si el astronauta pasa junto a nosotros al 99,995% de la velocidad de la luz, observaremos que su reloj marcha cien veces más despacio. Cuando hayan transcurrido mil años en la Tierra, quienes desde ella observen al astronauta verán que ¡sólo ha envejecido diez!

El viaje al futuro es posible por el hecho de que los observadores que se mueven unos respecto a otros tienen percepciones distintas del tiempo. Estos observadores pueden disentir incluso sobre la simultaneidad de los sucesos; un fenómeno que desempeñará un importante papel a la hora de entender cómo podría materializarse el viaje al pasado.

Imaginemos que un astronauta pasa junto a nosotros al 80% de la velocidad de la luz y que observamos que su nave tarda 22,5 nanosegundos en pasar de izquierda a derecha. A la velocidad de 0,24 metros por nanosegundo, en ese tiempo se desplaza 5,4 metros respecto a nosotros, por lo que diremos que su nave tiene una longitud de 5,4 metros. Como vemos que el tripulante está sentado en el centro de la nave, afirmaremos que se halla a 2,7 metros del extremo delantero de ésta y a otros tantos de la cola. El astronauta envía dos señales luminosas a sendos espejos ubicados en los extremos de la nave. La luz se refleja en ellos y el astronauta recibe las dos señales de vuelta al mismo tiempo. Como los espejos se hallan equidistantes de él y la velocidad de la luz ha de ser trescientos mil kilómetros por segundo cuando él la mide, el astronauta afirmará que las señales luminosas alcanzan simultáneamente los dos espejos. Para nosotros, la señal luminosa enviada hacia la cola de la nave tarda 5 nanosegundos en llegar allí. En ese tiempo, la señal viaja 1,5 metros hacia la izquierda y la nave (que se mueve a 4/5 partes de la velocidad de la luz) se desplaza 1,2 metros hacia la derecha, completando entre ambas la distancia de 2,7 metros.

Pero ¿qué ocurre con la señal que el astronauta envía hacia el morro de la nave? Debe alcanzar el espejo delantero, que tiende a huir de ella. Observaremos que la luz tarda en alcanzarlo 45 nanosegundos exactamente. El morro se halla inicialmente a 2,7 metros del punto de partida de la señal. Durante 45 nanosegundos, la luz recorre 13,5 metros, mientras el morro de la nave avanza el 80% de esa distancia, es decir, 10,8 metros, con lo que los 2,7 metros de partida se compensan. Así pues, observamos que la señal que el astronauta envía hacia atrás tarda en llegar a su destino sólo 5 nanosegundos, mientras que la que envía hacia delante tarda cuarenta y cinco. Para nosotros, la señal enviada hacia atrás alcanza su espejo *antes* que la enviada hacia delante.

Cuando la señal luminosa llega al espejo posterior, es reflejada y vuelve hacia el astronauta. ¿Cuánto tardaría en regresar, según nosotros? En este caso, el astronauta lleva una ventaja de 2,7 metros y tiende a alejarse, por lo que, conforme al razonamiento de antes, el recorrido de vuelta tardaría 45 nanosegundos. Vemos, pues, cómo la señal viaja hacia atrás, se refleja y alcanza al astronauta de nuevo tras 5 más 45, es decir, un total de 50 nanosegundos. ¿Qué hay de la señal enviada hacia delante? Sólo le hacen falta 5 nanosegundos para regresar al astronauta, puesto que, tras reflejarse, la luz recorre 1,5 metros mientras aquél avanza otros cuatro a su encuentro. De nuevo el recorrido total dura 50 nanosegundos.

Observaremos, pues, que los rayos de luz retornan al astronauta a la vez, exactamente igual que él. Pero él percibe que los rayos alcanzan simultáneamente los espejos anterior y posterior, ya que se halla en el centro de la nave y se considera en reposo. Nunca coincidiremos en si la llegada de la señal a cada uno de los espejos se produjo simultáneamente o no. La cuestión no radica en quién de nosotros está equivocado, sino en que cada uno tiene su propio marco de referencia.

Hay otro punto notable aún. Hemos dicho que el astronauta «recupera» las señales luminosas al cabo de 50 nanosegundos. Pero sabemos que se está moviendo al 80% de la velocidad de la luz, con lo que sus relojes marcharán al 60% del ritmo al que avanzan los nuestros y le dirán que sólo han transcurrido 30 nanosegundos desde que envió las señales hasta que las recibió de vuelta. Él se considera en reposo y sabe que la luz viaja a 0,3 metros por nanosegundo, con lo que le parecerá que aquélla tarda 15 nanosegundos en alcanzar cualquiera de los dos espejos y otro tanto en regresar; de este modo llegará a la conclusión de que el morro y la cola de su nave se hallan a 4,5 metros cada uno de donde él se encuentra y de que la nave, por lo tanto, tiene 9 metros de longitud. Pero recordemos que habíamos medido esa longitud y, para nosotros, el resultado era de 5,4 metros. Así pues, afirmaremos que su nave tiene sólo el 60% de la longitud que él mide. Se trata del mismo factor que indica cuán lento va su reloj respecto al nuestro. Las varas de medir que el astronauta transporte en una dirección paralela a su trayectoria nos parecerán comprimidas. Si no fuera así, los relojes de luz transportados por este mismo astronauta en posición paralela o perpendicular a dicha trayectoria marcharían a ritmo diferente, y él podría concluir que se halla en movimiento, lo cual va en contra del primer postulado.

La discusión precedente estaba dirigida al hemisferio izquierdo del cerebro del lector (el de las tareas lógico-verbales). Hagamos trabajar ahora al hemisferio derecho (el de las visuales y espaciales). La figura 4 representa el diagrama espacio-temporal del escenario anterior. La línea de universo del astronauta y las del morro y la cola de su nave son las que aparecen inclinadas a la derecha. Tomemos una regla, mantengámosla horizontal y hagamos un barrido desde la parte inferior a la superior del diagrama. Las intersecciones de las líneas de universo con la regla representarán el modo en que la escena tiene lugar desde nuestro punto de vista. Observemos cómo el astronauta y su nave se mueven de izquierda a derecha a medida que movemos lentamente la regla hacia arriba. Los rayos de luz que el astronauta envía hacia el morro y la cola de la nave y luego recibe de vuelta son líneas inclinadas 45 grados, puesto que viajan a 0,3 metros por nanosegundo. La llegada del rayo de luz a la cola de la nave (el suceso A) ocurre, para nosotros, antes que la llegada del rayo de luz al morro (el suceso B). Pero para el astronauta, que se considera en reposo, ambos sucesos son simultáneos y se producen a los 15 nanosegundos de tiempo de la

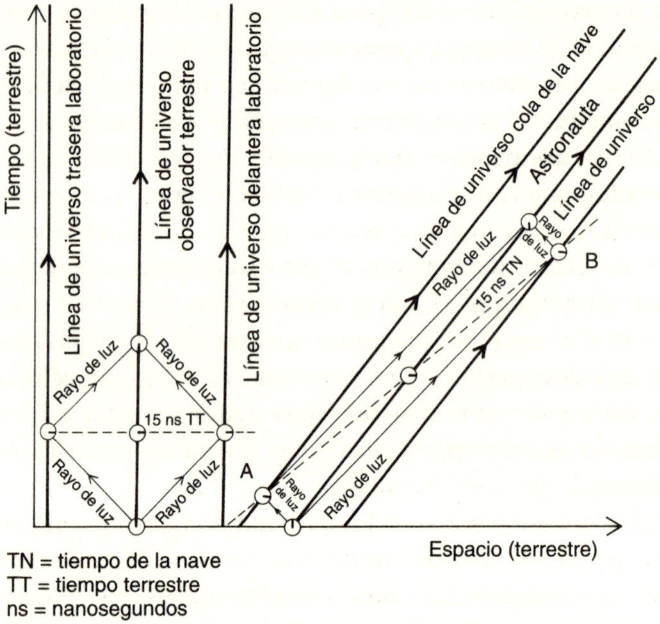

Figura 4. Distintas percepciones del tiempo: astronauta y observador terrestre.

nave, como indican los pequeños relojes y la línea inclinada de trazos (con la etiqueta *15 ns TN*, que los une).

En la misma figura se muestra un experimento equivalente, realizado por un observador terrestre. La línea de universo de este observador asciende en vertical, ya que permanece inmóvil respecto a nosotros cuando movemos la regla hacia arriba. La línea que une los relojes terrestres, que representa 15 nanosegundos de tiempo terrestre (y etiquetada como *15 ns TT*), es horizontal pues se halla en reposo respecto a nosotros.

El espacio-tiempo es como una barra de pan. Si corto el pan horizontalmente, tendré rodajas que representan diferentes instantes de tiempo terrestre. Dos sucesos serán simultáneos si se hallan en la misma rebanada. Pero un astronauta en movimiento cortará el pan de otra manera, inclinando el cuchillo. Los sucesos que estén en una misma rodaja inclinada serán simultáneos para él. Esto explica también por qué el astronauta y nosotros discrepamos sobre la longitud de la nave. Simplemente estamos cortando su línea de universo tetradimensional de manera diferente. Es como si nos preguntásemos por el grosor de un tronco de árbol. Visto en dirección radial, tendremos una respuesta, pero si lo miramos bajo un cierto ángulo, obtendremos otra.

Es el momento en el que usted puede decidir cuál de sus dos hemisferios predomina. Si es como la mayoría de la gente, prevalecerá su hemisferio izquierdo y encontrará la descripción verbal más convincente que el diagrama espaciotemporal, que suele resultar infrecuente y extraño. Lo he incluido para contentar a los que, como yo, están dominados por el hemisferio derecho. Vi el diagrama por primera vez en un libro de Max Born –premio Nobel y abuelo de la cantante Olivia Newton-John– cuando estaba en octavo. Fue toda una revelación para mí.

Si un astronauta atravesara el sistema solar al 99,995 % de la velocidad de la luz, observaríamos que el ritmo de sus relojes es la centésima parte del de los nuestros y que la longitud de su nave se ve reducida en el mismo factor. Supongamos que se dirige a la estrella Betelgeuse, a unos quinientos años luz de la Tierra. Como viaja casi a la velocidad de la luz, según nuestras cuentas tardaría en llegar algo más de quinientos años, pero como sus relojes avanzan mucho más despacio que los nuestros, le veríamos envejecer sólo cinco años durante el viaje. Cuando llegue a Betelgeuse será sólo cinco años mayor que cuando pasó por aquí.

Pero ¿qué es lo que experimenta el astronauta? Él se considera en reposo. Ve que el Sol y Betelgeuse se mueven respecto a él al 99,995 % de la velocidad de la luz, con lo que, al medir la separación entre ambas estrellas, obtiene sólo cinco años luz (la centésima parte de la distancia que medimos nosotros). El Sol y Betelgeuse son como el morro y la cola de una «nave» que pasa junto a él a una velocidad próxima a la de la luz. Al medir su longitud, ésta resulta ser cinco años luz. Es decir, la cola de la «nave» –Betelgeuse– pasa ante él unos cinco años después de haberlo hecho el Sol, con lo que al llegar a su destino es sólo cinco años más viejo, tal como estaba previsto.

Curiosamente, en los experimentos mentales de Einstein no había gente en la Tierra que observara a un astronauta viajando en una nave espacial; en lugar de ello, el gran físico analizaba el caso de un observador situado en una estación de ferrocarril que compara sus anotaciones con otro ubicado en el centro de un tren que se mueve rápidamente. Einstein empleaba un tren porque era el vehículo más rápido de los existentes en 1905.

¿Por qué una nave espacial no puede viajar más deprisa que la luz?

Si una nave se nos acercara a una velocidad mayor que la de la luz, una señal luminosa enviada hacia delante por el astronauta nunca alcanzaría el morro del aparato: éste se mueve más deprisa y, además, le lleva ventaja. Cualquier atleta sabe que es imposible alcanzar a otro que corre más rápido y que lleva una distancia de ventaja inicial. Lo observado por el astronauta sería muy peculiar: tomaría una linterna y la dirigiría hacia la parte delantera de la nave, pero nunca llegaría a ver cómo ésta se ilumina. Esto no es lo que vería un observador en reposo, por lo tanto el astronauta *sabría* que se está moviendo, lo cual contradice el primer postulado.

Así pues, nada puede viajar más rápido que la luz. Einstein había descubierto un límite de velocidad en el cosmos: la velocidad de la luz. Forma parte del tejido del universo, subyace en las ecuaciones de la electrodinámica. Este límite de velocidad proviene directamente de los dos postulados de Einstein, que damos por válidos ante la gran cantidad de resultados derivados que se han verificado. En los aceleradores de partículas más potentes, donde podemos incrementar a voluntad la velocidad de los protones, conseguimos que cada vez vayan más deprisa, aproximándose más y más a la velocidad de la luz, pero sin alcanzarla nunca (exactamente como Einstein predijo).

$E = mc^2$ es otro resultado que Einstein demostró a partir de sus dos postulados (E representa la energía, m, la masa y c^2 es el cuadrado de la velocidad de la luz). Ni que decir tiene que la velocidad de la luz es una magnitud enorme –y su cuadrado, mucho más–, con lo que la pérdida de una mínima cantidad de masa produce la liberación de una gigantesca cantidad de energía. Cuando la bomba atómica hace explosión, una pequeña cantidad de masa se transforma en una ingente cantidad de energía. La bomba atómica funciona, luego los postulados parecen ciertos. Por ello no es fácil que veamos a un astronauta viajar a una velocidad superior a la de la luz.

Un universo de cuatro (o más) dimensiones

Nuestro universo es tetradimensional: existen tres dimensiones espaciales y una temporal. H. G. Wells pensaba que la dimensión tiempo era exactamente igual a cualquiera de las dimensiones espaciales, pero se equivocaba. Hay una diferencia crucial entre ellas. Resulta que, matemáticamente, la dimensión tiempo lleva asociada un signo menos. Este pequeño signo marca la diferencia: separa el futuro del pasado, permite la causalidad en nuestro mundo y dificulta viajar libremente en el tiempo. Así que para explorar la idea del viaje en el tiempo, es necesario entender de dónde viene ese signo menos, lo cual requiere considerar, a su vez, en qué coincidirán los observadores en movimiento, ya que habrá muchos otros aspectos en los que no estarán de acuerdo.

En primer lugar, para comparar separaciones en el espacio y separaciones en el tiempo usaremos unidades en cuyo marco la velocidad de la luz sea igual a 1. Los años luz y los años son unidades de esta clase. La luz viaja a una velocidad de 1 año luz por año. Podríamos usar igualmente pies y nanosegundos, ya que la luz recorre 1 pie en 1 nanosegundo. La de la luz es una velocidad «mágica», una velocidad sobre la que todos pueden ponerse de acuerdo, así que será ideal para comparar las separaciones en el espacio y en el tiempo.

Consideremos el ejemplo ya conocido. Un astronauta pasa ante nosotros al 80% de la velocidad de la luz. Envía señales luminosas hacia la parte anterior y posterior de su nave, donde un par de espejos las reflejan, enviándolas de vuelta hacia él. Observamos que el envío y la recepción de estas señales son dos sucesos separados 40 pies en el espacio y 50 nanosegundos en el tiempo. Mientras tanto, el astronauta, que se percibe a sí mismo en reposo, ve dos sucesos separados 0 pies en el espacio y 30 nanosegundos en el tiempo, según marcan sus relojes. Está claro, pues, que discrepamos sobre la separación entre los dos sucesos, tanto en el espacio como en el tiempo.

Pero podemos estar de acuerdo sobre el cuadrado de la separación en el espacio *menos* el cuadrado de la separación en el tiempo. Si tomamos el cuadrado de la separación en el espacio que nosotros medimos (en pies) y le restamos el cuadrado de la separación en el tiempo que medimos nosotros también (en nanosegundos), tendremos $40^2 - 50^2 = 1.600 - 2.500 = -900$. Si él toma el cuadrado de la separación que mide en el espacio (en metros) y le resta el cuadrado de la separación que mide en el tiempo (en nanosegundos), obtiene $0^2 - 30^2 = -900$.

Ambos obtenemos el mismo resultado. Cuando la cantidad sea negativa, diremos que los dos sucesos tienen una *separación tipo tiempo:* los sucesos presentan una mayor separación en el tiempo que en el espacio, por lo que el resultado es negativo. Cuando la cantidad sea positiva, diremos que los dos sucesos presentan una *separación tipo espacio:* su separación en el espacio es mayor que en el tiempo. Finalmente, cuando la cantidad sea cero, diremos que los sucesos tienen una *separación tipo luz:* pueden estar conectados por un rayo de luz. Tanto el astronauta como yo estaríamos de acuerdo en que los dos sucesos tienen la misma separación en el espacio y en el tiempo; podríamos diferir, no obstante, en cuántos pies y nanosegundos los separan (yo podría decir que 5 y él, que 15), pero coincidiríamos en que ambas magnitudes son iguales. Esto se explica porque según el segundo postulado einsteniano, los dos debemos observar el rayo de luz que une esos dos sucesos viajando a una velocidad de 1 pie por nanosegundo. Todos los observadores estarán de acuerdo, pues, en «el cuadrado de la separación en el espacio menos el cuadrado de la separación en el tiempo», por más que difieran sus relojes y sus varas de medir, con tal de que convengan que la velocidad de la luz vale 1 en esas unidades[4]. El signo menos asegura que todos los observadores estén de acuerdo en dicha velocidad.

Supongamos que nos invitan a una fiesta dentro de cinco años en Alfa Centauro, que se encuentra a cuatro años luz de la Tierra, y que podemos ir en una nave espacial que viaja al 80% de la velocidad de la luz[5]. Todos los observadores estarían de acuerdo en que la fiesta se halla en el «futuro» respecto a nuestra situación, pues podemos hacer planes sobre cómo asistir a ella. La fiesta está separada de nuestro «aquí-y-ahora» una distancia de cuatro años luz en el espacio y cinco años en el tiempo. Por lo tanto, empleando años luz y años como unidades, el cuadrado de la separación en el espacio menos el cuadrado de la separación en el tiempo sería: $4^2 - 5^2 = 16 - 25 = -9$. La fiesta tiene una separación tipo tiempo desde nuestro aquí-y-ahora. Cualquier par de sucesos de esta clase puede ser conectado mediante una nave espacial que viaje entre ellos.

Pero un concierto que se celebre en Alfa Centauro dentro de tres años es un suceso al que no podríamos asistir, puesto que no podemos viajar más rápido que la luz. El concierto tiene una separación tipo espacio desde nuestro aquí-y-ahora (se halla en nuestro presente). El cuadrado de su separación en el espacio menos el de su separación en el tiempo es positivo: $4^2 - 3^2 = 16 - 9 = 7$. Un observador que viajara al 75% de la velocidad de la luz rumbo a Alfa Centauro afirmaría que nuestro presente en la Tierra y el concierto de Alfa Centauro son sucesos simultáneos. No le sorprendería que no pudiéramos asistir. ¿Cómo íbamos a hacerlo si, según él, las dos cosas ocurren al mismo tiempo?

Consideremos ahora un congreso celebrado en Alfa Centauro hace seis años. El suceso está en nuestro «pasado». Un astronauta podría haber asistido a dicho congreso y encontrarse tomando café con nosotros en este momento; podría haber regresado a la Tierra a dos terceras partes de la velocidad de la luz (el congreso y nuestro aquí-y-ahora presentan una separación tipo tiempo, por lo que el astronauta puede visitar este aquí-y-ahora tras haber participado en él. El congreso se halla, pues, en el «pasado» de donde nos encontramos actualmente). De este modo podemos dividir nuestro universo tetradimensional en tres regiones: el pasado, el presente y el futuro.

Representaremos esto en un diagrama tridimensional que muestre dos dimensiones espaciales en sentido horizontal y la dimensión tiempo, en sentido vertical, con el futuro arriba y el pasado abajo (figura 5). Como desde nuestro punto de vista percibimos el Sol como si estuviera en reposo, representaremos la trayectoria del Sol a través del espacio-

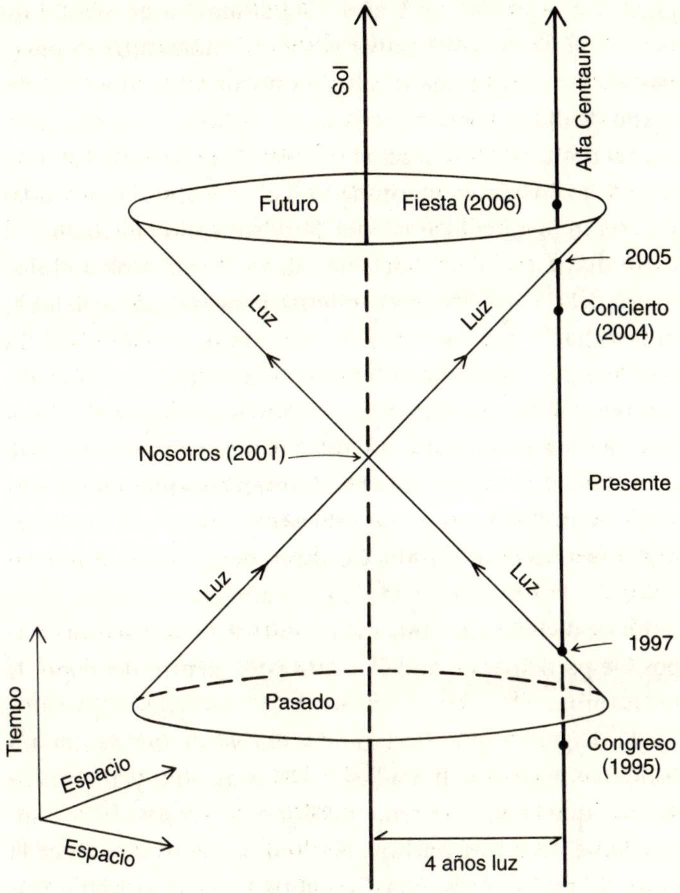

Figura 5. Conos de luz pasado y futuro.

tiempo como una línea de universo vertical. La estrella Alfa Centauro es otra línea de universo vertical, separada cuatro años luz. El diagrama muestra las ondas de luz que emitimos –digamos, a efectos de la ilustración, en 2001– viajando hacia el futuro y trazando lo que se denomina *cono de luz futuro*. Como Stephen Hawking ha señalado, esas ondas luminosas se propagan como ondas circulares en la superficie del agua a la velocidad de 1 año luz por año. Si queremos ver cuál es el aspecto del universo en un momento concreto, bastará con cortar una rebanada horizontal en nuestro diagrama tridimensional y echarle un vistazo. Un corte horizontal producirá una sección circular en el cono de luz futuro. En un instante determinado, las ondas de luz emitidas parecerán un círculo alrededor de nosotros. Si efectuamos el corte más tarde, el círculo será mayor. Hacia arriba, el diámetro del cono de luz crece indefinidamente. Como la luz se mueve hacia fuera en sentido horizontal una unidad (un año luz) por cada unidad temporal que avanza hacia arriba (un año), el cono tiene un ángulo de 45 grados en el diagrama. La línea de universo de Alfa Centauro atraviesa el cono de luz (en el año 2005, concretamente). Podemos enviar una señal a cualquier suceso que esté situado dentro del cono de luz futuro. La fiesta en Alfa Centauro dentro de 5 años, contados desde 2001 (por lo tanto en el año 2006), está en el interior de dicho cono: el suceso pertenece a nuestro futuro. Es posible participar en aquellos que estén dentro del cono de luz futuro.

El diagrama muestra también el *cono de luz pasado*, un cono que se contrae hasta llegar a nuestro aquí-y-ahora. Los sucesos que se encuentren en el cono de luz pasado son sucesos que podemos ver hoy. El cono de luz pasado cruza la línea de universo de Alfa Centauro hace cuatro años (en nuestro caso, en 1997). Los rayos de luz emitidos por la estrella en esa fecha llegan aquí en 2001. Cuando hoy observamos Alfa Centauro, la vemos tal como era hace cuatro años. Cuanto más lejos miremos, más atrás veremos en el tiempo. Nuestra panorámica actual del universo es justamente el cono de luz pasado. Todo lo que se halle dentro de este cono forma parte de nuestro «pasado»: abarca sucesos que podríamos haber presenciado (por ejemplo, el congreso de Alfa Centauro en 1995; tras asistir a él, aún podríamos haber tenido tiempo de alcanzar nuestra posición actual en la Tierra en el año 2001). Como la velocidad de la luz en el vacío es la máxima posible en el universo, ningún suceso *exterior* al cono de luz pasado ha podido haber tenido influencia alguna sobre nosotros hasta ahora. Entre el cono de luz futuro y el cono de luz pasado se halla el «presente». Incluye los sucesos que alguien que viaje en una eventual nave espacial puede pensar que son simultáneos con nuestro aquí-y-ahora. Ese concierto en Alfa Centauro en 2004 está en nuestro «presente». Aunque nosotros, situados en la Tierra en 2001, pensemos que es un acontecimiento aún por venir, otros observadores piensan que está sucediendo a la vez que nuestro aquí-y-ahora, e incluso algunos (los que viajan en las naves más rápidas) afirman que ha tenido lugar antes que ese aquí-y-ahora nuestro. El suceso pertenece, pues, a nuestro «presente». Obsérvese que el «futuro» y el «pasado» –como las mitades superior e inferior de un reloj de arena– son dos regiones separadas cuyo único punto en común es nuestro «aquí-y-ahora». El «presente» rodea esos dos conos y es una región única conectada. Todos los observadores están de acuerdo sobre qué sucesos pertenecen a cada región (el pasado, presente y futuro del suceso «aquí-y-ahora») porque todos ellos ven viajar la luz a la misma velocidad y coinciden al decidir a qué lado de cada cono de luz se halla un suceso dado.

Como no podemos movernos a una velocidad superior a la de la luz, nuestra línea de universo futura deberá caer necesariamente dentro del cono de luz futuro, y su ángulo respecto a la vertical (el eje del cono) nunca podrá superar los 45 grados. Esa línea de universo, al igual que la de la Tierra con forma de hélice en la figura 1, siempre continuará hacia el futuro, lo cual nos impediría girar hacia el pasado como el viajero del tiempo de la figura 2. Toda línea de universo que pretenda describir en el espacio-tiempo un círculo de ese tipo debe adoptar en algún momento un ángulo superior a 45 grados respecto a la vertical. El viaje al pasado implica, por lo tanto, superar en algún momento la velocidad de la luz, lo cual no está permitido por la relatividad especial (más adelante, cuando analicemos los viajes al pasado, discutiremos un modo de sortear esta dificultad aparentemente insuperable).

Planilandia y Linealandia

No está nada mal que dispongamos de tres dimensiones espaciales y una temporal. Podríamos, por ejemplo, haber ido a parar a un universo que tuviera sólo dos dimensiones en el espacio y una en el tiempo. Así sería el mundo de Planilandia, descrito por Edwin Abbott en un precioso libro editado en 1880 y actualizado después por A. Dewdney en su obra *The Planiverse* [Planiverso]. Las criaturas de Planilandia sólo se pueden mover en dos dimensiones espaciales, «arriba-abajo» e «izquierda-derecha»[6]. Un planilandés tendría una visión de la vida muy diferente de la nuestra. Poseería boca y estómago, pero ningún conducto alimentario que atravesara todo su cuerpo o, en caso contrario, ¡se rompería en dos pedazos! (figura 6). Los planilandeses tendrían que digerir la comida y luego vomitar los residuos, como observó Hawking en su *Historia del tiempo*. Un planilandés podría ver mediante un ojo circular dotado de retina y leer un periódico que consistiera en una línea con una especie de código Morse (puntos y rayas impresos). Podría tener una casa con puerta y ventana e, incluso, una piscina en el jardín, pero debería trepar al tejado para llegar a ese jardín y arrojarse de espaldas para acostarse en la cama. La vida en un universo con dos dimensiones espaciales y una temporal sería mucho más limitada que en el nuestro.

Un mundo con una única dimensión espacial y otra temporal –Linealandia– sería aún más simple. Los seres de Linealandia serían segmentos de línea (véase la parte infe-

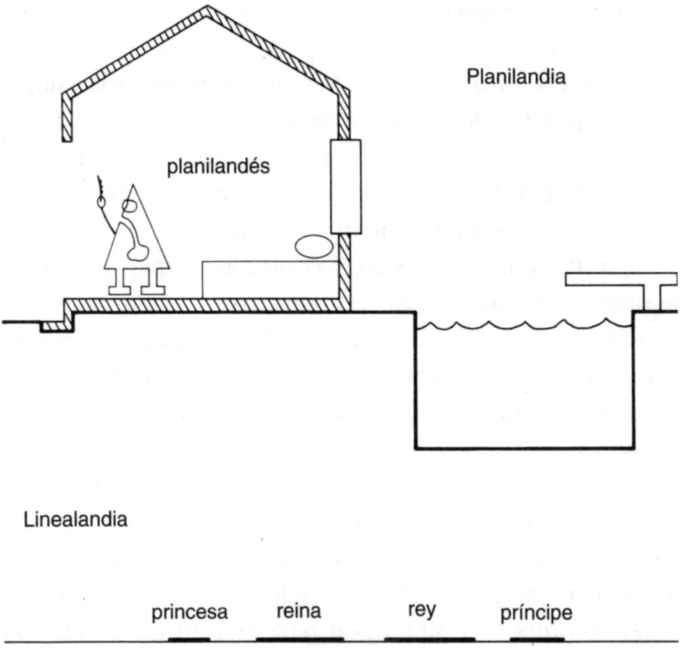

Figura 6. Planilandia y Linealandia.

rior de la figura 6; para hacerlos visibles, hemos dibujado a los linealandeses con trazo más grueso; en realidad, tanto la línea como sus habitantes tendrían grosor nulo)[7]. Podría haber un rey y una reina en Linealandia. El rey podría estar, por ejemplo, a la derecha de la reina. Si hubiera un príncipe y una princesa estarían, respectivamente, a la derecha del rey y a la izquierda de la reina. Si ésta se encontrara a nuestra izquierda, siempre permanecería allí, nunca podría rodearnos para situarse a nuestra derecha. En Linealandia, izquierda y derecha representan una separación absoluta, como la que existe entre pasado y futuro.

La razón por la que existen tres dimensiones espaciales y una temporal puede provenir del modo en el que opera la gravedad. Para Einstein, la gravedad nace de la curvatura provocada por la masa en el espacio-tiempo. Cuando generalizamos la teoría einsteiniana de la gravitación a espacio-tiempos de varias dimensiones, constatamos que los objetos masivos de Planilandia no se atraen unos a otros: no existe atracción gravitatoria a distancia (nada haría que el agua de la piscina de nuestro planilandés se mantuviera en su sitio). De modo que los objetos grandes no se ensamblarían a ellos mismos y la vida inteligente no se podría desarrollar (por supuesto, la vida inteligente en Linealandia resultaría también imposible). Pero con tres dimensiones espaciales y una dimensión temporal, los planetas tienen órbitas estables alrededor de sus soles. Si hubiera más de tres dimensiones espaciales con una sola dimensión temporal, dichas órbitas se volverían inestables, lo que, de nuevo, daría lugar a condiciones desfavorables para la vida inteligente.

Supongamos que hubiera dos dimensiones temporales. Por ejemplo, la antigua cultura indígena australiana habla de un segundo tiempo: el «tiempo del sueño». Si existiera, el universo sería pentadimensional. La magnitud sobre la que los observadores en movimiento estarían de acuerdo sería entonces la suma de los cuadrados de las separaciones en las tres dimensiones espaciales, *menos* el cuadrado de la separación temporal ordinaria, *menos* el cuadrado de la separación en el tiempo del sueño[8] (el término relativo a ese otro tiempo iría precedido también de un signo menos). Como el signo de los términos asociados a ambas dimensiones temporales es el mismo, podríamos girar en el plano tiempo ordinario-tiempo del sueño del mismo modo que lo hacemos en el plano formado por las dimensiones izquierda-derecha y delante-detrás. Esto facilitaría el viaje al pasado. Podríamos visitar un suceso en nuestro pasado sólo con viajar –es decir, hacer que nuestra línea de universo efectuara un bucle– en la dirección del tiempo del sueño (sin superar en ningún momento la velocidad de la luz). Si el tiempo es unidimensional, sólo podremos avanzar hacia delante, como una hormiga sobre un hilo, pero si hubiera dos dimensiones temporales (el tiempo ordinario y el tiempo del sueño), podríamos dar la vuelta en el plano que forman y visitar cualquier lugar del tiempo, como una hormiga sobre una hoja de papel. La causalidad normal no existiría en un mundo así. Según parece, no vivimos en esa clase de mundo.

Aunque..., aguarden un instante. Nuestro universo puede tener más dimensiones de las que pensamos en un primer momento. En 1919, Theodor Kaluza descubrió que al generalizar la teoría de la gravitación de Einstein a un universo de cuatro dimensiones espaciales y una dimensión temporal, se obtenía la gravedad einsteiniana normal *más* las ecuaciones de Maxwell de la electrodinámica, corregidas según la teoría especial de la relatividad. El electromagnetismo simplemente tendría su causa en la acción de la gravedad en una dimensión espacial extra. Como nadie ve esa dimensión adicional por ninguna parte, la idea pareció descabellada en su día. No obstante, en 1926 Oskar Klein (el matemático que inventó la botella que lleva su nombre, una versión tridimensional de la cinta de Moebius) tuvo una idea: la dimensión adicional podría estar arrollada como el contorno de una pajita para sorber refrescos.

Una pajita para beber refrescos tiene una superficie bidimensional; podemos fabricar una cortando una tira de papel y pegando los bordes largos para obtener un cilindro estrecho. Para ubicar un punto en la pajita hacen falta dos coordenadas: la posición vertical a lo largo de la pajita y la posición angular sobre la circunferencia. Las criaturas que vivieran sobre una superficie así habitarían en realidad en una Planilandia bidimensional, pero si la circunferencia fuera lo suficientemente pequeña, su universo parecería más bien Linealandia. Klein sugirió que la cuarta dimensión espacial podría estar arrollada como la circunferencia de una pajita de sorber refrescos, en la que su perímetro sería tan reducido (8×10^{-31} centímetros) que no podríamos apreciarla.

En este universo las partículas con carga negativa, como el electrón, circularían alrededor de la pajita en el sentido de las agujas del reloj, mientras que las de carga positiva, como el protón, lo harían en sentido contrario. Las partículas neutras (como el neutrón) no rodearían la pajita. La naturaleza ondulatoria de las partículas sólo permitiría rodear la diminuta circunferencia a un número entero (1, 2, 3, 4, etcétera) de longitudes de onda, con lo que las cargas eléctricas serían múltiplos de una carga fundamental, la del protón y el electrón. La teoría de Kaluza-Klein unificaba así las fuerzas de la gravedad y el electromagnetismo, y las explicaba en el marco de un espacio-tiempo curvo, lo que representó un importante paso hacia el objetivo anhelado por Einstein de una gran teoría del campo unificado que explicara todas las fuerzas del universo. Pero la teoría no proporcionaba nuevas predicciones de efectos que pudieran ser verificados experimentalmente, motivo por el cual quedó en vía muerta.

Recientemente, sin embargo, la teoría de supercuerdas ha resucitado la idea de las dimensiones adicionales. La teoría propone que las partículas fundamentales, como los electrones y los quarks, son en realidad diminutos bucles de cuerdas con un perímetro en el margen de los 10^{-33} centímetros. La teoría de supercuerdas sugiere que nuestro universo tiene en realidad once dimensiones: una dimensión temporal y tres dimensiones espaciales, todas ellas macroscópicas, junto con siete dimensiones espaciales hechas un ovillo de 10^{-33} centímetros de circunferencia. Una de las dimensiones adicionales podría explicar la electrodinámica –como en la teoría de Kaluza-Klein– y las otras explicarían las fuerzas nucleares débil y fuerte, responsables de ciertos tipos de desintegración radiactiva y de mantener unido el núcleo atómico. Al igual que toda posición a lo largo de la dimensión vertical de la pajita de refresco no es un punto, sino un pequeño círculo, en nuestro universo todo punto del espacio sería en realidad un diminuto y complejo espacio heptadimensional de 10^{-33} centímetros de circunferencia. La forma exacta de este espacio –ya sea una esfera, un *donut* o una rosquilla hiperdimensional– determinaría la naturaleza de la física de partículas que observamos.

En el universo primitivo, nuestras familiares tres dimensiones espaciales también podrían haber sido microscópicas. Desde entonces se habrían expandido enormemente en tamaño y continuarían haciéndolo aún, lo que explicaría la expansión del universo que observamos. ¿Por qué se expandieron sólo tres dimensiones espaciales y las demás continuaron siendo diminutas? Como explica Brian Greene en su libro *El universo elegante*, de 1999, el físico de la Universidad de Brown, Robert Brandenberger, y el físico de Harvard, Cumrun Vafa, sugirieron que las dimensiones arrolladas siguen siendo pequeñas porque las envuelven bucles de cuerdas (a modo de gomas elásticas alrededor de una pajita de refrescos). Brandenberger y Vafa han propuesto escenarios en los que las colisiones entre bucles de cuerdas «desempaquetarían» habitualmente tres dimensiones espaciales, lo que permitiría su expansión a gran escala. Si el número de dimensiones expandidas fuera menor o mayor que tres, esto daría lugar a Linealandia, Planilandia o a universos macroscópicos de cuatro a diez dimensiones, cada uno con leyes físicas microscópicas diferentes.

Ante un conjunto de universos así, debemos pensar que nos hallamos en uno donde la vida inteligente puede florecer, del mismo modo que ocupamos un planeta habitable, cuando la mayoría de ellos no lo son. Este razonamiento, que el físico británico Brandon Carter denominó *principio antrópico fuerte*, es un argumento autoconsistente. Admitiendo que somos observadores inteligentes, las leyes físicas de nuestro universo al menos deben permitir que los observadores inteligentes se desarrollen. Como observadores de esa clase, nos hallaríamos de forma natural en un universo con tres dimensiones espaciales, lo cual no impide que Linealandia, Planilandia u otros universos hiperdimensionales existan también en alguna parte.

Se ha especulado incluso sobre la posibilidad de que una de esas dimensiones extra propuestas por la teoría de supercuerdas pudiera ser de tipo temporal, como el citado tiempo del sueño. ¿Qué aspecto tendría una dimensión temporal circular adicional? Si nos desviáramos hacia la dimensión del tiempo del sueño, regresaríamos continuamente al instante de partida, como el personaje interpretado por Bill Murray en la película *Atrapado en el tiempo*, de 1993, que vivía una y otra vez el mismo día. El plano tiempo ordinario-tiempo del sueño se parece a una pajita: el primero transcurriría a lo largo de ella y el segundo lo haría a su alrededor. La circunferencia correspondiente al tiempo del sueño tendría unos 5×10^{-44} segundos. Así como una hormiga que caminara a lo largo de la pajita podría hacer un giro en U gracias a la dimensión más estrecha de la superficie sobre la que se encuentra, una partícula elemental podría realizar un giro en U en el tiempo ordinario y volver al pasado, aprovechando la dimensión tiempo del sueño para dar la vuelta. De hecho, y como veremos más adelante, cabría concebir un positrón como un electrón viajando hacia atrás en el tiempo. En la película *Frequency* (2000) se supone que éste es el mecanismo que emplea el protagonista para enviar señales –en este caso, fotones de ondas de radio– al pasado y salvar a su padre. Incluso el físico Brian Greene aparece fugazmente en el filme, subrayando con su *cameo* la física que subyace en el argumento. No obstante, es preciso subrayar que la idea por la cual una de las dimensiones arrolladas adicionales pueda ser de tipo temporal (una especie de tiempo del sueño) no es precisamente la más aceptada.

En su formulación estándar, la teoría de supercuerdas sugiere que podría haber distintos universos con un diferente número (hasta diez) de dimensiones espaciales macroscópicas, pero afirma que, en cualquier caso, existiría una sola dimensión temporal, una dimensión que ostenta una marca que la diferencia de las demás: el signo menos. Así pues, el tiempo parece ser especial en las leyes de la física y, como observó Einstein, especialmente paradójico.

La paradoja de las gemelas

En el espacio, la distancia más corta entre dos puntos es la línea recta. Si al acudir a una fiesta nos desviamos para visitar a un amigo, el cuentakilómetros registrará un recorrido mayor que si hubiéramos ido a aquélla directamente. Pero debido a ese signo menos asociado a la dimensión temporal, la situación es distinta cuando viajamos entre dos sucesos separados en el tiempo. Si nos invitan a una fiesta en la Tierra dentro de diez años, el camino más directo para acudir a ella –es decir, limitarnos a permanecer en nuestro planeta y esperar– es el que consume más tics en nuestro reloj, diez años concretamente. Si, en cambio, decidimos darnos una vuelta por Alfa Centauro y regresar a la Tierra justo para la fiesta, moveremos nuestro reloj de luz hacia atrás y hacia delante (al ir y al volver de la estrella), reduciendo la distancia que sus rayos de luz deben recorrer, con lo que necesitará menos tics para cubrirla. Como el espacio y el tiempo tienen signos opuestos, la distancia adicional recorrida en el espacio significa un menor tiempo transcurrido en nuestro reloj. Envejecemos menos. Esto conduce a la famosa «paradoja de las gemelas», un factor clave en los viajes al futuro.

Supongamos dos hermanas gemelas, Terra y Astra. Terra permanece en la Tierra. Astra viaja en una nave espacial al 80% de la velocidad de la luz hasta Alfa Centauro. Como la estrella se encuentra a cuatro años luz de distancia, el viaje de Astra durará cinco años. Terra verá cómo el reloj de Astra avanza más despacio –el 60% del ritmo al que marcha el suyo–, con lo que Astra sólo envejecerá tres años durante el viaje. Astra da la vuelta tras rodear Alfa Centauro y regresa a la Tierra al 80% de la velocidad de la luz, según las medidas realizadas por los observadores ubicados en nuestro planeta. El viaje de vuelta también dura cinco años terrestres, por lo tanto Terra es diez años más vieja cuando Astra llega a casa. Durante dicho viaje, Terra ve de nuevo que el reloj de su hermana anda más despacio. Cuando, por fin, ambas se encuentran, Terra ha envejecido diez años y, sin embargo, Astra sólo ha envejecido seis. Astra ha viajado cuatro años hacia el futuro.

Ésta es la paradoja: Astra podría argumentar que, según sus observaciones, fue Terra y no ella quien se movió al 80% de la velocidad de la luz, por lo que esperaba que su hermana fuera la más joven cuando se encontraran de nuevo.

Y éste es el fallo en el argumento: las dos hermanas no han tenido experiencias equivalentes. Terra, la que permanece en la Tierra, es un observador que se mueve a velocidad constante sin cambiar de dirección (si despreciamos la minúscula velocidad de la Tierra alrededor del Sol). Terra es, por lo tanto, un observador que satisface el primer postulado de Einstein. Pero Astra no es un observador que se mueve a velocidad constante sin cambiar de dirección. Para dar la vuelta cuando llega a Alfa Centauro, debe reducir su velocidad desde el 80% de la de la luz a cero y, luego, acelerar otra vez en sentido opuesto. La línea de universo de Astra es curva, mientras que la de su hermana Terra es recta. Astra, un observador que experimenta aceleración positiva y negativa (frenado), no cumple el primer postulado de Einstein.

Cuando Astra frena hasta detenerse e invierte su dirección en Alfa Centauro, todas sus pertenencias salen despedidas contra la parte delantera de la nave y más de una se hace añicos (de hecho, la aceleración sería tan violenta que, en la práctica, la propia Astra podría perecer en el intento; pero a efectos de nuestra argumentación, supondremos que es una mujer lo bastante fuerte como para soportar la experiencia). Astra es plenamente consciente de haber girado.

Cuando Astra se aleja de la Tierra al 80% de la velocidad de la luz, antes de dar la vuelta, puede considerarse en reposo. Es cierto que vería el reloj de Terra avanzando más despacio que el suyo; cuando llega a Alfa Centauro 3 años después, piensa que Terra habrá envejecido sólo 1,8 años en nuestro planeta. Astra estima que su llegada a Alfa Centauro y los 1,8 años más de su hermana son sucesos simultáneos conectados por una «rebanada en diagonal» a través del espacio-tiempo. La rodaja está inclinada porque Astra se mueve (al igual que en la figura 4 la línea denominada *15 ns TN* está inclinada debido al movimiento del astronauta). Recordemos que Terra y Astra disentirán sobre si los rayos de luz que Astra emite llegan simultáneamente o no a los extremos de su nave. Aunque discreparán con mayor motivo sobre la simultaneidad de acontecimientos mucho más separados. De manera que, antes de que Astra llegue a Alfa Centauro, tanto ella como Terra pensarán que su hermana ha envejecido menos.

Pero ahora Astra invierte el sentido de su movimiento y comienza a rebanar el espacio-tiempo con una inclinación diferente. Cuando se mueve al 80% de la velocidad de la luz *hacia* la Tierra, piensa que su salida de Alfa Centauro se produce al mismo tiempo que la permanencia de Terra en la Tierra durante 8,2 años, contados desde su partida. En el viaje de vuelta, a velocidad constante, Astra percibiría que Terra envejece 1,8 años más, desde los 8,2 hasta los 10. Durante este período, Astra envejece otros tres años, lo que da un total de seis al llegar a casa. Astra observa que Terra es diez años mayor que cuando partió, mientras que ella ha envejecido sólo seis años. No hay paradoja alguna, simplemente la idea de Astra sobre qué sucesos están ocurriendo simultáneamente en la Tierra cambia de forma radical cuando da la vuelta en Alfa Centauro. Astra acelera, Terra no. Astra gira, Terra no lo hace.

El reloj de la gemela que se aparta de su camino –la que acelera– es el que consume menos tics. En este caso, el camino recto, el que adopta Terra, es el equivocado. La gemela que se complica la vida envejece menos. Casi equivale a decir que «el ejercicio es bueno para la salud». El reloj de luz de Astra va hacia atrás y hacia delante, por lo que reduce la distancia que sus rayos de luz recorren y hace que avance menos.

La relatividad especial produce muchos resultados que en principio parecen paradójicos, pero cuyo análisis cuidadoso demuestra que las paradojas son susceptibles de ser resueltas. En este caso, cuando las hermanas se encuentran de nuevo, ambas aceptan que es Astra quien ha envejecido menos. El universo de Einstein no es tan lógico como uno espera a primera vista, pero es el universo en el que vivimos.

La paradoja de las gemelas nos permite viajar al futuro.

Una máquina del tiempo doméstica

En la novela de H. G. Wells, *La máquina del tiempo*, el viajero del tiempo no se sube a una nave espacial y sale disparado hacia las estrellas; viaja al futuro sólo con sentarse en un dispositivo que a tal efecto tiene en casa. Esta clase de máquina del tiempo es también posible. En primer lugar, desmenuzaríamos el planeta Júpiter y emplearíamos su masa para construir a nuestro alrededor una cápsula esférica increíblemente densa y cuyo diámetro fuera sólo un poco más grande que el diámetro crítico para el que esa materia colapsaría formando un agujero negro (una cápsula que contenga la masa de Júpiter sólo precisaba un diámetro ligeramente superior a 5,64 metros; un tamaño ideal para alojarnos dentro). Newton hizo ver que en el interior de una cápsula esférica de materia no se producirían efectos gravitatorios, algo que parece ser cierto también en la teoría de la gravitación einsteiniana. Las fuerzas debidas a las diferentes porciones de masa que uniformemente nos rodean actuarían en sentidos contrarios, por lo que se cancelarían mutuamente y darían una resultante nula. Debido a ello, aunque la cápsula en sí sea enormemente masiva, una vez dentro no nos afectaría fuerza gravitatoria alguna. Si permaneciéramos en el exterior, cerca de la cápsula esférica, nos destrozarían las fuerzas de marea gravitatorias que genera. En el interior de la cápsula, en cambio, estaríamos a salvo. Según la teoría de la gravitación de Einstein, esas fuerzas de marea son producidas por una curvatura o deformación del espacio-tiempo. Fuera de nuestra máquina, el espacio-tiempo estaría tremendamente curvado, pero en su interior –donde no existe fuerza alguna– el espacio-tiempo sería plano (figura 7; en el diagrama sólo se muestran dos de las tres dimensiones espaciales [curvadas]; por ello, la cápsula esférica que nos rodea aparece como un círculo). Para introducirnos en nuestra máquina del tiempo sin perecer aplastados deberíamos comenzar construyendo, poco a poco en torno a nosotros, una cápsula esférica muy grande, del tamaño aproximado de Júpiter, a fin de minimizar las fuerzas de marea que nos podrían afectar durante el proceso. Después tendríamos que ajustar las fuerzas que actúan sobre la cápsula para conseguir que se comprimiera lentamente a nuestro alrededor.

¿Cómo podría transportarnos al futuro esa máquina? Einstein afirmó en 1905 que los fotones (partículas de luz) poseen energías inversamente proporcionales a su longitud de onda: los fotones de onda corta (como los de los rayos X) contienen una gran cantidad de energía, mientras que los de

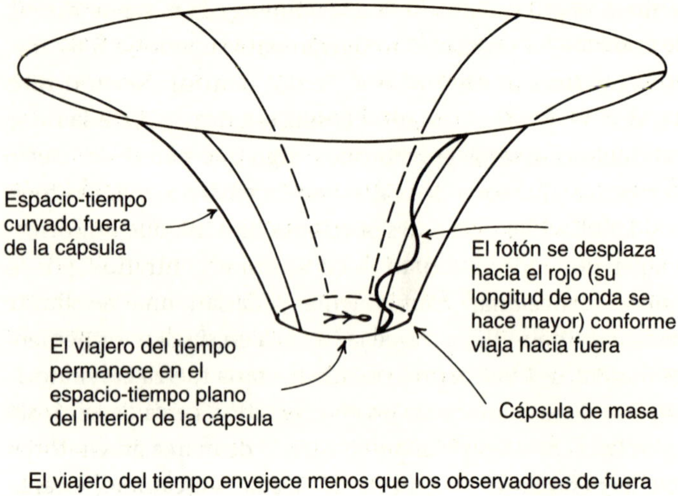

Figura 7. Máquina del tiempo para visitar el futuro.

onda larga (como los de las ondas de radio) transportan muy poca. Dentro de nuestra cápsula somos como un niño atrapado en el fondo de un pozo (obsérvese la figura de nuevo). Imaginemos que colocamos un pesado anillo de metal sobre una lámina de goma flexible. El anillo deformará la lámina hasta producir algo similar a la figura 7. Las hormigas caminarían sin problemas por el círculo de goma plano encerrado en el anillo, pero si quisieran escapar tendrían que gastar cierta energía en trepar por la superficie curvada de fuera. Del mismo modo, estaríamos seguros en el fondo de nuestro «pozo gravitatorio», pero el desplazarse a cierta distancia fuera de la cápsula requeriría una gran cantidad de energía porque tendríamos que luchar directamente contra la atracción gravitatoria que aquélla ejerce.

Si emitimos un fotón dentro de la cápsula y lo hacemos salir al exterior a través de una ventana, perderá energía a medida que «escala» el pozo gravitatorio. Los observadores distantes verán que el fotón tiene menos energía y, por lo tanto, y según el artículo de Einstein de 1905, una longitud de onda mayor cuando lo detecten. El fotón ha experimentado un *corrimiento hacia el rojo,* su espectro se ha desplazado hacia el extremo correspondiente a las longitudes de onda más largas. Supongamos que tenemos un reloj con un circuito eléctrico que oscila mil millones de veces por segundo. La onda electromagnética que genera tendrá una frecuencia de 1 gigahertzio (mil millones de ciclos por segundo). Viajando a una velocidad de 0,3 metros por nanosegundo, la onda tiene una longitud de onda de 0,3 metros. Cada longitud de onda emitida por el reloj es un «tic» y el reloj hace tic una vez por nanosegundo. Pero cuando esa onda electromagnética viaja hacia fuera, debe avanzar contra la fuerza de gravedad que hay en el exterior del pozo gravitatorio, producida por la cápsula esférica. Ese avance consume energía; así pues, todo fotón o paquete de energía electromagnética debe perder energía en su viaje hacia el exterior. Si la cápsula tiene un diámetro de sólo un 6,67 % mayor que el necesario para formar un agujero negro (6 metros, en nuestro caso), cada fotón perderá las tres cuartas partes de su energía en el viaje. Los observadores distantes recibirán fotones únicamente con la cuarta parte de la energía que tenían cuando fueron emitidos. Un fotón con la cuarta parte de energía tiene una longitud de onda 4 veces mayor, lo cual significa que esos observadores verían pasar fotones con una longitud de onda de 1,2 metros. Como los fotones viajan a la velocidad de la luz –0,3 metros por nanosegundo–, cada longitud de onda supondría 4 nanosegundos. Los observadores distantes detectarían ondas electromagnéticas oscilando a razón de un ciclo cada 4 nanosegundos o, lo que es lo mismo, verían que el reloj del viajero del tiempo hace un «tic» cada 4 nanosegundos (va cuatro veces más lento de lo que experimenta el viajero). En consecuencia, le verían envejecer a éste cuatro veces más despacio de lo normal. Tras observar al viajero durante doscientos años, sólo le verían cincuenta años más viejo.

¿Qué observaría el viajero del tiempo? Los fotones emitidos por los observadores distantes se precipitarían hacia la cápsula, por lo que adquiriría energía en su recorrido como un objeto al caer. Cuando los fotones atraviesan las ventanas de la cápsula, contienen cuatro veces más energía que la que tenían cuando fueron emitidos. Si esos fotones tenían inicialmente una longitud de onda de 0,3 metros, el viajero los recibiría con un cuarto de 0,3 metros de longitud de onda. En lugar de la oscilación de 1 ciclo por nanosegundo original, registraría 4 ciclos en el mismo tiempo. El viajero, por tanto, percibiría que el reloj de los observadores distantes funciona cuatro veces más rápido que el suyo, y ante sus ojos vería pasar la historia del universo cuatro veces más deprisa de lo normal, como una película a cámara rápida. Las noticias de mediodía se emitirían cada seis horas.

Tanto el viajero como los observadores distantes estarían de acuerdo en que el primero envejece cuatro veces más despacio que los segundos. Tal como indicó el astrónomo Thomas Gold, de Cornell, el viajero del tiempo y los observadores distantes envejecen de forma distinta porque sus situaciones no son simétricas: el viajero está en el fondo de un pozo gravitatorio y ellos no.

La perspectiva del viajero del tiempo sería como la descrita por H. G. Wells. Vería que una vela fuera de la cápsula se consume muy deprisa, pero su llama le parecería blanquiazul en lugar de rojiza, ya que los fotones que entran en su máquina están desplazados hacia el azul, el extremo del espectro correspondiente a las longitudes de onda más cortas. De hecho, muchos de los fotones emitidos por la llama experimentarían un corrimiento hacia la región ultravioleta.

Tras envejecer cincuenta años, el viajero del tiempo podría expandir la cápsula esférica que le rodea y luego desmantelarla. Saldría de su máquina del tiempo sólo cincuenta años mayor, pero a su alrededor habrían transcurrido doscientos.

(Nótese que una máquina de este tipo fabricada con dos masas solares y con 12,6 kilómetros de diámetro sería más fácil de comprimir y, por consiguiente, más práctica a la hora de construirla.)

Si quisiéramos viajar al futuro todavía más deprisa, bastaría con contraer nuestra esfera ligeramente, llevándola más cerca aún del tamaño crítico para el que se forma un agujero negro. Pero existe un límite. El problema, según explicaban los físicos Alan Lightman, Bill Press, Richard Price y Saul Teukolsky en su libro de 1975 sobre la relatividad, es que, incluso con el material más robusto posible, existe un límite para el tamaño que puede adoptar una cápsula autosoportada sin que colapse: la cápsula ha de tener un diámetro al menos un 4% superior al requerido para formar un agujero negro. En este caso, el viajero del tiempo envejecería cinco veces más despacio que los de fuera. Así pues, la velocidad máxima a la que un viajero del tiempo podría trasladarse al futuro en este tipo de máquina sería de cinco años por año, y no debería acercarse demasiado a esta velocidad límite, porque si la cápsula colapsara, crearía un agujero negro. La cápsula se comprimiría inexorablemente hasta alcanzar un tamaño inferior al de un núcleo atómico, triturando a sus ocupantes. Esta clase de máquina del tiempo no está mal si no pretendemos ir más allá de nuestro sistema solar o si sólo queremos curiosear el mundo dentro de un par de siglos y estamos dispuestos a gastar cincuenta años en el empeño.

La repulsión electrostática entre cargas del mismo signo podría sostener una cápsula de materia cerca del radio crítico, lo que permitiría un viaje al futuro más rápido, pero la masa necesaria tendría que ser enorme, más de veinte millones de masas solares (en caso contrario, los gigantescos campos eléctricos que se producirían fuera de la esfera crearían parejas electrón-positrón que drenarían rápidamente la carga, precipitando el colapso). Lo malo es que no podríamos situar una cápsula tan masiva en nuestro sistema solar sin hacer estragos. Del mismo modo, el tiempo transcurriría lentamente para nosotros si nos limitásemos a flotar cerca de un agujero negro; pero éste debería ser enorme para que pudiéramos sobrevivir (poco adecuado, de nuevo, para poderlo ubicar dentro del sistema solar).

La verdad es que podemos visitar el futuro sin movernos de casa, pero es mucho más fácil hacerlo viajando por el espacio.

Viajeros del tiempo en la actualidad

El *Tao Tê-King*, atribuido a Lao Zi, dice que «un viaje de miles de kilómetros comienza siempre con un primer paso». El primer vuelo de los hermanos Wright fue de apenas cuarenta metros. La primera transmisión de radio se limitó a cruzar una habitación. Deberíamos darnos cuenta de que ya hay viajeros del tiempo entre nosotros. El primer paso está dado.

Los astronautas experimentan el efecto de envejecer un poco menos que el resto de nosotros. Como el cosmonauta ruso Sergei Avdeyev estuvo en órbita un total de 748 días durante sus tres viajes espaciales, es alrededor de un cincuentavo de segundo más joven que si hubiera permanecido en la Tierra todo el tiempo. Esto es consecuencia de la interacción entre dos efectos. En primer lugar, un reloj en reposo con respecto a la Tierra, pero situado a la altura de la estación orbital *Mir*, avanzaría ligeramente más deprisa que uno que se hallara sobre la superficie terrestre. El hecho se debe a que la *Mir* se encuentra más arriba en el pozo gravitatorio que es la Tierra. Pero el segundo y más importante efecto tiene su explicación en que el astronauta ha estado viajando a más de veintiocho mil kilómetros por hora y, por ello, su reloj ha funcionado más despacio que si hubiera permanecido estacionario respecto a la superficie terrestre. Su velocidad orbital fue el 0,00254 % de la velocidad orbital de la luz; el retraso en su reloj fue muy pequeño, pero real.

Avdeyev es nuestro más importante viajero del tiempo hasta la fecha. Otros astronautas han viajado también al futuro. Por ejemplo, Story Musgrave, que participó en la reparación del telescopio espacial Hubble, pasó un total de 53,4 días en órbita, con lo que es más de un milisegundo más joven que si se hubiera quedado en casa. Los astronautas que fueron a la Luna viajaron aún más deprisa que Avdeyev, pero sus viajes duraron pocos días, por lo que el efecto total en el tiempo fue menor. Avdeyev ha viajado al futuro unos 0,02 segundos. No es mucho, pero es un paso. Un viaje de miles de años comienza siempre con una fracción de segundo.

3

El viaje al pasado

Érase una joven,
cuyo nombre es Ruth,
que corría más
que la propia luz;
un buen día partió
relativamente
y volvió el día de antes
en vez del siguiente.

A. H. R. Buller

Podemos ver el pasado

Si sólo queremos ver el pasado en lugar de visitarlo, el asunto es sencillo: lo estamos haciendo todos los días debido a que la velocidad de la luz es finita. Si observamos Alfa Centauro, que está a cuatro años luz de nosotros, no la vemos como es hoy, sino como era hace cuatro años. De la estrella Sirio, a nueve años luz de la Tierra, contemplamos el brillo que tenía hace nueve años. Cuando observamos la galaxia de Andrómeda, que se halla a dos millones de años luz, la vemos como era hace dos millones de años, época en la que la especie «abuela» de la nuestra, el *Homo habilis*, poblaba la Tierra. Contemplamos el lejano cúmulo de galaxias Coma tal cual era hace trescientos cincuenta millones de años, cuando los anfibios empezaban a arrastrarse fuera de los océanos terrestres. El cuásar 3C273 está a más de dos mil millones de años luz de nosotros; lo vemos como era cuando la forma de vida más compleja en nuestro planeta era una bacteria.

(Los cuásares son objetos brillantes cuya energía se debe probablemente a la caída de gas dentro de agujeros negros gigantes ubicados en el centro de algunas galaxias.) Mis colegas de Princeton, Michael Strauss y Xiao-Hui Fan, han descubierto recientemente un cuásar muy lejano, situado a más de doce mil millones de años luz de la Tierra.

Cuanto más lejos miremos, más atrás en el tiempo veremos. Los premios Nobel Arno Penzias y Bob Wilson son los científicos que han ido más lejos escudriñando el pasado. Descubrieron la radiación cósmica de fondo, constituida por fotones en la banda de las microondas que nos bombardean desde todas las direcciones del espacio y que son un residuo de la más temprana infancia del universo. Esos fotones llegan directamente a nosotros desde hace trece mil millones de años, cuando el universo tenía tan sólo trescientos mil años. Nuestros telescopios son, en cierto sentido, máquinas del tiempo que permiten a los astrónomos conocer qué aspecto tenía el universo en diferentes épocas. Cuando un astrónomo observa una galaxia en proceso de formación es como si un paleontólogo pudiera contemplar hoy la vida real de los dinosaurios. Una supernova que estalle en una lejana galaxia aparecerá en el periódico de hoy, cuando su luz nos alcanza, aunque el suceso haya tenido lugar antes de que se inventara la escritura.

Pero también podríamos desear ver sucesos pasados ocurridos en la Tierra. Incluso eso es posible. ¿Quiere usted verse a sí mismo en el pasado? Colóquese a 1,5 metros de un espejo. La imagen que ve de sí mismo no es usted mismo ahora, sino usted hace 10 nanosegundos. Viajando a 0,3 metros por nanosegundo, la luz tarda 5 nanosegundos en ir desde su cuerpo al espejo y otros tantos en regresar. Así pues, cuando nos miramos en un espejo, en realidad estamos viendo una versión ligeramente más joven de nosotros mismos. Empleando luz visible, ¿cuál es la mayor distancia hacia el pasado que podemos observar desde la Tierra? Los astronautas del proyecto Apolo dejaron algunos reflectores de esquina en la Luna. Un reflector de esquina consta de tres espejos unidos de modo que formen ángulos rectos dos a dos, como el suelo y las dos paredes en un rincón de una habitación. Si se dirige un haz de luz hacia un reflector de esquina, el haz se reflejará sucesivamente en los tres espejos y regresará exactamente en la dirección en la que llegó (en los catadióptricos de las bicicletas se emplean diminutos dispositivos de este tipo, que consiguen devolver la luz en la dirección de la que provenía). Así pues, hoy día los científicos de la Tierra pueden hacer rebotar rayos láser en los catadióptricos de la Luna y recuperarlos de vuelta. Nuestro satélite se halla, en promedio, a unos trescientos noventa mil kilómetros de distancia, lo que equivale a 1,3 segundos luz, de modo que el viaje de ida y vuelta dura 2,6 segundos. Cuando esos científicos observan el retorno de la señal láser en sus telescopios, están presenciando un suceso, el envío de un pulso de luz láser, que tuvo lugar en la Tierra 2,6 segundos antes. Están, por lo tanto, contemplando el pasado terrestre.

Aunque no podamos «ver» las ondas de radio, éstas también nos permiten contactar con el pasado. El radiotelescopio Goldstone de California hizo rebotar una señal de radar en los anillos de Saturno. La duración total del viaje para la señal fue de 2,4 horas. Cuando fue recibida de vuelta, los astrónomos estaban en realidad detectando su emisión desde la Tierra 2,4 horas antes.

Supongamos que quisiéramos observar la Tierra tal como era hace un año. Bastaría con situar un enorme reflector de esquina a medio año luz de nosotros y dirigir hacia él un potente telescopio. Los satélites espías situados a más de trescientos kilómetros de altura pueden distinguir las matrículas de los coches que circulan por las calles. Desde trescientos kilómetros de distancia, un telescopio de 1,8 metros de diámetro puede diferenciar objetos menores de 8 centímetros, lo que constituye la mejor resolución posible desde el espacio debido a la refracción variable de la atmósfera terrestre. Con un telescopio así, desde trescientos kilómetros de distancia podríamos reconocer a nuestra estrella de rock favorita en medio de un estadio abarrotado. Si hiciéramos el telescopio diez veces más grande, podríamos ver la misma escena con igual claridad desde una distancia diez veces mayor. El telescopio capturará al mismo ritmo los fotones procedentes de dicho suceso, con lo que dispondremos de una vista igual de nítida. Supongamos ahora que en el punto adecuado de nuestro sistema solar construimos un enorme telescopio con un diámetro cuarenta veces superior al del Sol y que lo orientamos hacia nuestro reflector de esquina gigante, ubicado a medio año luz de la Tierra; dispondríamos entonces de una vista, con una calidad similar, de un concierto de rock que tuvo lugar hace un año en nuestro planeta. Sin duda sería un proyecto muy costoso, al menos unos 10^{31} dólares, si tomamos como referencia el coste del telescopio espacial Hubble.

En el espacio existen ya reflectores que, teóricamente, podrían devolvernos fotones procedentes del pasado terrestre: los agujeros negros. La luz que entra en un agujero negro no sale jamás debido a la inmensa fuerza de gravedad, pero la luz que viaja en sus inmediaciones podría curvarse 180 grados y regresar a la Tierra. El agujero negro Cisne X-1, cuya masa es probablemente siete veces la de nuestro Sol, se encuentra a ocho mil años luz de distancia. En principio, un fotón emitido en la Tierra en el año 14000 a.C. podría haber viajado hasta ese agujero negro y, tras haberlo rodeado haciendo un giro en U, haber enfilado la Tierra para regresar a ella justamente en el año 2000. Esto proporcionaría una vista del mundo en el año 14000 a C. Desgraciadamente, el agujero negro es muy pequeño, por lo que la fracción de todos los fotones emitidos por la Tierra que llegan hasta él es diminuta y la de los que realmente regresan, más diminuta aún. Si hacemos números, llegamos a la conclusión de que es probable que ni un solo fotón de los emitidos por nuestro planeta haya regresado tras alcanzar Cisne X-1 en toda la historia de ambos astros.

Otra posibilidad de contemplar nuestro propio pasado, sugerida por el físico ruso Andrei Sajarov, está basada en la idea de que el universo podría estar curvado sobre sí mismo de alguna forma peculiar. Haciendo un símil, una hoja plana de papel obedece a los principios de la geometría euclídea, pero podemos arrollarla y pegar dos de sus bordes para crear un cilindro. Si fuésemos un planilandés que habitara en ese cilindro, podríamos continuar pensando que vivimos sobre una superficie plana porque la suma de los ángulos de un triángulo seguiría siendo 180 grados. Pero si caminásemos a lo largo de una circunferencia del cilindro, sin cambiar de dirección, regresaríamos al punto de partida. Sería como uno de esos videojuegos en los que cuando una nave espacial desaparece por el lado izquierdo de la pantalla, vuelve a reaparecer inmediatamente por el derecho. El universo podría ser una versión tridimensional de ese fenómeno, un recinto gigante dispuesto de tal modo que si intentásemos escapar de él por la parte superior, apareceríamos en la inferior; si lo hiciéramos por la izquierda, apareceríamos por la derecha, y si nos «saliésemos» por atrás, iríamos a parar a la zona delantera. La luz que viajara desde nuestra galaxia hacia el frente reaparecería por detrás y continuaría viajando hacia delante hasta llegar otra vez al punto de partida, tras haber dado la vuelta completa al universo. En un universo así, la luz daría vueltas en tres dimensiones una y otra vez, presentando muchas imágenes de nuestra galaxia. Esas imágenes múltiples estarían situadas en los nodos de una red (como el pez en el grabado de Escher *Profundidad;* figura 8). Tendríamos la impresión de vivir en un universo infinito formado por muchas copias del recinto básico, apiladas en tres dimensiones como contenedores en un inmenso almacén. La imagen más próxima de nuestra galaxia se hallaría a una distancia igual a la dimensión más corta del recinto.

Figura 8. Profundidad (1955), de M. C. Escher. En un universo cerrado sobre sí mismo –la izquierda «pegada» a la derecha, la parte superior a la inferior, y la trasera a la delantera– observaríamos imágenes múltiples.

En 1980 investigué estos modelos de universo, y establecí ciertos límites en lo relativo a la distancia a la que podría hallarse la imagen más cercana de nuestra galaxia. Observaciones recientes han permitido afinar esos límites. Al parecer, si el universo estuviera cerrado sobre sí mismo de esa curiosa manera, la imagen más próxima de nuestra galaxia estaría, probablemente, a unos cinco mil millones de años luz de nosotros, como mínimo. Si así fuera y pudiéramos identificar nuestra galaxia entre los miles de millones existentes, cabría verla en una época –hace cinco mil millones de años– en la que ni siquiera se había formado la Tierra.

Neil Cornish, de la Universidad del Estado de Montana, Glenn Starkman, de la Case Western Reserve University, y David Spergel, mi colega de Princeton, han señalado recientemente que dicha posibilidad podría ser comprobada mediante observaciones de la radiación cósmica de fondo. Los fotones en la banda de las microondas que la constituyen provienen de una «cáscara» esférica que tiene un radio de trece mil millones de años luz, lo más lejos que podemos ver hoy día. Si el universo fuese en realidad un recinto de dimensiones más pequeñas, ese radio de trece mil millones de años luz «se saldría» por la parte superior del recinto y volvería a entrar por la inferior, haciendo que la esfera se intersecara. La intersección de dos esferas es siempre un círculo; en este caso, la esfera de la radiación de fondo reingresaría en el recinto y se intersecaría ella misma en pares de círculos. Así pues, en el mapa de las fluctuaciones del fondo de microondas deberían aparecer parejas de círculos idénticos. Este patrón sería fácilmente reconocible, de manera estadística, en un mapa detallado y completo de la radiación cósmica de fondo como el que obtendrá el satélite MAP, *Microwave Anisotropy Probe* (detector de anisotropía en microondas). Si observáramos esa clase de círculos en la radiación de fondo, sabríamos dónde encontrar la imagen más próxima de nuestra galaxia. Bastaría con buscar los dos círculos idénticos más grandes y enfocar hacia el centro exacto de uno de ellos. Si la imagen más cercana de nuestra galaxia está a menos de trece mil millones de años luz, la podríamos ver. Debemos advertir, en cualquier caso, que estas topologías cerradas sobre ellas mismas no son precisamente simples, con lo que nadie debería sorprenderse por no encontrar círculos gemelos sobre el fondo de microondas. Sin embargo, en caso de encontrarlos sería apasionante porque tendríamos la oportunidad de contemplar nuestra propia galaxia en un pasado lejano, y todos los grandes telescopios del mundo enfocarían en esa dirección.

Un espacio-tiempo curvo hace posible el viaje al pasado

Supongamos que, en vez de limitarnos a contemplar el pasado, quisiéramos viajar a él. Según la teoría especial de la relatividad, cuanto más deprisa nos movamos, acercándonos a la velocidad de la luz, más despacio avanzarán nuestros relojes. Si pudiéramos alcanzar la velocidad de la luz, nuestros relojes se detendrían. Y si pudiéramos superarla, en principio podríamos ir hacia atrás en el tiempo, como la «joven llamada Ruth».

Desgraciadamente no podemos movernos más deprisa que la luz; la relatividad especial demuestra que la velocidad de la luz es un límite absoluto en el universo para nuestra nave espacial. Pero según la teoría de la gravitación de Einstein –conocida como *relatividad general*–, bajo ciertas condiciones, el espacio-tiempo puede curvarse de tal modo que aparezcan atajos, lo que permitiría adelantar a un rayo de luz y regresar al pasado.

Por ejemplo, Kip Thorne y sus colaboradores han propuesto la idea de tomar un atajo que lleve hacia atrás al pasado a gran velocidad a través de un agujero de gusano: un túnel teórico que atraviesa en línea recta un área en la que el espacio se curva. Tomando un atajo así podríamos llegar a nuestro destino antes que un rayo de luz que cruzara el espacio curvado. En ese caso, al llegar, si mirásemos hacia el punto de partida a través de dicho espacio, nos veríamos a nosotros mismos preparándonos para salir. De hecho, si quisiéramos, podríamos incluso regresar al pasado y ver cómo nos marchábamos. La relatividad general permite escenarios bastante enrevesados: como salir de viaje y volver al momento y lugar de donde salimos, justo a tiempo de estrechar nuestra propia mano a modo de despedida (posibilidad que ya se comentó en el capítulo 1).

En cierto modo ya somos viajeros del tiempo: viajamos hacia el futuro a una velocidad de un segundo por segundo. El espacio-tiempo puede ser visualizado como una hoja de papel en la que el tiempo señala la dirección vertical y el espacio, la horizontal; nuestra línea de universo estaría representada por una línea recta que va de abajo arriba, avanzando siempre hacia el futuro (figura 9)[1]. Pero la teoría de la gravitación de Einstein dice que el espacio-tiempo puede curvarse. Supongamos que doblamos la parte superior de la hoja (el futuro) hacia abajo y la pegamos a la parte inferior (el pasado), construyendo un cilindro (figura 9). Ahora, nuestra línea de universo regresa al punto de partida, rodeando el cilindro, aunque localmente siga pareciendo avanzar en el tiempo. La línea completaría lo que se denomina una *curva cerrada tipo tiempo*. Es algo parecido a lo que hicieron Magallanes y sus hombres cuando, viajando siempre hacia el oeste, completaron una vuelta al mundo y regresaron a Sevilla, ciudad de donde partieron (algo imposible de realizar si la Tierra hubiera sido plana). Si el espacio-tiempo fuera curvo, un viajero del tiempo podría toparse consigo mismo en un suceso de su propio pasado aunque, desde su punto de vista, hubiera viajado hacia el futuro todo el tiempo.

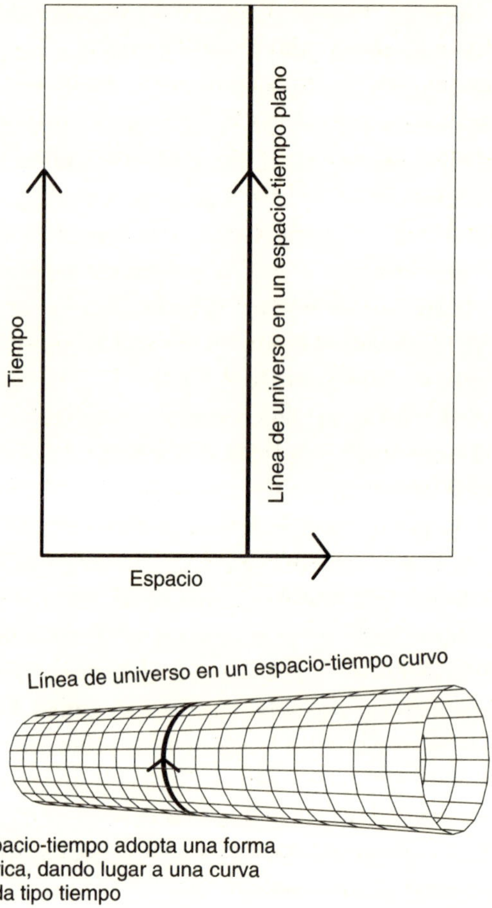

Figura 9. Líneas de universo en espacio-tiempos planos y curvos.

¿Por qué el espacio-tiempo es curvo?

Una famosa historia sobre Einstein (tal vez apócrifa) describe una ocasión en la que entabló conversación con un tipo en el Instituto de Estudios Avanzados de Princeton. Durante la charla, el hombre extrajo de repente un librito del bolsillo de su abrigo y escribió algo. «¿Qué es eso?», le preguntó Einstein. «Oh –respondió su interlocutor–, es un cuaderno que siempre llevo conmigo. Así, cada vez que se me ocurre una buena idea, la anoto antes de que se me olvide.» «Nunca me hizo falta algo así –replicó Einstein–. En mi vida sólo he tenido tres buenas ideas.»

Una de ellas se le ocurrió en 1907, que más tarde calificaría como «la idea más feliz» de su vida. Einstein cayó en la cuenta de que un observador en la Tierra y otro en una nave espacial sometida a aceleración experimentarían las mismas sensaciones. Veamos por qué. Galileo afirmó que un observador que dejara caer dos bolas de diferente masa las vería golpear el suelo al mismo tiempo. Si un observador que viajase en una nave sometida a aceleración en el espacio interestelar realizara el mismo experimento, en principio estas bolas flotarían inmóviles en el espacio, pero como la nave estaría acelerando, el suelo las alcanzaría, golpeándolas a la vez. Ambos observadores contemplarían, pues, el mismo fenómeno (causado por la gravedad en el primer caso y por un suelo acelerado y sin gravitación alguna en el segundo). Einstein se atrevió a proponer entonces algo muy audaz: si las dos situaciones parecían la misma, *tenían que ser* la misma. La gravedad no era más que un marco de referencia acelerado. Del mismo modo, Einstein apuntó que si subiéramos a un ascensor y se rompiera el cable, tanto nosotros como cualquier objeto a nuestro alrededor caeríamos a la misma velocidad hacia la Tierra (acudimos de nuevo a Galileo: los objetos de masas diferentes caen todos a la misma velocidad). ¿Qué observaríamos dentro del ascensor en caída libre? Cualquier objeto que soltáramos flotaría a nuestro lado, puesto que estamos cayendo a la misma velocidad todos juntos. Es exactamente lo mismo que veríamos si nos hallásemos en una nave que flotara en el espacio. Todos los objetos de su interior, incluidos nosotros, careceríamos de peso. Si el lector desea experimentar la ingravidez, todo lo que tiene que hacer es subirse a un ascensor y cortar el cable (el método funciona estupendamente, por supuesto, hasta que el ascensor llega al suelo).

La afirmación de Einstein de que gravedad y aceleración son una misma cosa –lo que el gran físico denominó *principio de equivalencia*– estaba influida, sin duda, por su anterior éxito al equiparar el escenario integrado por un imán fijo y una carga móvil con el creado por una carga estacionaria y un imán en movimiento. Pero si la gravedad y el movimiento acelerado eran lo mismo, entonces la gravedad no era otra cosa que un movimiento acelerado. La superficie de la Tierra estaba, simplemente, acelerándose hacia arriba; esto explicaba por qué una bola pesada y otra ligera, al dejarlas caer, golpeaban el suelo a la vez. Cuando soltamos las bolas, se limitan a flotar, ingrávidas; el suelo (la Tierra) es el que las golpea al subir. Toda una revolución en la forma de ver el mundo.

Ahora sería el momento de explicar cómo la superficie terrestre acelera hacia arriba (separándose del núcleo) sin que la Tierra aumente su volumen como un globo. La única manera de que la afirmación tenga sentido es considerando que el espacio-tiempo es curvo.

Según Einstein, la masa y la energía hacen que el espacio-tiempo se curve. Le llevó ocho años de duro trabajo obtener las ecuaciones que gobiernan este escenario. Tuvo que aprender la abstrusa geometría de los espacios curvos hiperdimensionales y el manejo del tensor de curvatura de Riemann (un monstruo matemático de doscientos cincuenta y seis componentes que establece el modo en que el espacio-tiempo puede curvarse). Era una matemática muy difícil y Einstein siguió muchas pistas falsas.

Sin embargo no se rindió. Su fe en la idea era grande y tenía algunos competidores. Entre los asistentes a una conferencia que ofreció en el verano de 1915, donde Einstein describía el concepto y sus dificultades matemáticas, se hallaba el gran matemático alemán David Hilbert. Éste se puso manos a la obra para tratar de resolver el problema por su cuenta. Encontró las ecuaciones correctas mediante una sofisticada técnica matemática que Einstein desconocía. Casi simultáneamente, Einstein llegó a las mismas ecuaciones por su cuenta. Existe cierta controversia sobre cuál de los dos científicos presentó en primer lugar las ecuaciones en su forma final, una disputa que actualmente, al parecer, está resuelta a favor de Einstein. Los términos de esas ecuaciones eran complejos objetos matemáticos denominados tensores, pero las ecuaciones en sí eran hermosas y simples. Si el lector desea conocer su «aspecto», se exponen a continuación. Son diez ecuaciones independientes que se resumen en una sola: $R_{\mu\nu} - 1/2g_{\mu\nu}R = 8\neq T_{\mu\nu}{}^{2}$. El lado izquierdo de la ecuación indica de qué modo está curvado el espacio-tiempo en un punto concreto, mientras que el derecho se refiere a la densidad, presión, tensión, flujo energético y densidad de momento de la masa-energía en dicho punto, los cuales hacen que el espacio-tiempo se curve. Einstein había demostrado que la masa puede ser transformada en energía y viceversa, pero también que la suma de la cantidad total de masa (multiplicada por c^2) más la cantidad de energía es constante. Las ecuaciones de la relatividad general implicaban que la ley de la conservación de la masa-energía (no se obtiene masa o energía a partir de la nada) era automáticamente válida en cualquier región del espacio-tiempo, por diminuta que fuera. Además, las ecuaciones se aproximaban a las leyes de Newton en aquellos casos en los que el espacio-tiempo fuera casi plano.

La obtención de las ecuaciones de la gravitación por parte de Einstein, con la teoría de Newton como único antecedente, tiene tanta significación como si Maxwell hubiera obtenido todas las ecuaciones del electromagnetismo conociendo sólo las leyes de la electricidad estática. Maxwell disponía de muchas pistas: conocía los campos electromagnéticos y algunas ecuaciones relacionadas con ellos. No obstante, Einstein partía casi de cero y la matemática implicada era mucho más difícil. Siguió adelante, sin desanimarse, probando diferentes ideas hasta dar con la adecuada. Einstein comentaba acerca de sus investigaciones: «Pero esos años de ansiosa búsqueda en la oscuridad, de intenso anhelo, en los que se alternan confianza y desánimo hasta finalmente emerger bajo la luz... Sólo aquellos que lo hayan experimentado pueden comprenderlo»[3] (uno de éstos sería el matemático de Princeton Andrew Wiles, que logró demostrar el último teorema de Fermat –un enigma matemático que permanecía sin resolver desde el siglo XVII– tras siete años de esfuerzo).

Cuando Einstein obtuvo finalmente las ecuaciones correctas, resultó que la teoría exponía algunas predicciones notables. En la teoría de Einstein, los planetas se movían a lo largo de geodésicas, las trayectorias más cortas posibles en un espacio curvo. Para captar la idea, pensemos en un avión de pasajeros volando a lo largo de un círculo máximo (una geodésica) desde Nueva York a Tokio. El avión siempre viaja en línea recta, el piloto no necesita mover para nada el timón aunque la ruta sea curva. Podemos visualizar esta ruta a lo largo de un círculo máximo tomando un globo terráqueo y extendiendo una cuerda entre las dos ciudades. La cuerda debe estar tirante, lo más recta posible, con lo que pasará al norte de Alaska. Si ahora trazamos la trayectoria sobre un mapa Mercator de la Tierra, resultará una curva. De manera similar, la línea de universo de la Tierra tiene forma de hélice en el espacio-tiempo, rodeando una y otra vez la del Sol (véase de nuevo la figura 1). Aun así, la línea de universo terrestre es lo más recta que puede ser en el seno de la geometría que la masa del Sol crea, deformando el espacio-tiempo a su alrededor.

La teoría de Einstein explicaba con exactitud una peculiaridad muy conocida de la órbita de Mercurio que hasta entonces era famosa por su discrepancia con la teoría de la gravitación de Newton. La dirección del eje mayor de la órbita elíptica de Mercurio alrededor del Sol experimenta un lento desplazamiento (precesión) de unos cuarenta y tres segundos de arco por siglo (un segundo de arco equivale a 1/3.600 grados). Cuando Einstein calculó la geodésica correspondiente a dicha órbita, encontró exactamente una torsión de cuarenta y tres segundos de arco por siglo. ¡Eureka! El gran físico se hallaba tan excitado al concluir sus cálculos que, según confesaría después, llegó a sufrir palpitaciones.

Einstein hizo otra predicción: los rayos de luz se curvan al pasar cerca del Sol. Para comprobar este efecto bastaba con tomar una fotografía de las estrellas próximas al Sol durante un eclipse total –única circunstancia en la que pueden ser observadas– y compararla con otra de la misma región del cielo tomada seis meses antes, cuando el astro solar se halla en el lado opuesto. Las dos imágenes debían tener un aspecto ligeramente distinto a causa de la fuerte curvatura que sufrirían los rayos de luz procedentes de las citadas estrellas al pasar junto al Sol durante el eclipse. La teoría de Einstein predecía una deflexión de 1,75 segundos de arco para los rayos de luz próximos a los bordes del Sol, el doble de la prevista por la teoría de Newton si los fotones (a modo de proyectiles ultrarrápidos) fuesen atraídos por el Sol como lo son los planetas (la ausencia de deflexión también estaría justificada bajo la teoría de Newton, pues los fotones viajarían en línea recta si no les afectara la gravedad. La teoría de Einstein requería una deflexión en cualquier caso porque en ella los fotones viajaban ya en las trayectorias más rectas posibles en una geometría curva). El eclipse total de Sol previsto para el 29 de mayo de 1919 era una oportunidad ideal para someter a prueba la teoría. Si la luz que pasaba cerca del Sol era desviada 1,75 segundos de arco, Einstein tendría razón; si la deflexión era nula o de 0,875 segundos, el vencedor sería Newton.

Se organizaron sendas expediciones científicas a dos lugares distintos en los que el eclipse sería visible: Sobral, en Brasil, e Isla del Príncipe, en la costa de África. Según narra

Abraham Pais, biógrafo de Einstein, los resultados fueron anunciados en la sesión conjunta celebrada por la Real Sociedad Británica y la Real Sociedad Astronómica el 6 de noviembre de 1919. La medida realizada por la expedición de Sobral fue de 1,98 ± 0,30 segundos de arco, y la obtenida por el equipo de Isla del Príncipe de 1,61 ± 0,30. Ambas concordaban con el valor anticipado por Einstein de 1,75 segundos de arco, considerando la incertidumbre de las medidas (± 0,30 segundos de arco), y discrepaban con los valores newtonianos. El premio Nobel J. J. Thomson –descubridor del electrón–, que presidía la asamblea, sentenció tras escuchar los informes: «Éste es el más importante resultado relativo a la teoría de la gravitación que se haya obtenido desde los días de Newton y parece oportuno que su anuncio tenga lugar en una reunión de esta Sociedad tan estrechamente vinculada a él... El hecho [puede ser considerado] uno de los mayores logros del pensamiento humano». Al día siguiente, el *London Times* informaba de la noticia con el titular REVOLUCIÓN EN LA CIENCIA. El *New York Times* se hacía eco dos días más tarde. Einstein acababa de poner el mundo de la física a sus pies.

El universo de Gödel

Desde que Einstein presentara sus ecuaciones de la gravitación en 1915, mucha gente ha buscado «soluciones» para ellas. En el lenguaje de los físicos, una solución debe proporcionar una descripción matemática de la geometría involucrada –qué aspecto tendría el espacio-tiempo– y la distribución de masa y energía necesarias para generarla. Muchas de esas soluciones presentan propiedades notables. Una de las más extraordinarias se debe a un brillante colega de Einstein en el Instituto de Estudios Avanzados de Princeton, el matemático Kurt Gödel, quien la presentó en 1949. La solución permite el viaje al pasado[4].

La singular solución de las ecuaciones de Einstein propuesta por Gödel es un universo que ni se expande ni se contrae, sino que gira. Dejemos de pensar en el universo por un momento y observémonos. Nuestro oído interno nos dice si estamos girando o no, y si damos vueltas rápidamente, nos mareamos. Cuando giramos, un fluido alojado en el oído se desplaza hacia el exterior dentro de los conductos semicirculares, proporcionando al cerebro información contradictoria sobre la dirección vertical. Nuestro cerebro queda confuso y sobreviene el mareo. Del mismo modo podemos decir que la habitación en la que nos encontramos no está girando rápidamente si observamos que nuestro cuerpo se halla en reposo respecto a ella y no nos sentimos mareados. Si alguien nos raptara y nos dejara abandonados en la habitación de la risa de un parque de atracciones, ubicada sobre un tiovivo que diera vueltas muy rápido, sabríamos que la habitación está girando porque, si permanecemos quietos respecto a ella, acabaremos mareados. La única manera de evitarlo sería dar vueltas en sentido opuesto para contrarrestar el giro (en principio, si nuestro oído interno fuera mucho más sensible, podríamos detectar la rotación de la Tierra; pero ésta va demasiado despacio para que podamos hacerlo).

Volvamos al universo de Gödel. En tal universo, un observador sin síntomas de mareo –y que, por lo tanto, no estaría girando– vería el mundo entero dar vueltas a su alrededor y, por consiguiente, concluiría que el universo se halla en rotación. Además, en el universo de Gödel las distancias entre las galaxias no cambian con el tiempo, como si fueran platos en una mesa giratoria gigante. Un observador no mareado podría entonces suponer que las galaxias suficientemente distantes se mueven más deprisa que la luz, al recorrer gigantescas circunferencias en torno a él. Esto no contraviene los resultados de la relatividad especial, pues ésta se limita a afirmar que la velocidad relativa de las galaxias *cuyas trayectorias se cruzan* no puede superar la de la luz. Las galaxias en el universo de Gödel nunca se cruzan unas con otras, se limitan a permanecer a distancia fija unas de otras (podríamos ver también el universo de Gödel como si fuera estático y sin rotación, con tal de que esos observadores que se consideran «no mareados» estuvieran girando como derviches respecto al universo en su conjunto).

Un fotón emitido en el universo de Gödel trataría de avanzar en línea recta; no obstante, dado que el universo está girando, trazaría en realidad una amplia curva como un bumerán. El universo de Gödel tiene una propiedad más curiosa aún. Si dejáramos nuestra galaxia e hiciésemos un corto viaje, regresaríamos después de nuestra partida. Pero si el viaje es suficientemente largo y transcurre a una velocidad cercana, aunque inferior, a la de la luz, podríamos volver a casa en el momento de partir, o incluso antes. Como la luz sigue trayectorias curvas, del tipo de la de un bumerán, podríamos acelerar continuamente nuestra nave espacial de tal modo que atajara la majestuosa trayectoria de un rayo de luz y lo adelantara. Si lleváramos a cabo esta experiencia en un viaje lo bastante largo, podríamos volver a casa el día anterior, como la joven Ruth. Gödel fue lo suficientemente inteligente para no sólo comprender la teoría de Einstein sino también para llevarla hasta un nuevo terreno: el de los viajes en el tiempo.

Aun así, nuestras observaciones nos dicen que, aparentemente, no vivimos en el universo propuesto por Gödel. Vemos que las galaxias se mueven unas respecto a otras: el universo se expande. Con todas las órbitas de los planetas, asteroides y cometas, el sistema solar constituye un giróscopo gigante y cabe determinar que las galaxias lejanas no giran respecto a él. Por otra parte, si el universo tuviera una rotación significativa, la temperatura de la radiación de fondo variaría de una forma sistemática en el cielo, algo que, desde luego, no sucede. En cualquier caso, la solución de Gödel es muy importante, porque mostró que el viaje al pasado es, en principio, posible en el marco de la gravitación einsteiniana. Y si hay una solución que presenta esta propiedad, podría haber otras.

Cuerdas cósmicas

Vamos a examinar otra solución exacta de las ecuaciones de Einstein: la que describe la geometría de las *cuerdas cósmicas*. El término se refiere a hebras de material de alta densidad, residuos del universo primitivo que aparecen en muchas de las teorías que tratan de unificar las diversas fuerzas del universo (y, por lo tanto, de explicar todas las leyes físicas). Debido a la cantidad de propuestas que asumen la potencial existencia de esas cuerdas cósmicas, no nos debería sorprender demasiado que algún día las lleguemos a descubrir realmente. ¡Y sería tan apasionante dar con ellas! Una de las candidatas más importantes a «teoría del todo» es la teoría de supercuerdas, la cual, como se mencionaba en el capítulo 2, sugiere que hasta las partículas elementales como los electrones son en realidad diminutos bucles de cuerdas. Las supercuerdas teóricamente tienen grosor nulo y forman bucles cerrados microscópicos, mientras que las cuerdas cósmicas tienen un espesor muy pequeño (pero no nulo) y pueden tener una longitud de millones de años luz o incluso mayor.

Las cuerdas cósmicas no poseen extremos, por lo que, en un universo infinito, o son de longitud infinita o adoptan la forma de bucles cerrados. Son como fideos interminables o como espaguetis en forma de «O». Los físicos que predijeron la existencia de cuerdas cósmicas esperan encontrar ambas variedades, pero anticipan que la mayor parte de la masa estará en la forma de cuerdas infinitamente largas. Los científicos suponen que las cuerdas cósmicas deben tener un grosor menor que el de un núcleo atómico y una masa de unos diez mil billones de toneladas por centímetro. Las cuerdas se hallan también bajo tensión, como gomas elásticas estiradas, lo que hace que con el tiempo se enderecen y restallen a velocidades que, típicamente, estarían por encima de la mitad de la velocidad de la luz.

Si las cuerdas cósmicas son tan masivas, deberían curvar el espacio-tiempo a su alrededor. Pero ¿cómo? Alex Vilenkin, de la Universidad de Tufts, encontró una solución aproximada de las ecuaciones de Einstein para una cuerda cósmica recta e infinitamente larga, solución que es válida si suponemos que la geometría del espacio-tiempo alrededor de la cuerda es aproximadamente plano. Según la solución de Vilenkin, las «rebanadas» a través de la cuerda tendrían la forma de conos en lugar de hojas de papel. Esto me proporcionó una pista sobre cómo sería la solución exacta y cuál sería su aspecto. Años antes, en 1984, mi alumno Mark Alpert y yo habíamos estudiado el funcionamiento de la relatividad general en Planilandia, con dos dimensiones espaciales. Encontramos que, para un cuerpo masivo, había una solución exacta cuya geometría exterior tenía una forma cónica. Otros dos grupos de físicos –Stanley Deser, Roman Jackiw y Gerard't Hooft, por una parte, y Steven Giddings, J. Abbott y Karel Kuchař, por otra– llegaron a conclusiones similares y las publicaron el mismo año. Al parecer, un físico polaco, A. Staruszkiewicz, había explorado el tópico de forma preliminar veinte años antes. Según mi hipótesis, al añadir una tercera dimensión vertical a nuestra solución para Planilandia se obtendría una solución exacta para una cuerda cósmica.

Situé mi hipótesis sobre la forma del espacio-tiempo en el lado izquierdo de las ecuaciones de Einstein para ver si obtenía la tensión y densidad correctas para la cuerda en el lado derecho. Esto me exigió resolver las ecuaciones tanto dentro como fuera de la cuerda (las ecuaciones de Einstein se han de cumplir en todas partes). Funcionó; tenía en mis manos una solución exacta.

William Hiscock, de la Universidad del estado de Montana, encontró la misma solución de manera independiente[5]. Yo la publiqué en el *Astrophysical Journal* y él, en la *Physical Review;* hoy día, la solución se nos atribuye a los dos conjuntamente (con posterioridad, el físico francés Bernard Linet le añadió ciertos detalles y el físico americano David Garfinkle aportó unas dosis de física de partículas). Tras investigar a través de la literatura física, Linet descubrió que esta geometría había sido propuesta en 1959 por L. Marder, del Departamento de Matemáticas de la Universidad de Exeter, quien la veía como una mera solución matemática a las ecuaciones de Einstein, sin suponer que podía ser aplicada a las cuerdas cósmicas. De hecho, el trabajo de Marder apareció antes de que tales cuerdas hubieran sido sugeridas siquiera y la propuesta estaba casi olvidada, lo cual demuestra que debemos prestar atención a los espacio-tiempos que resulten tener bellas formas; a menudo acaban siendo físicamente relevantes.

He aquí cómo visualizar nuestra solución para la geometría del espacio-tiempo alrededor de una cuerda cósmica recta e infinitamente larga. Supongamos que la cuerda es vertical. En este caso, parecería lógico esperar que un plano horizontal que la cortara tuviera el aspecto de una hoja plana de papel en la que la cuerda fuese un punto en el centro de la página. Sin embargo, nuestra conclusión fue que dicho plano parece una pizza a la que le falta una porción. Cuando explico este tema en mis clases de relatividad en Princeton, suelo encargar pizza para toda la clase, a fin de ilustrar mejor el concepto, aunque si el lector no dispone de una pizza, puede fabricar una de papel. En primer lugar, debe copiar la figura 10 y recortar y eliminar la porción indicada. Luego ha de aproximar los dos bordes rectos del trozo que falta y unirlos con cinta adhesiva. El recortable plano de papel se ha transformado en un cono. Otra alternativa sería partir de un cono de papel ya hecho, cortarlo en línea recta desde el borde hasta el vértice y extenderlo sobre una mesa; tendríamos

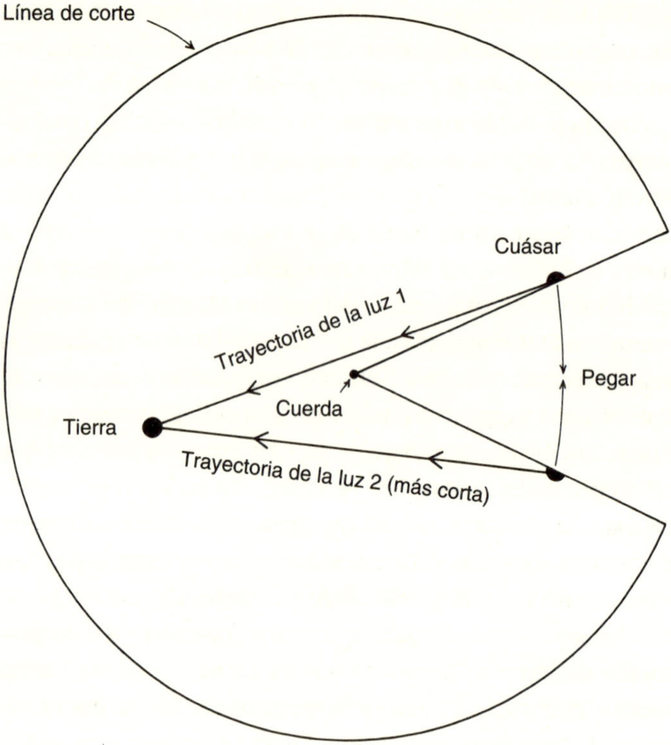

Figura 10. Espacio alrededor de una cuerda cósmica.

también una especie de pizza que tiene una porción de menos. La geometría del espacio que rodea una cuerda cósmica tiene forma de cono. La cuerda se encuentra en el vértice, en el centro de la pizza. Coloquemos un lápiz vertical sobre el punto identificado con la palabra «cuerda» (como si fuera una antena en la cima de una montaña). El lápiz sería la cuerda y el cono –esa especie de pizza incompleta– constituiría el aspecto que tendría un plano horizontal de espacio-tiempo alrededor de aquélla.

Obsérvese que la longitud de una circunferencia (el borde de la pizza) alrededor de la cuerda cósmica ya no vale $2{\neq}R$

(donde R es su radio), como indica la geometría euclídea, sino ese mismo valor menos la porción que falta. Como los bordes de dicha porción están unidos, podemos recorrer la circunferencia más deprisa de lo que lo haríamos normalmente. La dimensión angular del trozo que falta es proporcional a la masa por unidad de longitud de la cuerda cósmica. Cuanto mayor sea ésta, más grande será el trozo y, por lo tanto, más escarpada la pendiente del cono. Para la masa estimada de diez mil billones de toneladas por centímetro, la porción ausente representa un ángulo de 3,8 segundos de arco. Se trata de una porción minúscula; en la pizza sólo faltaría una parte en trescientas cuarenta mil. Pero aunque esta distorsión espacial no sea grande, se puede medir.

Supongamos que hubiera una cuerda cósmica a medio camino, más o menos, entre nosotros y un cuásar lejano (conocemos cuásares situados hasta a doce mil millones de años luz de la Tierra). Cortemos la cinta adhesiva de nuestro cono, dividiendo en dos el punto que representa el cuásar. De este modo, cada mitad del punto aparecerá en uno de los bordes rectos del «trozo de pizza» ausente. Obsérvense las líneas rectas que van desde cada una de las imágenes del cuásar a la Tierra (figura 10). Son las trayectorias que sigue la luz en el espacio-tiempo cónico. Cada una de las imágenes del cuásar está conectada a la Tierra por el camino más corto. Los rayos de luz viajarán hacia la Tierra siguiendo esos caminos rectos, lo que significa que la luz del cuásar llegará a nuestro planeta por dos direcciones ligeramente distintas. En consecuencia, un observador en la Tierra verá dos imágenes del cuásar lejano, una a cada lado de la cuerda cósmica. La imagen 1 aparecerá a la izquierda de la cuerda y la imagen 2, a la derecha. Ambas se hallarán en las direcciones correspondientes a los dos caminos rectos (identificados como 1 y 2 en la figura). La separación angular de las dos imágenes en el cielo, vistas desde la Tierra, será aproximadamente de la mitad del tamaño angular de la porción ausente, es decir, 1,9 segundos de arco.

Lo que el lector acaba de visualizar sólo es el principio de la lente gravitatoria, el efecto por el que los rayos de luz son desviados por la geometría del espacio-tiempo.

El fenómeno nos permite emprender la búsqueda de cuerdas cósmicas. Una cuerda, por supuesto, sería demasiado delgada para verla físicamente, pero se podría detectar su existencia buscando dobles imágenes en los cuásares de fondo. Las parejas de cuásares de espectro y brillo idénticos serían similares a unos pares de botones en un traje cruzado; ensartando todas ellas por el centro debería haber una cuerda cósmica. La radioastronomía aportaría la confirmación final. Los radiotelescopios pueden trazar mapas del cielo en la banda de las frecuencias de radio. Puesto que esperamos que una cuerda se mueva rápidamente, los fotones procedentes de la radiación cósmica de fondo a ambos lados de ella deberían experimentar corrimientos hacia el rojo o el azul conforme viajan a uno y otro lado de la cuerda en movimiento. Un mapa radio preciso mostraría la cuerda serpenteando en el cielo, como si fuera una línea que separa una región ligeramente más caliente de otra más fría. El descubrimiento de una cuerda cósmica sería de una enorme trascendencia. No sólo proporcionaría nuevas pistas sobre el universo primitivo, sino que daría alas a quienes confían en hallar una «teoría del todo».

Un punto importante: cuando vemos dos imágenes de un cuásar lejano, las distancias que nos separan de ellas a lo largo de los dos caminos pueden diferir algo. En la figura 10, por ejemplo, si hacemos uso de una regla descubriremos que las dos líneas rectas que unen la Tierra a las dos imágenes del cuásar tienen distinta longitud. La de abajo es más corta. Como la luz viaja siempre a trescientos mil kilómetros por segundo, si un camino es más corto que el otro, una señal luminosa procedente del cuásar que utilice el camino de abajo llegará antes.

Un efecto parecido tiene lugar cuando los rayos de luz se curvan al pasar por los lados opuestos de una galaxia masiva.

Un grupo de trabajo dirigido por mis colegas de Princeton Ed Turner, Tomislav Kundić y Wes Colley (en el que he tenido el honor de participar) ha observado el cuásar 0957 bajo una lente gravitatoria, constatando dos imágenes, A y B, a ambos lados de una galaxia de ese tipo. El brillo del cuásar varía apreciablemente con el tiempo. Registramos una brusca disminución en el brillo de la imagen A y, dada la geometría del fenómeno, predijimos que vendría seguida de una reducción similar en el de la imagen B, cuya luz suponíamos nos llegaba algo más tarde. Publicamos nuestra predicción y continuamos observando; cuatrocientos diecisiete días después se produjo la disminución de brillo que esperábamos. El intervalo era una fracción infinitesimal de la duración total del viaje, unos ocho mil novecientos millones de años.

El hecho demostraba que es posible vencer a un rayo de luz en una carrera. El rayo A supera al rayo B tomando un atajo en el espacio-tiempo. Una nave espacial que viajara al 99,9999999999 % de la velocidad de la luz a través del camino A iría más despacio que un fotón que recorriera el camino B y, aun así, llegaría cuatrocientos catorce días antes que él.

Si las cuerdas cósmicas existen, podríamos viajar en una nave espacial y adelantar a un rayo de luz tomando el más corto de los dos caminos posibles alrededor de una de ellas. La puerta del viaje al pasado comenzaba, pues, a entreabrirse.

Cuerdas cósmicas y viajes al pasado

Mi idea de una máquina del tiempo para viajar al pasado se basa en una solución exacta de las ecuaciones de Einstein que publiqué en 1991. He aquí el escenario. En primer lugar, imaginemos dos cuerdas cósmicas rectas e infinitamente largas, como si fueran dos mástiles paralelos. Curiosamente no se atraen gravitatoriamente entre sí, sino que permanecen inmóviles. Esto se debe a que, aunque tienen una densidad enorme, se hallan también bajo tensión, como si fueran gomas elásticas tirantes. Esa tensión, que actúa sobre ambas, es producida por una presión negativa, o succión, en el interior de la cuerda. El efecto gravitatorio repulsivo de esta presión negativa contrarresta exactamente la atracción gravitatoria que se produce por la masa que contiene la cuerda. Así pues, si colocamos las dos cuerdas cósmicas una junto a otra y en reposo, se quedarán en la misma posición.

Para visualizar la sección que resulta de cortar el espacio-tiempo perpendicularmente a las dos cuerdas, el lector puede copiar la figura 11 y recortar su perfil según se indica. En el papel hay dos puntos que representan las cuerdas cósmicas pero, como en el ejemplo de la pizza, faltan dos porciones cuyo vértice se halla justamente en ellos. Si colocamos un par de lápices verticales sobre los puntos identificados como cuerda 1 y cuerda 2, las «cuerdas» serán una especie de mástiles perpendiculares al papel y la figura mostrará una sección horizontal de la geometría del entorno. A continuación debemos unir mediante cinta adhesiva los dos bordes en V de la parte superior y luego hacer otro tanto con los de la V inferior. El espacio-tiempo que resulte parecerá un barco de papel.

Imaginemos ahora dos planetas, A y B, a izquierda y derecha de las cuerdas. Supongamos que nos hallamos en el planeta A y deseamos visitar el planeta B. Podríamos hacerlo viajando directamente a dicho planeta a lo largo del camino 2, que pasa entre las dos cuerdas cósmicas. Ésa es la trayectoria geodésica: un camino recto posible entre los planetas A y B. Pero existe otro camino recto entre A y B: el camino 1, que pasa por encima de la cuerda cósmica 1. Si medimos con cuidado, veremos que la distancia total desde el planeta A hasta el planeta B a lo largo del camino 1 es ligeramente más corta que la correspondiente al camino 2, debido a la porción que falta. El camino 1 es un atajo entre ambos planetas. Si enviamos un rayo de luz de A a B a través

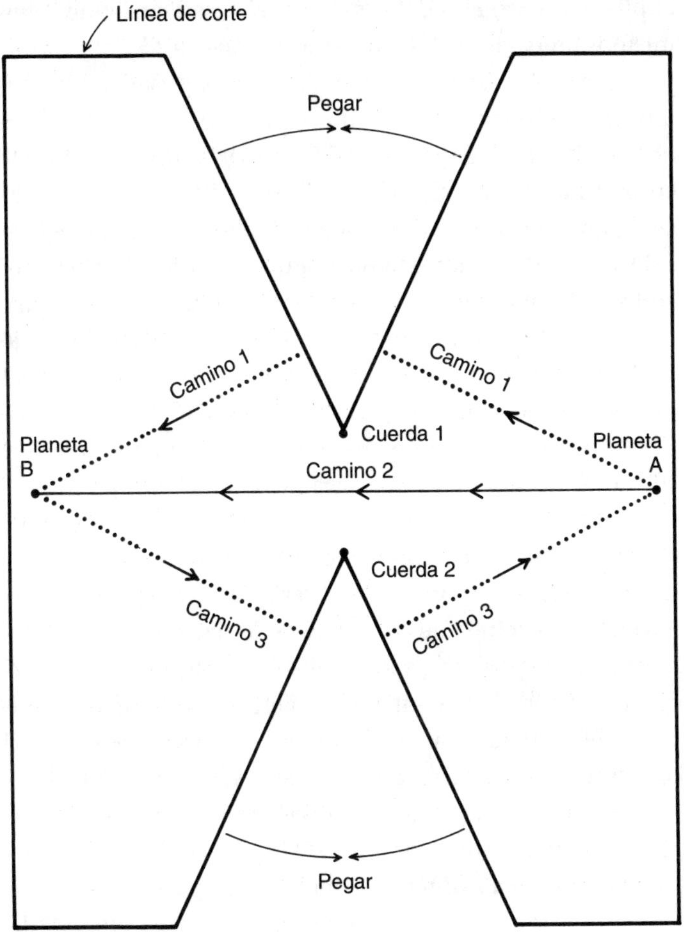

Figura 11. Espacio alrededor de dos cuerdas cósmicas.

del camino 2, podríamos tomar nuestra nave espacial –que viaja al 99,999999 % de la velocidad de la luz– y adelantar a dicho rayo mediante el camino 1 (rodeando la cuerda 1). Cuando lleguemos al planeta B, el rayo de luz que muestra nuestra partida no habrá llegado todavía. Si miramos hacia el planeta A a través del camino 2, nos veremos a nosotros mismos preparándonos para salir de viaje.

Interesante, ¿no? Quizá si nos damos prisa, aún tengamos tiempo de regresar y vernos partir. De hecho, existe un observador (que llamaremos Cosmo) viajando rápidamente en una nave espacial a lo largo del camino 2 desde A hacia B, que piensa que nuestra partida de A y nuestra llegada a B son sucesos simultáneos. ¿Por qué? Porque al haber adelantado al rayo de luz que viaja por el camino 2, nuestra partida y nuestra llegada son dos sucesos separados a lo largo de ese camino por más años luz en el espacio que años en el tiempo. Como esto da lugar a una separación tipo espacio, Cosmo ve dichos sucesos como si tuvieran una separación en el espacio, pero ninguna separación en el tiempo.

Llegados a este punto, me di cuenta de que se podía dividir exactamente el espacio-tiempo de la figura 11 mediante un corte preciso a lo largo del camino 2 (imagínese el tajo seco de una cuchilla de carnicero). Si lo hacemos en nuestro modelo, el espacio-tiempo quedará separado en dos mitades: la superior, que contiene la cuerda 1, y la inferior, que contiene la cuerda 2. Como el espacio-tiempo estático en su conjunto podría ser extraído de un espacio-tiempo plano eliminando simplemente dos porciones, la frontera (el corte de la cuchilla) entre las dos mitades del espacio-tiempo también es plano. La frontera no tiene una curvatura intrínseca y no está deformada. En otras palabras, la mitad superior de la figura 11 puede deslizarse hacia la derecha a gran velocidad (aunque menor que la de la luz) y la inferior, en sentido opuesto y a una velocidad igualmente elevada, sin que los bordes de ambas dejen de ajustar perfectamente el uno con el otro conforme se mueven. Haciendo uso de esta idea, elaboré una geometría en la que la cuerda 1 se mueve rápidamente hacia la derecha, la cuerda 2 hace lo propio hacia la izquierda y las dos mitades del espacio-tiempo se ajustan perfectamente la una a la otra. De este modo, las ecuaciones de Einstein se cumplen exactamente en ambas mitades y a lo largo de la frontera entre ellas. Para estar seguros de que nuestro amigo Cosmo no resulta partido en dos durante el proceso, imaginémosle un poco más arriba de esa frontera, ligeramente en la parte superior, de modo que se mueva hacia la derecha al igual que la cuerda 1. De hecho, moveremos la mitad superior del diagrama a la velocidad exacta necesaria para compensar la velocidad inicial de Cosmo y conseguir que se halle en reposo.

Imaginemos ahora a Cosmo en reposo en el camino 2, en un punto intermedio entre los planetas A y B. Nuestro amigo ve la cuerda 1 moviéndose hacia la derecha a una velocidad cercana a la de la luz y la cuerda 2 haciendo lo mismo hacia la izquierda. Si viajamos entonces entre ambos planetas tomando el atajo que rodea la cuerda 1, Cosmo verá nuestra partida del planeta A a mediodía y nuestra llegada al planeta B, también a mediodía. Lo hemos conseguido viajando en contra del movimiento de la cuerda 1 y usando el camino 1 (figura 12). Como la cuerda 2 se mueve en sentido opuesto, podemos repetir el truco al regresar al planeta A, viajando por el camino 3 y moviéndonos en contra de la cuerda 2. Así pues, según las observaciones de Cosmo, podemos dejar el planeta B a mediodía y estar de vuelta en el planeta A también a mediodía. Como Cosmo piensa que nuestra partida de A y nuestra llegada a ese punto han ocurrido en el mismo lugar (el planeta A) y en el mismo momento (a mediodía), para él son un suceso único.

¿Cómo veríamos nosotros el viaje? Se parecería a la historia descrita en el capítulo 1. Cuando lleguemos al aeropuerto del planeta A a mediodía, una versión algo mayor de nosotros mismos nos estrechará la mano y nos dirá: «Hola. He rodeado las cuerdas una vez». Nosotros replicaremos: «¿De veras?». Entonces subiremos a nuestra nave espacial y volaremos hacia el planeta B, rodeando, a través del camino 1, la cuerda 1 que viene rápidamente hacia nosotros. Luego regresaremos al

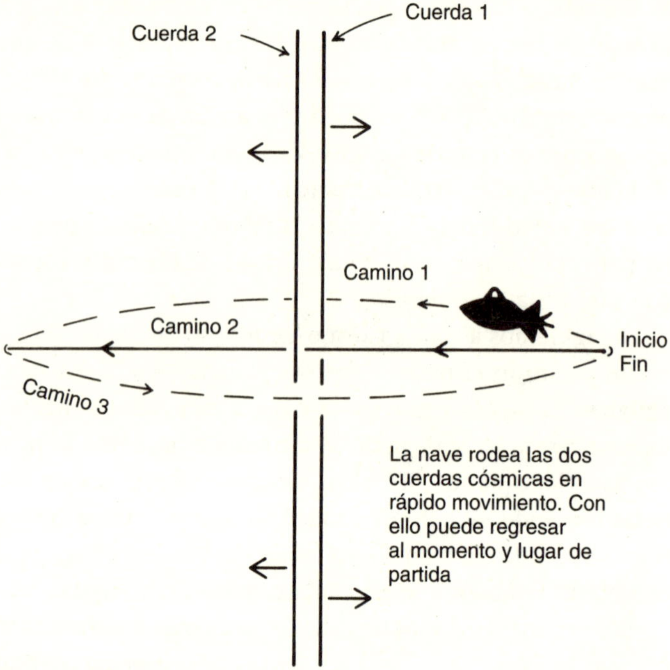

Figura 12. Viajando a un suceso del pasado.

planeta A por el camino 3, rodeando ahora la cuerda 2 que se nos acerca rápidamente. Al llegar a mediodía a nuestro planeta encontraremos a nuestro yo más joven a punto de partir, le estrecharemos la mano y le diremos: «Hola. He rodeado las cuerdas una vez». Habremos llevado a cabo un viaje a través del tiempo a un suceso de nuestro pasado.

La solución de la cuerda cósmica en movimiento es lo suficientemente enrevesada como para permitirnos viajar en sentido contrario alrededor de las dos cuerdas móviles, avanzando siempre hacia el futuro, y seguir llegando a casa en el momento de partir. Esto sólo es posible porque el espacio-tiempo es curvo y no obedece las leyes de la geometría euclídea. La situación siempre me ha recordado el grabado

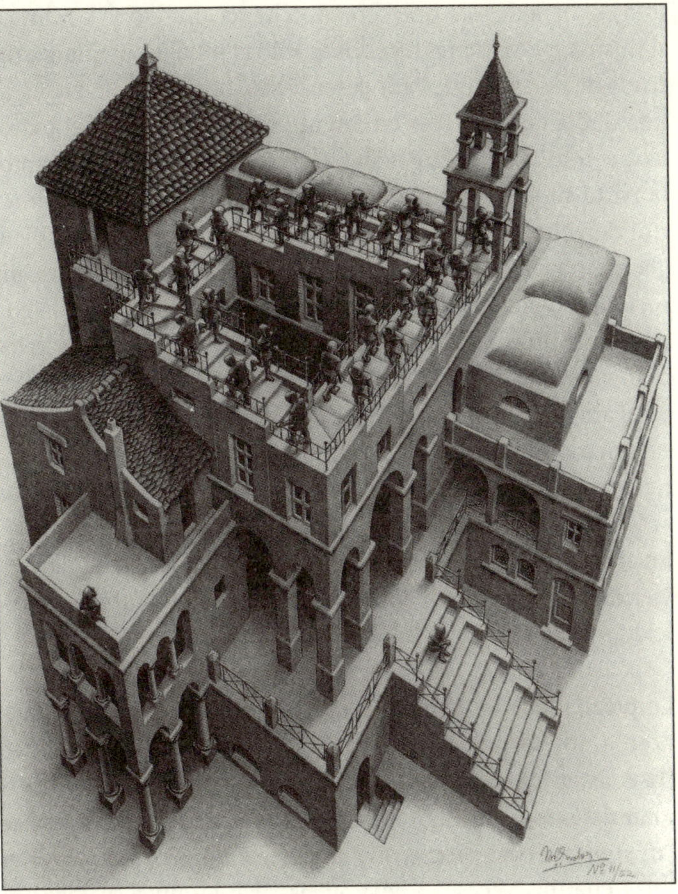

Figura 13. Subiendo y bajando (1960), de M. C. Escher.

de Escher *Subiendo y bajando*, que representa a un grupo de monjes sobre una escalera en lo alto del monasterio (figura 13). Los monjes que marchan en el sentido de las agujas del reloj siempre están subiendo; cada escalón está más arriba que el anterior. Pero cuando han dado la vuelta completa al patio se encuentran en el punto de partida. Normalmente, una escalera de este tipo sería una hélice que no se cortaría a sí misma, pero Escher ha conseguido el milagro mediante un truco de perspectiva. Para descubrirlo, obsérvese que la escalera dobla cuatro veces en ángulo recto alrededor del patio, lo que implica que éste debería ser rectangular; sin embargo, la parte superior izquierda es mucho más corta que la inferior derecha. El patio de Escher no responde a las leyes de la geometría euclídea, según las cuales los lados opuestos de un rectángulo tienen igual longitud. Lo que Escher consigue mediante un truco de perspectiva, las cuerdas cósmicas lo logran curvando la geometría del espacio-tiempo.

Para permitir el viaje al pasado, las cuerdas cósmicas con una masa por unidad de longitud de diez mil billones de toneladas por centímetro han de moverse en sentidos opuestos al 99,999999996 % de la velocidad de la luz como mínimo[6]. En el universo se han observado protones de alta energía moviéndose así de deprisa, por lo que cabe deducir que tales velocidades son posibles.

Cuando hallé esta solución, mi entusiasmo fue grande. Empleaba solamente materia con densidad positiva, moviéndose a una velocidad inferior a la de la luz. Las soluciones basadas en agujeros de gusano, por el contrario, requieren materiales más exóticos (masa con densidad negativa, es decir, algo que pese menos que la nada). Comprobé la solución unas cuantas veces, la llevé al papel y la envié al *Physical Review Letters*, una de las publicaciones más ágiles del mundo. No se lo dije a nadie y esperé los comentarios de los críticos. Me llegaron dos informes que aprobaban mi trabajo y sugerían sólo un par de adiciones menores. Finalmente, el artículo apareció el 4 de marzo de 1991. Fui al Instituto de Estudios Avanzados –el antiguo lugar de trabajo de Einstein– para hacerme con una copia del artículo de la revista, aprovechando que el Instituto suele recibir los ejemplares uno o dos días antes que la biblioteca de la Universidad de Princeton. Tomé la copia para mostrársela a John Wheeler, el físico de Princeton que inventó el término *agujero negro*. Resultó que Kip Thorne había acudido a Princeton para dar una conferencia aquel mismo día sobre su investigación en torno a los viajes en el tiempo mediante agujeros de gusano, por lo que le enseñé también la copia a él. En las películas, los científicos siempre cuentan sus descubrimientos a otros colegas garabateando ecuaciones en una pizarra. Yo, en cambio, lo hice a base de recortables.

Aquel día, al término de su conferencia, Thorne mencionó mi nuevo resultado. En los pasillos y cafeterías de los departamentos científicos, las ideas y los artículos de investigación se someten continuamente a discusión y debate. Si bien se admitía que mi artículo representaba una solución notable de las ecuaciones de Einstein, se produjo el lógico revuelo, pues algunos escépticos dudaban sobre la posibilidad de que alguna vez se llevaran a cabo los viajes en el tiempo en nuestro universo. Alex Vilenkin, de la Universidad de Tufts, me invitó a dirigirme al grupo relativista de Tufts-Harvard-MIT en Boston. Para mi satisfacción, en la sala había muchos científicos eminentes. Estaba Bill Press, de Harvard, y Alan Guth había traído a sus colegas del MIT Edward Farhi y Sean Carroll.

El mismo día apareció en la revista *Time* un artículo de Michael Lemonick sobre mis investigaciones. Incluía una foto mía en la que sostenía dos cuerdas y las pasaba alrededor de una nave espacial de juguete que mi hija de siete años me había prestado. Años atrás, había aparecido en *Newsweek* con una cuerda en la mano con el objetivo de ilustrar la solución de una única cuerda. Esto explica el hecho, por otra parte curioso, de que haya una foto mía en *Newsweek* sujetando una cuerda y otra en *Time* sosteniendo dos.

Guth y sus dos colegas del MIT hallarían posteriormente algunas propiedades interesantes de mi solución, entre las cuales está el hecho de que, en el momento de regresar al planeta A, la nave espacial habría girado 360 grados y adquirido un impulso adicional de velocidad[7]. Kip Thorne tuvo noticia de mi solución en Caltech cuando uno de sus alumnos, Curt Cutler, encontró una propiedad aún más intrigante. Cutler se propuso comprobar si cualquier suceso de mi espacio-tiempo podía ser visitado dos veces por un viajero del tiempo. Todos los sucesos que un viajero podría visitar en dos ocasiones, como nuestra partida del planeta A, pertenecerían a una región geométrica que permite los viajes en el tiempo. Todo suceso al que ningún viajero pudiera regresar jamás pertenecería a una región en la que el viaje en el tiempo no es posible. Cutler encontró que mi espacio-tiempo incluía ambos tipos de zona: una región alrededor de las cuerdas, en la que el viaje al pasado es posible, rodea otra región con forma de reloj de arena, en la que el viaje al pasado es imposible (figura 14). En este diagrama espacio-temporal se representan horizontalmente dos dimensiones espaciales, mientras que el tiempo aparece en el eje vertical, con el futuro hacia arriba. La cuerda 1 se mueve hacia la derecha con el tiempo; su línea de universo es una recta inclinada hacia arriba a la derecha. Cuanto más hacia el futuro, más a la derecha se encontrará la cuerda. La cuerda 2, que se mueve en sentido opuesto, tiene una línea de universo inclinada hacia arriba a la izquierda. En el pasado lejano (la parte inferior de la imagen), la cuerda 1 estaba a la izquierda de la cuerda 2. Ambas se cruzan en el centro y, en un futuro lejano, la cuerda 1 se hallará a la derecha de la cuerda 2. La superficie que separa la región donde el viaje al pasado es posible de la región donde no lo es se parece a un diábolo y es denominada *horizonte de Cauchy* (en honor del matemático francés del siglo XIX Augustin-Louis Cauchy, quien desarrolló una parte fundamental de la matemática asociada). Los sucesos que se sitúan dentro de la región con forma de reloj de arena no pueden ser visitados de nuevo. Los sucesos que se hallan fuera, alrededor de las cuerdas, podrían ser visitados otra vez por un viajero del tiempo.

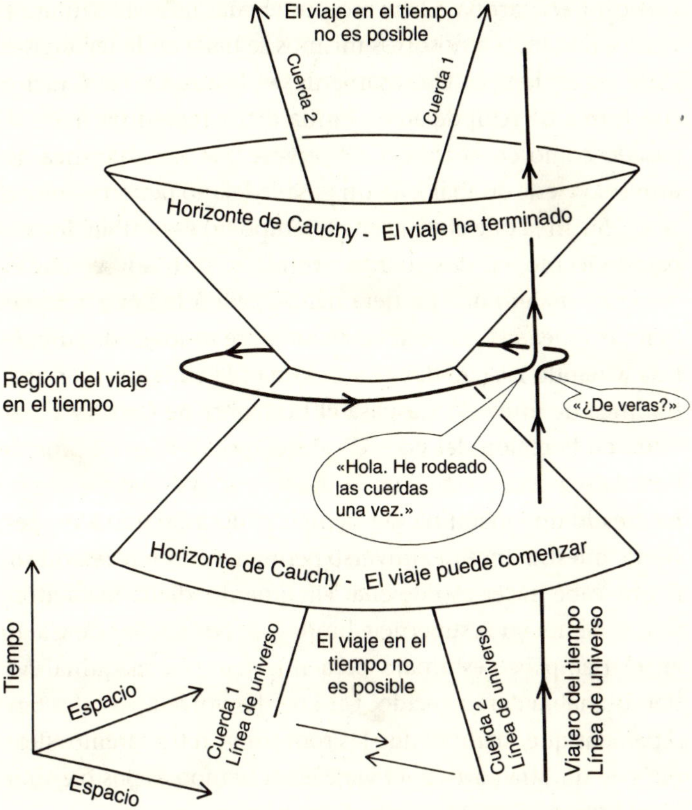

Figura 14. La región del viaje en el tiempo alrededor de dos cuerdas cósmicas.

Nuestra línea de universo –la del viajero del tiempo– también aparece representada. Comienza en la parte inferior derecha del diagrama, cuando aún estamos en el planeta A. La línea asciende en vertical, ya que no nos movemos en el espacio, sino sólo hacia delante en el tiempo. Entonces partimos y rodeamos las cuerdas: el bucle circular horizontal. Cuando regresamos al planeta A, decimos: «Hola. He rodeado las cuerdas una vez». Tras ello, nos quedamos simplemente en el planeta y nuestra línea de universo continúa en vertical hacia arriba. El suceso por el cual nos encontramos y nos saludamos a nosotros mismos se halla en la región del viaje en el tiempo. Curiosamente, el horizonte de Cauchy con forma de reloj de arena limita dicha región tanto en el pasado como en el futuro. Obsérvese que nuestra línea de universo viene de abajo, de un pasado lejano perteneciente a la región en la que el viaje en el tiempo no es posible. En ese pasado lejano, las dos cuerdas cósmicas están tan separadas que a un viajero que partiera del planeta A le llevaría tanto tiempo rodearlas que regresaría siempre después de su partida. Cuando las cuerdas se aproximan lo suficiente y nuestra línea de universo traspasa el horizonte de Cauchy y penetra en la región del viaje en el tiempo, se hace de pronto posible regresar y estrechar la mano a un yo más joven. Se ha creado una máquina del tiempo y, durante un cierto período, nuestra línea de universo permanecerá en la región en la que cabe hacer uso de ella. Finalmente, dicha línea atravesará de nuevo la superficie límite y la posibilidad de viajar en el tiempo se esfumará para nosotros. La máquina del tiempo habrá desaparecido. Las cuerdas volverán a estar tan separadas que, siempre que las rodeemos, retornaremos después de nuestra partida. El viaje en el tiempo es posible sólo en el intervalo de existencia de la máquina.

Esto responde a la famosa cuestión de Stephen Hawking de por qué no nos han invadido los turistas del futuro. Se debe, simplemente, a que nadie ha construido una máquina del tiempo todavía. Dicho de otra manera, si se construyera una máquina del tiempo en el año 3000, alguien podría hacer uso de ella para ir desde el año 3002 hasta el año 3001, pero nunca podría regresar a 2001, ya que el año es anterior al de la construcción de la máquina. Las máquinas del tiempo como la mía –basadas en cuerdas cósmicas– o la de Kip Thorne –basadas en agujeros de gusano–, que implican una torsión del espacio-tiempo, incluyen regiones espacio-temporales en las que el viaje en el tiempo no es posible. Si hasta la fecha no se ha fabricado ninguna máquina de esa clase, quienes hoy día nos hallemos en la Tierra no podremos visitar nuestro pasado. Por otra parte, todos los sucesos de los que tenemos noticia se hallan dentro de nuestro cono de luz pasado, antes también de la región del viaje en el tiempo. Así pues, no hubo viajeros del tiempo que presenciaran el asesinato de Kennedy en 1963. Y al igual que ese importante suceso, también nosotros pertenecemos a un espacio-tiempo anterior al de la creación de la primera máquina del tiempo, por lo que ningún viajero del tiempo puede visitarnos. No obstante, los trabajos de Cutler muestran que, aunque los observadores examinen cuidadosamente su propio pasado y no encuentren en él evidencia alguna de la existencia de viajeros del tiempo, el hecho no les permite concluir que nunca se cruzarán con ellos en el futuro. En cualquier momento, un observador podría cruzar un horizonte de Cauchy y encontrarse de repente en una región donde los viajes en el tiempo son posibles y en la que los viajeros del futuro hicieran su inesperada aparición.

Bucles de cuerdas cósmicas y agujeros negros

Supongamos que queremos construir una máquina del tiempo basada en cuerdas cósmicas, pero no tenemos la suerte de encontrar en nuestro universo dos cuerdas cósmicas infinitamente largas cruzándose a la velocidad requerida. A lo mejor lo que hallamos es un gran bucle formado por una cuerda cósmica. Este bucle sería como una banda elástica gigantesca y oscilante, sometida a una tensión tan grande que podría cerrarse de golpe en cualquier momento. Una supercivilización podría manipular gravitatoriamente un bucle de esa clase haciendo volar naves espaciales masivas cerca de él hasta que adquiriera la rotación adecuada y adoptara la forma oportuna. Si el bucle original tuviera ya la configuración correcta –un perfil rectangular ligeramente doblado, como el bastidor de una tumbona de jardín–, colapsaría y, al hacerlo, dos tramos rectos del bucle pasarían uno junto a otro a la velocidad suficiente para crear una máquina del tiempo.

Un bucle de cuerda cósmica lo bastante grande como para permitirnos rodearlo una vez y viajar hacia atrás en el tiempo un año debería tener más de la mitad de la masa-energía de una galaxia. Pero existe un problema más grave aún: un bucle así de masivo se haría tan compacto al colapsar que habría una alta probabilidad de que formara un agujero negro.

Un agujero negro es una trampa cósmica: podemos entrar, pero no podemos salir. Normalmente, cuando lanzamos una pelota al aire, acaba cayendo al suelo. Pero, si la lanzamos a una velocidad superior a los cuarenta mil kilómetros por hora –la velocidad de escape de la Tierra–, no regresará. Los astronautas que viajan a la Luna deben alcanzar esa velocidad. La velocidad de escape es la clave para entender los agujeros negros. Si pudiéramos comprimir la masa de la Tierra hasta conseguir que tuviese un tamaño más pequeño, su velocidad de escape crecería. Si llegara a medir tan sólo 5,6 centímetros, su velocidad de escape se haría mayor que la de la luz, pero como no hay nada que pueda moverse a mayor velocidad, nada podría escapar de nuestra Tierra comprimida; nuestro planeta se habría convertido en un agujero negro. En esta situación, la gravedad haría que la Tierra continuara colapsándose hasta formar una *singularidad:* un punto de densidad y curvatura infinitas. En realidad, los efectos cuánticos limitarían la densidad de la singularidad a unos 5×10^{93} gramos por centímetro cúbico, pero aun así sería más pequeña que un núcleo atómico. Alrededor de esa diminuta singularidad habría sólo espacio curvado y vacío y, englobando todo, un *horizonte de sucesos* esférico. Todo lo que suceda en el interior de esa esfera de 5,6 centímetros permanecerá oculto para cualquier observador externo, pues la luz emitida en su interior es incapaz de escapar. (El tamaño del horizonte de sucesos de un agujero negro depende de su masa. Un agujero negro con una masa tres mil millones de veces la de nuestro Sol, tal como el observado por el telescopio espacial Hubble en el núcleo de la galaxia M87, tiene un horizonte de sucesos de cincuenta y seis mil millones de kilómetros de circunferencia, unas cincuenta y dos horas luz.)

Supongamos que un profesor de universidad quisiera investigar un agujero negro no giratorio de tres mil millones de masas solares. El profesor podría quedarse a salvo fuera del agujero negro, a 34,2 días luz de distancia, y enviar dentro a su alumno ayudante. A medida que el infortunado auxiliar va penetrando, transmite vía radio sus observaciones. Su mensaje es: «¡Las cosas están yendo mal!». El ayudante transmite la palabra «yendo» justo al cruzar el horizonte de sucesos; hasta ese momento no ha ocurrido nada malo. Al ayudante le lleva dieciocho meses alcanzar dicho horizonte, según su reloj, y no observa nada anormal al cruzarlo. Ninguna señal le advierte del peligro. Pero, una vez lo atraviesa, inicia un viaje sin retorno. Ya no importa lo que haga porque es atraído inexorablemente hacia la singularidad que hay en el centro del agujero negro. El espacio-tiempo en su interior se halla tan curvado que la singularidad se adueña por completo del futuro del pobre auxiliar, a quien le es tan imposible evitarla como a nosotros eludir el próximo martes. Si al caer, sus pies se hallan más próximos del centro del agujero negro que su cabeza, seran atraídos al interior con mayor fuerza que ésta, con lo que su cuerpo sufrirá un alargamiento semejante al de un potro de tortura. Por otra parte, los hombros se irán juntando como si los estrujaran en una doncella de hierro, pues tenderán a caer en línea recta hacia el agujero. Las fuerzas de marea que le estiran y aplastan se intensificarán cada vez más. Cuando esté más cerca de la singularidad, la curvatura casi infinita del espacio-tiempo hará que su cuerpo se alargue como si fuera un trozo de espagueti. Finalmente, lo que quede de él acabará en el centro de la singularidad. El agujero negro habrá añadido a su masa la de un pobre alumno ayudante. En el reloj de la víctima habrán transcurrido 5,5 horas desde que cruzara el horizonte de sucesos hasta tener el dudoso honor de integrarse en una singularidad.

Mientras tanto, los fotones que formaban parte del mensaje enviado al profesor han recorrido su camino hacia el exterior. La palabra «cosas», emitida fuera del agujero negro, es recibida de inmediato. La palabra «están», enviada al borde del horizonte de sucesos, puede tardar miles de años en escapar de él. La palabra «yendo», emitida justo al cruzar dicho horizonte, viaja hacia fuera a la velocidad de la luz, por supuesto, pero, como si tratara de ascender por una escalera mecánica de bajada, no avanza. La palabra queda atrapada en el horizonte de sucesos. Por último, la palabra «mal», transmitida desde el interior del agujero negro inmediatamente antes de la lamentable muerte del ayudante, se comporta como alguien que intenta subir por una escalera mecánica que desciende a toda velocidad. Aunque ascienda, la señal es inexorablemente atraída hacia abajo, cada vez más rápido, hasta ser finalmente absorbida por la singularidad, como el desgraciado ayudante. El mensaje que recibe el profesor es algo así como: «Las cosas e...s...t...á...n...». Nunca llegará a saber qué le ocurrió a su ayudante una vez superado el horizonte de sucesos del agujero negro. Por eso se llama así: no es posible ver más allá. Si el profesor decidiera ir en busca de su ayudante, penetrando en el agujero negro, se encontraría con la señal «yendo» al cruzar el horizonte de sucesos –ahí seguiría, por supuesto– y, a medida que cayera hacia la singularidad, la vería pasar exactamente a la velocidad de la luz, tal como requiere la relatividad especial.

Ahora que el lector conoce los peligros de ser ayudante de un profesor de astrofísica empeñado en investigar agujeros negros, analicemos lo que esto significa en el contexto de mi máquina del tiempo basada en un bucle de cuerda cósmica. Como indicaba en mi artículo dedicado a las cuerdas cósmicas en movimiento, publicado en el *Physical Review Letters*, justo cuando el bucle en proceso de colapsarse alcanza la velocidad crítica que hace posible el viaje en el tiempo, su perímetro es tan pequeño que, debido a su masa, existe el riesgo de que el bucle se convierta en un agujero negro. Aquí he utilizado un criterio denominado «conjetura del aro», propuesto por el físico Kip Thorne. Thorne argumentaba que si comprimiéramos un pedazo de masa lo suficiente como para que su circunferencia en cualquier dirección resultara inferior a la del horizonte de sucesos de un agujero negro que tuviera la misma masa, el pedazo siempre colapsaría, formando espontáneamente un agujero negro. No está demostrado que así sea, pero se trata de un buen argumento y no se ha encontrado hasta la fecha ninguna excepción a la conjetura de Thorne. Debido a la forma en que los dos tramos rectos se cruzan, el bucle de cuerda posee cierto momento angular, con lo que se formaría un agujero negro giratorio. Si, según lo previsto, se formara dicho agujero, todas las potenciales regiones de viaje en el tiempo quedarían atrapadas en su interior. He aquí tres posibles consecuencias de ello para un aspirante a viajero del tiempo:

1. Caer en el agujero negro giratorio y ser aniquilado (destruido por la curvatura casi infinita del espacio-tiempo) antes de poder hacer cualquier viaje al pasado.
2. Caer en el agujero negro giratorio y viajar hacia atrás en el tiempo, pero ser incapaz de regresar al exterior y contárselo a los amigos. Más tarde, el viajero del tiempo sería aniquilado por la curvatura casi infinita del espacio-tiempo.
3. Caer en el agujero negro giratorio, viajar al pasado y luego emerger en un universo diferente. Tal vez sería lo más afortunado, aunque el viajero nunca pudiera presumir de su hazaña.

En 1999, los físicos Sören Holst, de la Universidad de Estocolmo, y Hans-Jürgen Matschull, de la Universidad Johann Gutenberg, situada en la ciudad alemana de Mainz, descubrieron una solución exacta de las ecuaciones de Einstein en un escenario de dimensiones reducidas –Planilandia–, en el marco de la cual tendría lugar la tercera alternativa. Podría construirse una máquina del tiempo del tipo que propuse, oculta en el interior de un agujero negro giratorio, y un planilandés podría viajar al pasado dentro de dicho agujero y emerger después en un universo diferente.

Si deseáramos construir una máquina del tiempo –a pesar de que nunca podríamos presumir de nuestra hazaña– que nos permitiera rodear el bucle una vez y viajar un año al pasado, necesitaríamos ese enorme bucle de cuerda cósmica con una masa mayor que la mitad de la de nuestra galaxia. Supongamos que nuestra supercivilización manipula el bucle hasta que adopte una geometría aproximadamente rectangular y en ligera rotación, cuyos lados horizontales tienen una longitud de unos cincuenta y cuatro mil años luz y cuyos lados verticales son de 0,01 años luz de altura. El rectángulo se contraerá a medida que los tramos verticales se atraigan el uno al otro, lo que hará que simultáneamente se alarguen. Cuando veintisiete mil años después de iniciar el proceso, los lados verticales tengan medio año luz de altura, los segmentos horizontales –ahora de sólo unos 3 metros de largo– los juntarán por arriba y por abajo. Los dos tramos verticales, relativamente rectos, se aproximarán y pasarán el uno junto al otro –a sólo 3 metros de distancia–, moviéndose a una velocidad superior al 99,999999996% de la de la luz. Si siguiéramos a uno de esos tramos rectos a su misma velocidad, sólo envejeceríamos tres meses durante el viaje de veintisiete mil años.

En el momento en que los lados verticales se cruzan, si ocurre la segunda alternativa, podremos rodear los dos segmentos de cuerda cósmica y viajar un año al pasado. Pero será entonces cuando estaremos dentro ya del horizonte de sucesos del agujero negro que se formará cuando el bucle colapse del todo, por lo que nunca regresaremos.

Para huir de la singularidad, podríamos intentar viajar más hacia el pasado una vez dentro del agujero negro. Supongamos que rodeamos las cuerdas once veces antes de dejarlo. ¿Qué aspecto tendría el viaje para nosotros? Cuando llegamos la primera vez, nada más pasar una cuerda al lado de la otra, veremos once versiones más viejas de nosotros mismos esperando vernos partir. La primera de ellas, que parece un año mayor que nosotros, dice: «Hola. He rodeado las cuerdas una vez»; la segunda, que parece dos años mayor, dice: «Hola. He rodeado las cuerdas dos veces», y así sucesivamente. Tras ser saludados once veces, rodearemos las cuerdas, y al regresar seremos nosotros quienes saludemos. Continuaremos dando vueltas a las cuerdas hasta completar la undécima y decir: «Hola. He rodeado las cuerdas once veces». Entonces, después de ser conscientes de que aquello no puede seguir así para siempre –no hay sitio en el agujero negro para un número infinito de copias de nosotros mismos–, y asumiendo que no vamos a regresar jamás, dejaremos de rodear las cuerdas y nos enfrentaremos al inexorable futuro de la singularidad.

El resultado me recuerda un interesante paralelismo. Mucho antes de la publicación de mi artículo, el físico británico Brandon Carter había investigado la geometría interna de un agujero negro giratorio simple no sometido a perturbación, tal como el que se podría formar por el colapso de una estrella giratoria. En este caso, la singularidad no sería un punto, sino un pequeño anillo que conduce a otros universos, según las ecuaciones de Einstein. Si viajásemos al interior de un agujero negro giratorio de este tipo, podríamos saltar a través del anillo e ir a parar a otro universo. Si evitáramos pasar a través de ese anillo, también emergeríamos en otro universo, distinto del anterior. Sería como disponer de un ascensor que sólo va en sentido ascendente. Nos subimos a él y las puertas se cierran tras nosotros; nunca volveremos a ver a nuestros amigos de la planta baja. Podemos observar toda la historia futura del universo de esa planta baja a medida que subimos al universo de la segunda planta. Podemos salir del ascensor y visitar ese nuevo universo; será distinto del de partida. Si montamos de nuevo en el ascensor –si volvemos al interior del agujero negro–, podremos visitar el universo de la tercera planta, y así sucesivamente. En principio, cabría visitar un número infinito de universos diferentes.

Pero Carter descubrió algo más (investigar estas soluciones es como elaborar una colcha de tipo *patchwork:* vamos cosiendo las piezas, siguiendo un patrón, sin saber cuál será el resultado final). Dentro del agujero negro giratorio, cerca de la singularidad, el espacio-tiempo está tan deformado que podríamos pasar a través del anillo y volar a su alrededor, paralelos a la circunferencia, consiguiendo viajar hacia atrás en el tiempo. Existiría, pues, una región del viaje atrapada dentro del agujero negro; otra manera más de viajar en el tiempo según las ecuaciones de Einstein.

Los fotones que cayeran en el agujero negro, procedentes de nuestro universo, se cargarían de mucha energía y en todo caso sufrirían un fuerte corrimiento hacia el azul. Tropezaríamos con esos fotones –que podrían incluso aniquilarnos– al enfilar la singularidad para pasar a través del anillo. En teoría, los fotones que penetren en el agujero negro en un futuro infinitamente lejano podrían ser desplazados infinitamente hacia el azul, creando su propia singularidad y bloqueando nuestro acceso a la región del viaje en el tiempo. No obstante, los trabajos de los físicos Amos Ori, de Caltech y de Lior Burko, del Instituto Tecnológico Technion de Israel, indican que el paso a través de esa singularidad para alcanzar la región del viaje en el tiempo *puede* ser posible, a pesar de todo, ya que la singularidad creada por los fotones entrantes sería débil. En primer lugar, cabe esperar que todos los infinitos en la curvatura queden «suavizados» por los efectos cuánticos, de modo que aquélla se limite a crecer hasta un valor muy alto, pero finito (denominamos a esto un «cuasi-infinito»). En segundo lugar, el crecimiento de la curvatura sería tan rápido que las fuerzas de marea asociadas podrían no destruirnos; dicho de forma sencilla, no habría tiempo para que nuestra cabeza se separara de nuestros pies durante el tránsito[8]. Sería como atravesar corriendo una habitación en llamas: sufriríamos un fuerte calor, tal vez alguna quemadura, pero sobreviviríamos. Para conocer los detalles exactos del proceso, necesitaríamos una teoría de la gravitación cuántica, algo que todavía no ha sido descubierto. Tal como indica Kip Thorne en *Black Holes and Time Warps* [Agujeros negros y distorsiones del tiempo], un astronauta «sobreviviría, prácticamente indemne, hasta el borde de la singularidad probabilística de la gravitación cuántica. Sólo en dicho borde, al enfrentarse cara a cara con las leyes de la gravitación cuántica, el astronauta sería aniquilado, y ni siquiera podemos estar completamente seguros de que así fuera, pues en realidad no comprendemos del todo las leyes de la gravitación cuántica y sus consecuencias»[9].

Existe aún otra posibilidad de viaje en el tiempo. En el año 1976, el físico Frank Tipler, perteneciente a la Universidad de Tulane, encontró que, dado un cilindro de altura infinita que gire a una velocidad cercana a la de la luz en su superficie, podríamos viajar hacia atrás en el tiempo volando a su alrededor. La solución recuerda un poco la mía, con las dos cuerdas cósmicas pasando la una junto a la otra.

Tipler, y posteriormente Hawking, demostraron ciertos teoremas que sugieren que, en ciertos casos, crearíamos singularidades al tratar de construir una máquina del tiempo en una región finita en la que dicha máquina no existiera previamente (Tipler argumentaba que, aunque el universo tal vez sea infinito, los seres humanos sólo podemos aspirar a controlar una región finita de él). Tipler sabía que, para crear una máquina del tiempo donde no hubiera ninguna con anterioridad, debemos cruzar un horizonte de Cauchy al acceder a la región del viaje en el tiempo. El físico estudiaba entonces qué aspecto tendría la estructura de ese horizonte si la densidad de la masa-energía no fuese nunca negativa. Si el horizonte de Cauchy se extiende hasta el infinito, no hay problema alguno. Pero si el horizonte es finito, Tipler observó que en su pasado ha de haber una singularidad, de la cual proviene. De este modo, al cruzar el horizonte de Cauchy y mirar hacia el pasado, veríamos esa singularidad. En principio se pensaba que ésta podría expulsar toda clase de partículas elementales capaces de aniquilarnos, pero el argumento tiene una vía de escape: hay una singularidad que ya observamos al escudriñar nuestro pasado y que no nos causa problema alguno: el *big bang*, la singularidad que dio origen al universo[10]. Así pues, contemplar una singularidad no tiene por qué ser fatal.

Pero contemplar una singularidad es sólo un problema más. Si sólo hubiera materia normal de densidad positiva en juego (todo aquello que estamos habituados a ver, como protones, neutrones, electrones y radiación electromagnética), el horizonte de Cauchy se comportaría de forma inestable. Es decir, cualquier onda perturbadora que circulara a lo largo de él crecería en intensidad hasta que las condiciones se hicieran totalmente impredecibles. Una supercivilización podría sacar partido de esa inestabilidad. Por ejemplo, un lápiz colocado de punta sobre la palma de la mano es inestable pero, si somos lo suficientemente hábiles y rápidos moviendo la mano hacia los lados, podemos conseguir que se mantenga vertical. El diseño de algunos aviones modernos los hace intencionadamente inestables en vuelo para incrementar su maniobrabilidad, confiando al ordenador de a bordo la gestión activa de esa inestabilidad. En el caso de un agujero negro, sería difícil de lograr en la práctica. Si se diera una inestabilidad, la singularidad podría bloquear el paso del viajero del tiempo a través del horizonte de Cauchy. Ya no vería una singularidad a lo lejos, sino que se daría materialmente de bruces con ella. Como se mencionaba anteriormente, para saber si nuestro astronauta sobreviviría a ese «paso por la habitación en llamas», necesitamos una teoría de la gravitación cuántica. En cualquier caso, el viaje parece ciertamente peligroso.

Pero todavía existen otras alternativas para construir máquinas del tiempo, y algunas de ellas obvian esas dificultades.

Agujeros de gusano

En 1988, Kip Thorne y sus colegas de Caltech Mike Morris y Ulvi Yurtsever mostraron la manera de realizar viajes al pasado por medio de agujeros de gusano. Como vimos en el primer capítulo, los agujeros de gusano son túneles que conectan dos regiones distantes del espacio-tiempo. Pensemos en el agujero que un gusano hace en una manzana; el gusano puede ir más deprisa de un lado a otro a través del agujero que arrastrándose sobre la superficie curva exterior. Podría existir un agujero de gusano que tuviera una boca cerca de la Tierra y la otra junto a Alfa Centauro (véase el diagrama superior en la figura 15). De este modo, habría dos formas de viajar a un planeta en la vecindad de dicha estrella: *1)* tomar la ruta larga normal, que se extiende cuatro años luz en el espacio ordinario, o *2)* saltar a través del agujero de gusano, lo que quizá representaría un viaje de apenas 10 metros.

¿Qué aspecto tendría ese agujero de gusano? Un agujero negro se parece a una gran bola de color negro mate de un juego de bolos (si saltamos dentro de ella, nunca regresaremos), pero el agujero de gusano (suponiendo que el túnel sea corto) se asemeja más bien a una de esas bolas plateadas que cuelgan de un árbol de Navidad y que reflejan todo el entorno que las rodea. Sin embargo, no sería la habitación y el propio árbol lo que veríamos reproducido en ella, sino los alrededores de Alfa Centauro. Si saltamos al interior de esa bola

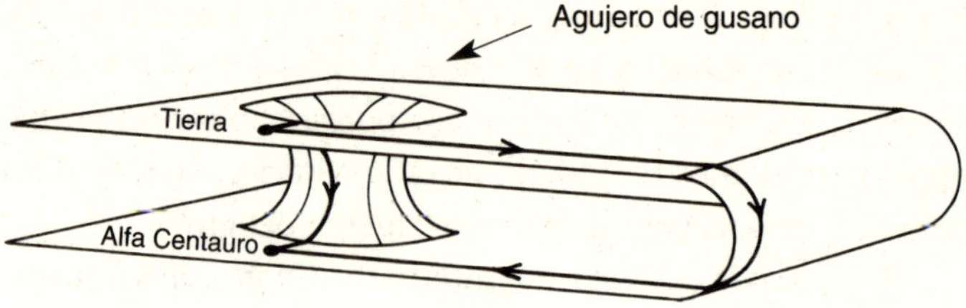

Un agujero de gusano crea un atajo entre la Tierra y Alfa Centauro

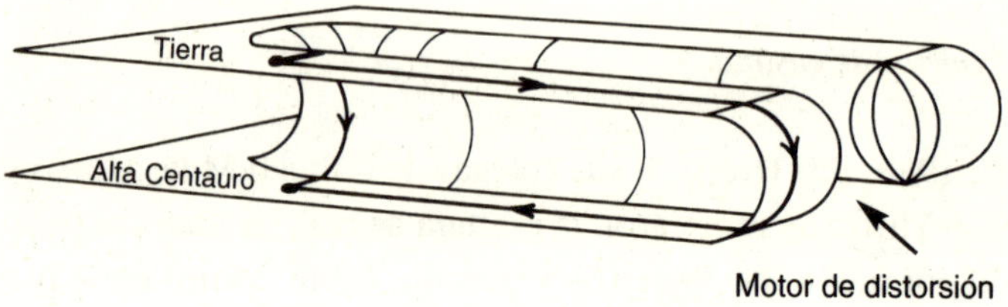

Un motor de distorsión produce un canal en forma de U en el espacio-tiempo, creando también un atajo entre la Tierra y Alfa Centauro

Figura 15. Geometrías de un agujero de gusano y un motor de distorsión.

iremos a parar, como Alicia en el país de las maravillas, a un lugar completamente distinto, a un jardín de un planeta próximo a Alfa Centauro, tal vez. Una vez allí, si contemplamos de nuevo la bola veremos nuestro lugar de partida. El agujero de gusano constituye una puerta de doble sentido. Un notable grabado de Escher (figura 16) muestra el aspecto que tendría la «boca» de un agujero de gusano situado en el espacio profundo, si la boca contraria se hallara en una habitación de la Tierra (cuando observamos la boca esférica en el espacio profundo, no contemplamos el producto de un reflejo; en lugar de ello, estamos viendo a través del corto túnel una imagen distorsionada de la habitación donde se encuentra el otro extremo del agujero). Escher realizó el dibujo en 1921, mucho antes de que Thorne y sus colegas comenzaran a hablar de agujeros de gusano.

Figura 16. La esfera (1921), de M. C. Escher. Aspecto que tendría la boca de un agujero de gusano.

Un rayo de luz tarda alrededor de cuatro años en alcanzar Alfa Centauro desde la Tierra si viaja a través del espacio ordinario, pero podemos adelantarnos a él si tomamos el atajo del agujero de gusano. Como en el caso de las cuerdas cósmicas, siempre que podamos adelantar a un rayo de luz mediante un atajo, el viaje al pasado es posible.

Si encontrásemos un agujero de gusano Tierra-Alfa Centauro, podríamos zambullirnos en él desde la Tierra, pongamos en el año 3000, y emerger en Alfa Centauro. Pero ¿cuándo? No apareceríamos en el año 3000, sino, quizás, en 2990. Asimismo, si emergiéramos en el año 2990 en Alfa Centauro, podríamos regresar a la Tierra al 99,5 % de la velocidad de la luz y llegar a ella unos cuatro años más tarde, en 2994. Es decir, estaríamos de vuelta seis años antes de nuestra partida. Podríamos hacer tiempo en la Tierra durante esos seis años y acudir a nuestra propia partida en el año 3000. Habríamos realizado un viaje en el tiempo a un suceso de nuestro propio pasado.

Supongamos, por el contrario, que las dos bocas estuvieran sincronizadas (como Alfa Centauro y la Tierra no se mueven a gran velocidad la una respecto a la otra, los observadores situados en ambos lugares podrían sincronizar sus relojes y ponerse de acuerdo sobre el tiempo). Al zambullirnos en el agujero de gusano el 1 de enero de 3000, emergeríamos en Alfa Centauro exactamente en la misma fecha. En este caso no habría viaje en el tiempo. Thorne y sus colegas afirmaron que las dos bocas podrían ser desincronizadas arrastrando en círculo la boca ubicada en la Tierra a una velocidad próxima a la de la luz. Esto podría lograrse acercando una nave espacial de masa a dicha boca y dejando simplemente que ésta «cayera» por gravedad hacia la nave. Cuando la nave comenzase a acelerar, la boca del agujero de gusano la seguiría como un cachorrillo. De esta forma, sería preciso que la boca se moviera a velocidades de hasta el 99,5 % de la velocidad de la luz. Comenzando el 1 de enero de 3000, si nos llevásemos la boca del agujero hasta un punto situado a 2,5 años luz de aquí y la trajéramos de regreso, todo ello al 99,5 % de la velocidad de la luz, los observadores de la Tierra verían que ese viaje de ida y vuelta de cinco años luz de recorrido habría durado unos cinco años; la boca estaría otra vez en el mismo sitio el 10 de enero de 3005.

Imaginemos a un astronauta dotado de un reloj y sentado en la mitad del túnel del agujero de gusano. Los observadores de la Tierra verían que ese reloj va muy despacio (diez veces más lento que el de ellos, dado que ven el ir y venir del astronauta, junto con la boca, al 99,5 % de la velocidad de la luz. En este punto es necesario recordar que la relatividad especial señala que los relojes en movimiento avanzan más despacio. Un reloj que se mueva al 99,5 % de la velocidad de la luz en un viaje de ida y vuelta como ése, marcharía diez veces más despacio que uno que se hallara en la Tierra, debido a que el factor de Einstein $\varnothing[1 - (v/c)^2]$ valdría 0,1 en este caso. Cuando el agujero de gusano regresa a la Tierra, el astronauta ha envejecido sólo medio año desde la partida –es decir, 5 años dividido por 10–. Mientras tanto, la boca del agujero cercana a Alfa Centauro no se ha movido, ya que nada ha tirado de ella. Por otra parte, la longitud del túnel no se altera en todo el viaje, siempre mide 3 metros. Como la masa y la energía del túnel no cambian, las ecuaciones de Einstein nos dicen que su geometría tampoco lo hará. Tendrá siempre la misma longitud; sólo cambiarán los lugares que interconecta. Aguardamos hasta que la boca del agujero de gusano próxima a la Tierra regrese –es el 10 de enero de 3005 en la Tierra– y saltamos a su interior. Tras recorrer 1,5 metros, encontramos al astronauta. Habrá envejecido sólo 6 meses durante el viaje, por lo que su reloj marcará el 1 de julio de 3000. Si avanzamos 1,5 metros más emergeremos junto a Alfa Centauro, donde también es el 1 de julio de 3000. ¿Por qué? Porque, visto desde la estrella, el astronauta no se ha movido y su reloj, que ha avanzado 6 meses desde el comienzo, sigue sincronizado con los relojes de aquélla. Tras aparecer junto a Alfa Centauro el 1 de julio de 3000, si tomamos una nave espacial que viaje al 99,5 % de la velocidad de la luz por el espacio ordinario, podemos hacer el camino de vuelta en poco más de cuatro años y llegar a la Tierra el 8 de julio de 3004. Regresaríamos casi 6 meses antes de nuestra partida. Bastaría con esperar pacientemente hasta el 1 de enero de 3005 y entonces podríamos decirnos adiós a nosotros mismos; de nuevo estaríamos visitando un suceso de nuestro pasado.

En este caso, al igual que en el de las cuerdas cósmicas en movimiento, hay un momento antes del cual el viaje en el tiempo es imposible. Si viviéramos en la Tierra en el año 3005, podríamos usar la máquina del tiempo para visitar la Tierra en el año 3004, pero no en el año 2001, porque pertenece a una época anterior a la de la existencia de la máquina. Nadie que se halle en la Tierra en el año 2001 podrá ver un viajero del tiempo, pero quien se encuentre en nuestro planeta en el año 3004 se podría tropezar perfectamente con alguno. Una vez las bocas del agujero de gusano han sido suficientemente desincronizadas, el viaje en el tiempo es posible. Más tarde, en el año 3500 tal vez, si procediéramos a mover la boca del agujero que hay en el lado de Alfa Centauro, podríamos volver a sincronizar las bocas, lo que cerraría la época de los viajes en el tiempo. De este modo destruiríamos la máquina que construimos. Sólo se puede utilizar mientras existe.

Hace falta material exótico para mantener abierto un agujero de gusano, lo que permite que un viajero pueda atravesarlo. Los rayos de luz que convergen en la boca cercana a la Tierra pasan a través del agujero y se difunden al salir por la de Alfa Centauro. Esto se debe a los efectos repulsivos originados por la materia con densidad de energía negativa, una sustancia a la que tendríamos que añadirle energía para conseguir que ésta vuelva a ser cero. Sorprendentemente existen efectos cuánticos que producen, de forma real, una densidad de energía negativa. Por ello, Thorne y sus colaboradores confían en que una supercivilización futura pueda hacer uso de tales efectos para mantener abierto un agujero de gusano. Otro problema por resolver es cómo situar las bocas de un agujero de gusano en los lugares deseados. Tal vez existan ya agujeros de gusano microscópicos, de 10^{-33} centímetros de longitud, que conecten muchos lugares y tiempos en el espacio-tiempo. Una supuesta supercivilización podría ser capaz de aumentar el tamaño de uno de ellos hasta lograr que una nave espacial pasara a través de él.

Dado que los agujeros de gusano se mantienen abiertos gracias a la materia de densidad de energía negativa, son estables, evitan las singularidades que implica el teorema de Tipler y pueden dar lugar a una máquina del tiempo sin el riesgo de formar un agujero negro. No obstante, siguen estando sujetos a efectos cuánticos que pueden perturbar su funcionamiento, algo de lo que volveremos a hablar en el capítulo 4.

El motor de distorsión

El agujero de gusano tiene una alternativa gemela: el motor de distorsión. En *Star Trek*, la tripulación de la nave *Enterprise* utilizaba un motor de distorsión para alterar el espacio, a fin de poder viajar entre las estrellas a velocidades superiores a la de la luz[11]. El físico mexicano Miguel Alcubierre se tomó la idea en serio y mostró cómo podría funcionar un motor de distorsión, para lo cual empleó los principios de la relatividad general. En este caso, tomaríamos un camino de cuatro años luz entre la Tierra y Alfa Centauro y curvaríamos ese espacio de tal modo que la distancia entre ambas a través del «canal» resultante sería de sólo diez metros.

El método se podría visualizar de la manera siguiente: Imaginemos que somos una hormiga que vive sobre la mesa del jardín y que deseamos visitar a otra hormiga que vive en la parte inferior del tablero[12]. Para encontrarnos con nuestra amiga, podríamos caminar medio metro hasta el borde de la mesa, bajar un par de centímetros por el canto y, finalmente, correr otro medio metro cabeza abajo. La distancia total recorrida sería 1 metro y 2 centímetros. También podríamos taladrar el tablero y escabullirnos por el orificio, que tendría 2 centímetros de largo (un auténtico agujero de gusano). Una tercera forma de alcanzar la cara inferior del tablero sería tomar un serrucho y practicar una hendidura de medio metro de longitud desde el borde hasta el centro del tablero, donde nos hallamos. De este modo, recorriendo sólo 2 centímetros –esta vez por el fondo de la hendidura– podríamos visitar a nuestra amiga. A las otras hormigas que deambulan por el tablero la mesa les seguiría pareciendo la misma, siempre que no se acerquen demasiado a la línea de corte. Si el material de la mesa fuera de goma blanda, podría ser deformada para producir la hendidura sin necesidad de cortar; bastaría con presionar fuertemente el borde del tablero de goma hasta hacerlo retroceder medio metro hacia el centro. Sin cambiar la topología de la mesa (no hemos practicado agujero alguno), habríamos alterado la forma del tablero curvándolo. Éste es el mecanismo del motor de distorsión.

Si observamos la figura 15, notaremos la similitud entre la geometría del agujero de gusano (arriba) y la del motor de distorsión (abajo). Para generar la geometría asociada a un canal de distorsión entre la Tierra y Alfa Centauro, Alcubierre encontró que se requiere tanto materia ordinaria con densidad de energía positiva como materia exótica con densidad de energía negativa. Con su solución, un camino tubular curvado en el espacio-tiempo nos conduciría rápidamente a Alfa Centauro, y otra deformación similar nos devolvería a la Tierra, también rápidamente. Podríamos ir a Alfa Centauro y estar de vuelta en la Tierra ese mismo día a tiempo para almorzar. El propio Alcubierre indicaba que, puesto que su motor de distorsión permitía adelantar a un rayo de luz, futuros refinamientos podrían llevar a una solución que permitiera el viaje al pasado, aunque no sugería cómo. Poco después, basándose en un argumento similar al que he utilizado para las cuerdas cósmicas, Allen Everett, de la Universidad de Tufts, mostró el modo de viajar al pasado mediante dos canales de distorsión móviles[13].

Parece, pues, que Gene Roddenberry, el creador de *Star Trek,* no andaba muy descaminado al incluir en la serie todos esos episodios de viajes en el tiempo. Sin embargo, el físico ruso Sergei Krasnikov demostró por desgracia que, en la práctica, el motor de distorsión del *Enterprise* no permitiría abrir un camino hacia un lugar arbitrario, como sucede en la serie. El camino tendría que ser previamente trazado por naves que avanzaran más despacio que la luz. El *Enterprise* se asemejaría más a un tren viajando a lo largo de raíles preexistentes que a un todo terreno moviéndose a voluntad. Una supercivilización futura tal vez podría tender canales de distorsión entre estrellas para que las naves viajasen a través de ellos como si de ferrocarriles galácticos se tratara, o bien establecer conexiones basadas en agujeros de gusano. Una red de canales de distorsión sería quizá más fácil de crear, pues sólo es necesario alterar el espacio existente en lugar de establecer nuevos agujeros que conecten regiones distantes.

Inconvenientes del viaje al pasado

Como todos los métodos propuestos tienen sus inconvenientes, consideremos una idea más para comunicarnos con el pasado: los taquiones, unas hipotéticas partículas que se mueven a una velocidad superior a la de la luz.

Pero bueno, ¿no habíamos quedado en que nada puede viajar más deprisa que la luz?[14]. Es cierto, las partículas normales como esas de las que estamos hechos (protones, neutrones y electrones) han de moverse más despacio que la luz; en caso contrario, violaríamos el postulado de Einstein de que todos los observadores deben poder considerarse a ellos mismos en reposo. Y los fotones siempre viajan a la velocidad de la luz a través del vacío.

Pero imaginemos, como hicieron los físicos S. Tanaka, O. M. P. Bilaniuk, V. K. Deshpande y E. C. G. Sudarshan a comienzos de los años sesenta, una partícula que viajara siempre más deprisa que la luz. El físico estadounidense Gerald Feinberg la denominó taquión, del griego *tachys*, que significa «veloz». Dado que los taquiones pueden adelantar a los rayos de luz tanto a la ida como a la vuelta, con la ayuda de un astronauta amigo podríamos utilizar taquiones para enviar una señal a nuestro propio pasado. Ésa era la idea básica que Gregory Benford desarrollaba en su relato de ciencia ficción *Cronopaisaje*, de 1980. ¿Funcionaría en la realidad?

Los taquiones pueden ser compatibles con la relatividad especial, pero en las ecuaciones de la relatividad general dan lugar a dilemas. Un taquión tendría que verse acompañado de ondas gravitatorias al igual que un avión que supera la velocidad del sonido produce un estampido sónico[15]. En 1974, utilizando conjuntamente un resultado obtenido en 1972 por F. C. Jones y mi propia solución de las ecuaciones de campo de Einstein para un taquión en un contexto diferente, llegué a la conclusión de que un taquión debería emitir un cono de radiación gravitatoria como si dejara una estela tras él. La emisión haría que el taquión perdiera energía y, debido a la peculiar naturaleza de la partícula, se acelerara, alcanzando velocidades aún más altas. Siguiendo el punto de vista de Jones, la línea de universo del taquión a través del espaciotiempo adoptaría la forma de un amplio arco. Contemplaríamos las dos ramas ascendentes del arco como un taquión y un antitaquión aproximándose el uno al otro a una velocidad superior a la de la luz, moviéndose cada vez más deprisa a medida que se acercaran, hasta finalmente alcanzar una velocidad infinita al colisionar y aniquilarse mutuamente en lo alto del arco. Debido a esa curvatura en su línea de universo, los taquiones estarían la mayor parte del tiempo moviéndose a una velocidad apenas superior a la de la luz, con lo que no podrían ser empleados para enviar energía o información más deprisa que la luz más allá de una distancia microscópica[16].

Una última propuesta para viajar al pasado hace uso de las antipartículas.

Cierta noche, John Wheeler, de Princeton, telefoneó a Richard Feynman y le espetó: «Ya sé por qué todos los electrones tienen la misma masa. ¡Son todos el mismo electrón!». La idea de Wheeler era que un positrón (la «antipartícula» –partícula de idéntica masa y carga opuesta– que forma pareja con el electrón) podía ser contemplado como un electrón viajando hacia atrás en el tiempo. Para entender el concepto, imaginémonos trazando una gran letra N mayúscula en un diagrama espacio-temporal en el que el futuro está arriba, el pasado, abajo y el espacio es horizontal. Comenzando abajo a la izquierda, nos moveríamos hacia arriba a lo largo del primer trazo de la N para representar un electrón desplazándose hacia el futuro. Luego bajaríamos en diagonal, trazando el camino de un positrón como si fuera un electrón viajando hacia atrás en el tiempo. Por último, ascenderíamos de nuevo; sería el electrón otra vez. Esta línea de universo en forma de N se comporta de la manera siguiente: si deslizamos poco a poco una regla desde la parte inferior de la N hacia arriba, vemos un electrón inmóvil a la izquierda y la creación de un par electrón-positrón a la derecha; el positrón se mueve de derecha a izquierda hasta encontrarse con el electrón de este lado, momento en el que ambos se aniquilan mutuamente. Podríamos, por supuesto, interpretar la N como si representara tres partículas –dos electrones y un positrón– moviéndose hacia delante en el tiempo. Wheeler pensaba que todos los electrones del universo podrían formar parte de una larguísima línea de universo que zigzagueara adelante y atrás en el tiempo muchas veces. Cada «zig» se manifestaría como un electrón, y cada «zag», como un positrón. Los ángulos entre zigs y zags corresponderían a la creación o aniquilación de un par electrón-positrón.

Para que la idea funcione, el número de positrones y electrones en el universo debería ser aproximadamente el mismo en todo momento. Por desgracia, parece que en la actualidad hay muchos más electrones que positrones. En cualquier caso, la idea de que los positrones puedan ser considerados electrones viajando hacia atrás en el tiempo al parecer es válida y fue utilizada por Feynman en sus diagramas para la electrodinámica cuántica (en el marco de unos trabajos que le hicieron merecedor del premio Nobel).

Sería necesario una sucesión de acontecimientos muy poco probables para que el método permitiera viajar al pasado y, asimismo, que nuestra línea de universo adoptara la forma de N. En primer lugar, cerca de nosotros y mediante la energía de varios miles de bombas H, deberíamos crear un par «yo/anti-yo» altamente organizados. Esos dos sosias nuestros –el «anti-yo», que representaría nuestro «zag» hacia atrás en el tiempo, y nuestro otro «yo», que representaría nuestro retorno al sentido normal del tiempo– tendrían que reproducirnos exactamente a nivel atómico. El «anti-yo» tendría que venir a nuestro encuentro. Parece extremadamente difícil lograr que cada partícula del «anti-yo» se cancele con la correspondiente partícula nuestra, de forma que la energía liberada no disperse nuestras estructuras corporales antes de que la aniquilación se complete. Por ello, si algún día vemos que una versión antimaterial de nosotros mismos se nos acerca efusivamente, más vale que nos lo pensemos dos veces antes de darle un abrazo.

El viaje al pasado parece, como mínimo, difícil; así pues, no recomiendo al lector que se dé prisa en ir a la agencia de viajes. Se requerirían condiciones extremas para intentar un proyecto de esta envergadura. Una máquina del tiempo para visitar el pasado no es algo que podríamos construir en nuestro propio garaje, como el primer ordenador personal de la historia. Como ya ha manifestado Kip Thorne, sólo estaría al alcance de una supercivilización futura.

Pero los físicos se afanan en explorar las posibilidades del viaje en el tiempo, en principio, por una buena razón: como ya hemos indicado, es importante estudiar los límites de las leyes físicas bajo condiciones extremas. Los físicos insisten en destacar (especialmente cuando necesitan dinero para construir un nuevo acelerador de partículas) que el propio universo en sus orígenes era un acelerador de esta clase. Al comienzo de su carrera científica, Stephen Hawking se percató de que ciertos teoremas relativos a las singularidades que existen en el centro de los agujeros negros podrían ser aplicables al universo primitivo. A través de los estudios de las modernas cosmologías inflacionarias llegamos a la conclusión de que en el universo primitivo tuvo que haber horizontes de sucesos como los de los agujeros negros, los cuales nos separarían de regiones distantes, para siempre fuera de nuestro alcance. Un mejor conocimiento de los parámetros físicos asociados a los agujeros negros nos podría ayudar a entender lo que sucedió en el universo primitivo.

Una lógica similar es aplicable a las máquinas del tiempo. Para comprobar si las leyes físicas permiten viajar al pasado, es imprescindible explorar situaciones extremas. Un lugar natural para una máquina del tiempo sería el interior de un agujero negro. La curvatura espacio-temporal era asimismo extrema en los comienzos del universo; ¿existió también allí una máquina del tiempo? Si así fue, esto podría explicar su origen.

4

El viaje en el tiempo y el origen del universo

> Como quiera que el universo haya surgido –quizá se haya creado a sí mismo o quizá no–, el único que baja los ojos para contemplarlo desde lo más alto, es el único que lo sabe o, tal vez, tampoco.
>
> *Ṛg Veda*

Una carta de Li-Xin Li

Un día recibí una carta en mi despacho de Princeton. Era de Li-Xin Li, un estudiante chino que se hallaba interesado en matricularse en la Universidad de Princeton para hacer el doctorado en astrofísica y trabajar conmigo en los viajes en el tiempo. Incluía uno de mis artículos sobre el tema. Es frecuente que los alumnos aspirantes envíen cartas o adjunten artículos. Habitualmente, me limito a remitirlos al departamento de graduados para que sean tenidos en cuenta en las reuniones de admisión. Pero este caso era diferente, pues el artículo de Li-Xin Li me resultaba muy familiar. Lo había leído y me pareció especialmente grato cuando fue publicado en la *Physical Review*. Trataba sobre un problema expuesto por Stephen Hawking: los efectos cuánticos siempre conspirarían para impedir el viaje en el tiempo. El ejemplo concreto se refería al viaje en el tiempo mediante un agujero de gusano; las ondas que circularan entre las dos bocas del agujero podrían desarrollar una densidad infinita –una singularidad– en el estado cuántico, cerrando la máquina del tiempo antes de que comenzara a operar. Li-Xin Li proponía una ingeniosa solución, que consistía en colocar una esfera reflectante entre las dos bocas para reflejar las ondas y detener así la acumulación infinita de energía. Nunca había recibido un artículo tan trascendente de un aspirante a alumno. Demostraba que Li era una de las escasas diez personas en el mundo capaces de realizar esos complejos cálculos cuánticos y, más importante aún, que era alguien con ideas originales y, por si fuera poco, estaba interesado en los viajes en el tiempo.

Vinieron a mi memoria ciertas historias que había escuchado cuando cursaba mis estudios de posdoctorado en la Universidad de Cambridge, en 1975, acerca de la carta que el profesor G.H. Hardy recibió de un joven indio llamado S. Ramanujan. En el sobre había algunos notables teoremas que el remitente había logrado demostrar. Un amigo de Hardy me contó la anécdota, el famoso matemático J. E. Littlewood, quien a sus noventa años era nuestro decano en el Trinity College, un lugar fascinante donde es posible atravesar el corredor en el que el joven Isaac Newton daba palmadas al compás del eco que devolvía el fondo para medir la velocidad del sonido. La cena se sirve todas las noches en el Gran Salón y al concluir los socios se retiran escaleras arriba a beber oporto, fumar habanos y pasarse la tabaquera; una experiencia que verdaderamente no es muy distinta de la de ser transportado al pasado por una máquina del tiempo[1]. Los veteranos entretienen a sus colegas más jóvenes con historias sobre la gente del Trinity, entre quienes se contaron personajes como lord Alfred Tennyson, lord Byron y James Clerk Maxwell. Cuando era estudiante, Byron solía dejar su oso domesticado atado a la fuente del patio. Newton permaneció fuera del Trinity durante los años de la peste, período en el que desarrolló el cálculo y aplicó el concepto de la gravitación a la órbita de la Luna.

Hardy había mostrado la carta de Ramanujan a Littlewood, diciéndole que aquellos teoremas tenían que proceder de un matemático de primera fila. De ese modo, Ramanujan fue invitado a asistir al Trinity College. Juntos, Hardy y Ramanujan elaboraron uno de los teoremas más notables de la teoría de números: la fórmula para estimar con precisión el número de formas distintas mediante las que es posible obtener una suma dada. En cierta ocasión en la que Ramanujan se encontraba enfermo, Hardy fue a visitarlo y, casualmente, le comentó: «He venido en taxi. Por cierto, que tenía un número muy estúpido: 1.729». «Qué va a ser estúpido –replicó Ramanujan–. Se trata de un número muy interesante: es el más pequeño que puede ser expresado de dos maneras distintas como suma de dos cubos.» En efecto, $1.729 = 1^3 + 12^3 = 10^3 + 9^3$. Asombroso, ¿no?

Cuando vi la carta de Li-Xin Li, me pregunté si alguien podría ser igual de extraordinario. En mis muchos años como miembro del jurado de los concursos de talentos científicos de Westinghouse e Intel –las competiciones científicas para estudiantes de instituto más antiguas y prestigiosas del país– llegué a la conclusión de que el mejor indicador del futuro éxito en la ciencia es haber llevado a cabo una buena investigación en el pasado, mucho mejor que las calificaciones SAT, los títulos o las cartas de recomendación. Me pareció que Li-Xin Li era una gran promesa. Le recomendé con absoluta convicción a mis colegas y, finalmente, fue admitido en el Departamento de Astrofísica de Princeton.

Tenía una buena idea que proponerle como materia de trabajo: la forma en que se podría utilizar el viaje en el tiempo para explicar el origen del universo. Pero para ello era necesario resolver previamente una importante cuestión: encontrar un estado cuántico para el universo primitivo en el que el viaje en el tiempo fuera posible.

Li-Xin Li llegó con varios meses de adelanto y, aunque aún no había sido inscrito formalmente como estudiante, no había razón para que no comenzara a trabajar. Por otra parte, cuando uno investiga algo realmente importante, parece razonable mantener cierta reserva hasta haber obtenido algún resultado. Li-Xin Li y yo nos encontrábamos una vez por semana para comer y no le contábamos a nadie sobre qué estábamos trabajando. Aquéllos fueron unos encuentros memorables. Probamos varios restaurantes locales hasta recalar en el Orchid Pavilion. En una de las primeras comidas, mientras discutíamos apasionadamente sobre nuestra teoría acerca del origen del universo, nos topamos con una galletita de la suerte que decía: «Confía en tu intuición. El universo guía tu vida». Nos pareció un buen presagio.

Vacíos y protección de la cronología

Para contar el resto de esta historia necesito hablarle al lector de los diferentes tipos de vacío, pues tienen un papel clave en los trabajos que desarrollamos juntos. No se trata del vacío que produce una aspiradora, sino el que resulta cuando de un recinto cerrado sacamos a la gente, los muebles, el aire y hasta las partículas elementales, fotones incluidos. Se supone que el *vacío normal* tiene densidad y presión nulas. Pero la mecánica cuántica nos dice que un espacio vacío no tiene por qué ser siempre un vacío con densidad de energía nula. En 1948, el físico holandés Hendrik Casimir observó que si colocamos dos placas conductoras muy juntas, el espacio entre ellas constituye un vacío con densidad de energía negativa, es decir, la cantidad de energía por centímetro cúbico es, realmente, inferior a cero. Tendríamos que *añadir* energía al sistema para que ésta fuera nula. La figura 17 representa el *vacío de Casimir* junto a otros tipos de vacío. En todos ellos, la densidad de energía está simbolizada por una esfera. Las esferas con sombreado claro representan densidades de energía negativas, mientras que las de color oscuro representan densidades de energía positivas. La presión en las distintas direcciones está indicada mediante flechas. Una

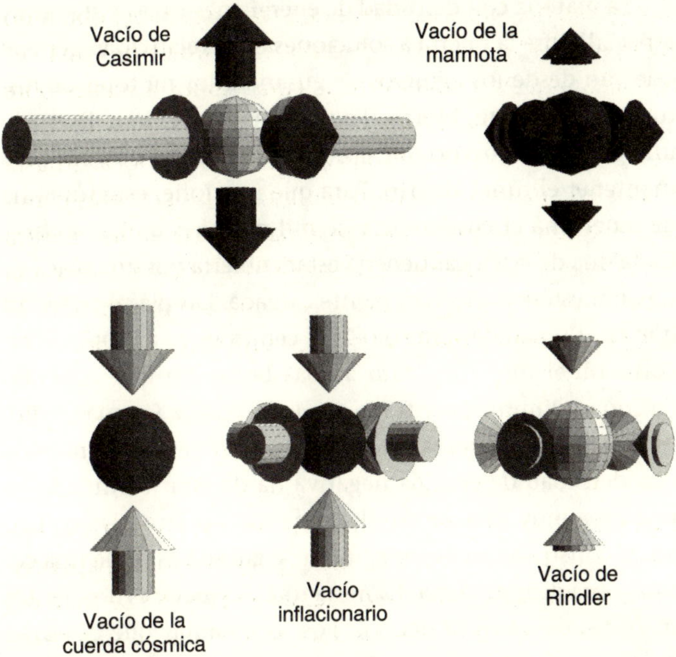

Figura 17. Diferentes tipos de vacío.

flecha oscura apuntando hacia fuera representa una presión positiva, como la de los neumáticos de un coche. Una flecha clara apuntando hacia dentro simboliza una presión negativa, o succión. El vacío de Casimir presenta una presión positiva en las direcciones paralelas a las superficies de las placas y una elevada presión negativa en la dirección perpendicular a ellas, la cual tiende a succionar una contra otra. Esta fuerza ha sido medida en laboratorio (en primer lugar por parte de M. J. Sparnaay, en 1958, y de forma más precisa por S. K. Lamoreaux, en 1997). Así pues, sabemos que el vacío de Casimir existe. Cuanto más cerca estén las placas una de otra, más negativa será la densidad de energía en el espacio entre ellas.

La materia con densidad de energía negativa es algo muy especial. Abre la puerta a soluciones en la relatividad general que van desde los agujeros de gusano a los motores de distorsión. De hecho, Morris, Thorne y Yurtsever han diseñado un agujero de gusano que aprovecha el efecto Casimir para mantener el túnel abierto. Para que funcione, este túnel ha de tener una circunferencia de mil millones de kilómetros. Cada una de las bocas debería estar cubierta por una placa de Casimir esférica, eléctricamente cargada. Las placas tendrían que estar separadas tan sólo 10^{-10} centímetros a través de un corto túnel que conectara ambas bocas (lo que concuerda con un límite encontrado por L. H. Ford y Thomas A. Roman para los agujeros de gusano, según el cual la materia con densidad de energía negativa ha de estar confinada en una capa muy fina dentro del túnel del agujero). Desde luego, la construcción de un agujero de gusano así sería una colosal obra de ingeniería. La masa total en juego es doscientos millones de veces la del Sol. Los astronautas que desearan pasar a través del agujero de gusano tendrían que evitar ser calcinados por la radiación, desplazada hacia el azul, que estaría incidiendo sobre las placas y deberían abrir una trampilla en cada una de éstas, a su debido tiempo, para cruzarlas. No es un asunto nada fácil, pero al menos el vacío de Casimir crea esa posibilidad[2].

Los vacíos son también importantes para las cuerdas cósmicas. En el interior de una cuerda cósmica debe existir un estado de vacío con una densidad de energía positiva y una presión negativa en sentido longitudinal (figura 17), lo que crea esa tensión a lo largo de la cuerda que la convierte en algo parecido a una banda elástica. Dentro de una cuerda cósmica, por tanto, hay un estado muy peculiar de vacío de alta energía[3].

Los estados de vacío desempeñan otro papel fundamental en la investigación sobre los viajes en el tiempo; un papel que también aparece en los estudios sobre el universo primitivo. Stephen Hawking pensaba que el estado de vacío podía estallar al intentar entrar en una máquina del tiempo, alterando la geometría del espacio-tiempo, creando una singularidad y malogrando nuestro ansiado viaje al pasado. Las ideas de Hawking sobre este tema se basan en lo que podría suceder en un *espacio de Misner*, un espacio-tiempo en el que originalmente no existe máquina del tiempo alguna, pero que desarrolla a la larga una región de viaje en el tiempo. Dicha región está separada de la que no permite dicho viaje por un horizonte de Cauchy, igual que en mi solución basada en cuerdas cósmicas. Podemos imaginar el espacio de Misner como una habitación infinita limitada por una pared frontal y una pared trasera. Nosotros viviríamos entre las dos paredes. Hay una puerta en cada una. Al salir por la puerta delantera entraríamos inmediatamente en la misma habitación desde la puerta trasera. El espacio de Misner está, por lo tanto, arrollado sobre sí mismo como un cilindro: las paredes delantera y trasera son en realidad las dos caras de un mismo tabique.

Si esta clase de espacio nos produce claustrofobia, las cosas pueden ser aún peores. Notamos que las dos paredes se están acercando la una a la otra. De hecho, se mueven a una velocidad constante y chocarán en el futuro, pongamos, en una hora. Es como estar atrapados en el compactador de basura de *La Guerra de las Galaxias* (las paredes se aproximan inexorablemente y nosotros nos hallamos en medio). Sin embargo, en el espacio de Misner es posible escapar: basta con salir por la puerta delantera; como ya sabemos, volveremos a entrar en la misma habitación por la puerta de atrás. Ahora saldremos de nuevo por la puerta delantera y así una y otra vez. Como la distancia entre las paredes se va haciendo más pequeña, cada vez que atravesemos la habitación ganaremos velocidad con respecto a ella; de este modo pasaremos por la habitación una y otra vez, cada vez más deprisa. En poco tiempo, la pared delantera se nos acercará casi a la velocidad de la luz. Como la habitación entera se mueve más y más rápido respecto a nosotros, según la relatividad especial cada vez nos resultará más estrecha. Por otra parte, las paredes están realmente más cerca entre sí en cada ocasión. La combinación de ambos efectos hará que atravesemos la habitación un número infinito de veces en un tiempo finito, medido por nuestro reloj. ¿Adónde iremos a parar? Pues a una región de viaje en el tiempo, tras cruzar un horizonte de Cauchy. Ya no estaremos ni en nuestra habitación ni en el estado de Kansas, sino en un espacio-tiempo muy peculiar. La nueva región se parecerá a una hoja de papel en la que el pasado se halla abajo y el futuro, en la parte superior, y la cual habremos arrollado y pegado sus bordes, como en la figura 9. Podremos visitar los mismos sucesos repetidamente. El espacio de Misner es, desde luego, un tanto extraño, pero el cálculo de lo que en él sucede es relativamente sencillo. A menudo se toma como arquetipo de un espacio-tiempo en el que se crea una máquina del tiempo (como en los casos de los agujeros de gusano y las cuerdas cósmicas).

Los físicos William Hiscock y Deborah Konkowski, de la Universidad del estado de Montana, calcularon el tipo de vacío que sería aplicable a un espacio de Misner. Partieron del estado cuántico correspondiente al vacío normal y analizaron lo que pasaría si el recinto donde se halla aquél fuera enrollado y sus paredes delantera y trasera, pegadas la una a la otra. Resulta que las paredes actuarían entonces como placas de Casimir paralelas, por lo que Hiscock y Konkowski encontraron que dentro del recinto existiría un vacío de Casimir con densidad de energía negativa. Como ya hemos visto, si salimos de un recinto así por la parte delantera entraríamos automáticamente por la parte posterior. Y, conforme atravesamos el recinto una y otra vez, éste se hace progresivamente más angosto. La distancia entre ambas paredes –el perímetro del cilindro– es cada vez más pequeña. Cuanto más cerca está una pared de otra, más delgado es el cilindro y más negativa se hace la densidad de energía del vacío. Finalmente, justo antes de que saltemos a la región del viaje en el tiempo, dicha densidad crece exponencialmente hasta convertirse en un infinito negativo; lo cual produce una curvatura infinita del espacio –una singularidad–, lo que a su vez podría impedir nuestro acceso a la región del viaje en el tiempo.

Este hallazgo animó a Stephen Hawking a proponer su *conjetura de la protección de la cronología:* el hecho de que las leyes físicas parezcan siempre conspirar para impedir el viaje al pasado. Si el vacío cuántico crece exponencialmente en todos los casos, creando una singularidad cuando estamos a punto de entrar en una región del viaje en el tiempo, y a ello se unen otros efectos indeseables anteriormente mencionados, esa clase de regiones nunca serían accesibles para nosotros.

Decidí reexaminar los cálculos de Hiscock y Konkowski, confiando en que podría haber alguna forma de superar esas dificultades, de la misma manera que el descubrimiento por parte de Stephen Hawking de la radiación que lleva su nombre resolvió ciertos problemas de crecimiento exponencial del vacío en las proximidades del horizonte de sucesos de un agujero negro.

Le pedí a Li-Xin Li que calculara el estado de vacío en un espacio-tiempo más simple que incluyera el viaje en el tiempo, al que denominé *espacio-tiempo de la marmota.* En la película *Atrapado en el tiempo*, mencionada en el capítulo 2, el personaje interpretado por Bill Murray revivía una y otra vez el mismo día, que resultaba ser el Día de la marmota (el 2 de febrero). Todas las noches se acostaba y dormía hasta que sonaba el despertador a las 6.00. Para su consternación, descubría reiteradamente que eran las seis de la mañana del Día de la marmota y que volvía a estar donde había comenzado. El espacio-tiempo de la marmota resulta simplemente de «pegar» las 6.00 del martes con las 6.00 del miércoles, formando un cilindro (figura 9). En ese espacio-tiempo, cuando llegamos a las 6.00 del miércoles nos hallamos de nuevo en las 6:00 del martes. Nuestra línea de universo es una hélice que va rodeando el cilindro a medida que revivimos, una y otra vez, el mismo día. Si viviéramos ochenta años (29.220 días), nuestra línea de universo rodearía el cilindro 29.220 veces y, a medida que envejeciéramos, nos encontraríamos con 29.219 copias de nosotros mismos que abarcarían desde un bebé hasta un respetable anciano.

En ese escenario espacio-temporal podríamos jugar al fútbol contra nosotros mismos; de hecho, se podrían asumir todas las posiciones de ambos equipos y ser, a la vez, los espectadores. Podríamos ir al estadio, jugar la primera parte con un equipo, volver hacia atrás en el tiempo, jugar la segunda con el contrario y regresar aún muchas veces y sentarnos en las gradas a presenciar el partido, y en un asiento distinto cada vez. Nos parecería una sucesión normal de días, pero estaríamos presenciando los mismos acontecimientos repetidamente. El partido tendría siempre el mismo resultado: en realidad sería un único partido[4].

Li-Xin Li halló que un vacío normal que envolviera el espacio-tiempo cilíndrico de la marmota tendría una densidad de energía y una presión positivas (figura 17). La densidad de energía y la presión serían pequeñas y, por lo tanto, no alterarían demasiado la geometría. No tendría lugar un crecimiento exponencial de la densidad de energía. Ningún estallido cuántico del vacío interferiría el viaje en el tiempo en las situaciones en las que dicho viaje siempre ha estado presente. En el espacio-tiempo de la marmota, el viaje en el tiempo está disponible en todas partes; todo suceso puede ser visitado de nuevo. No hay un horizonte de Cauchy que separe una región del viaje en el tiempo de otra en la que dicho viaje no es posible. Aun así, el vacío que Li-Xin Li encontró en el espacio-tiempo de la marmota era muy similar al que Hiscock y Konkowski habían hallado en la región del viaje en el tiempo del espacio de Misner.

Le pedí entonces a Li-Xin Li que calculara el vacío normal en el espacio de Misner, tal como habían hecho Hiscock y Konkowski[5]. Obtuvo los mismos resultados que ellos. ¿Había allí alguna solución de viaje en el tiempo que pudiera funcionar?

En nuestra siguiente comida juntos, Li-Xin Li afirmó: «Tengo la respuesta». Había observado que, en una geometría dada, hay más de un estado de vacío posible, y en lugar de partir del vacío normal, comenzó sus cálculos desde el denominado *vacío de Rindler*.

El vacío de Rindler es el estado de vacío medido por observadores acelerados[6]. Para entenderlo, debemos saber ante todo que un astronauta que haga funcionar los motores de su nave espacial, acelerándola en el seno de un vacío normal, detecta fotones. Esa radiación térmica se denomina *radiación de Unruh*, una radiación que no es visible si no se está acelerado. ¿De dónde vienen esos fotones? Su energía procede del vacío normal; es algo así como cuando alguien llena su bolsillo con dinero real tomando un préstamo y contrayendo una deuda. La energía que el astronauta «toma prestada» del vacío le hace observar un vacío con una densidad de energía inferior a cero, un estado de vacío llamado vacío de Rindler. El vacío de Rindler tiene una densidad de energía y una presión negativas (figura 17), que contrarrestan exactamente la densidad de energía y presión positivas de la radiación de Unruh observada por el mismo astronauta. De este modo, la densidad de energía total y la presión total son nulas, tal como corresponde al estado de vacío normal que mediría un observador no acelerado como nosotros. El astronauta detecta fotones, nosotros no. Disentiremos sobre la clase de vacío que nos rodea y si hay fotones presentes o no, pero ambos estaremos de acuerdo acerca de la densidad de energía total. El vacío normal que vemos nosotros equivale al vacío de Rindler que él observa sumado a la radiación de Unruh, sólo detectada por él. Si el observador acelerado no apreciara radiación alguna, concluiría que la densidad de energía es realmente inferior a cero y que se halla en un universo con un vacío de Rindler puro. El vacío de Rindler es bien conocido (al menos, para los físicos) a la hora de describir el estado de vacío para observadores acelerados (para detalles adicionales acerca de este tipo de vacío, véase el apartado Notas).

Un vacío de Rindler en la región del viaje en el tiempo da lugar a una densidad de energía y a una presión negativas. Pero como el espacio-tiempo está arrollado en la dirección tiempo, se añaden a ello una densidad de energía y una presión positivas (tal como ocurría en el espacio-tiempo de la marmota). Con los parámetros adecuados, ambos efectos casi se cancelan mutuamente, dejando un vacío con densidad de energía y presión nulas, como el vacío normal. Para que así sea, las paredes delantera y trasera del espacio de Misner deben acercarse la una a la otra al 99,9993 % de la velocidad de la luz.

Se trataba de una hermosa solución. Li y yo nos dimos un apretón de manos. Ese vacío arrollado de Rindler tenía densidad de energía y presión nulas a todo lo largo del espacio de Misner –tanto en la región del viaje en el tiempo como en la que el viaje no es posible– y resolvía, por lo tanto, las ecuaciones de Einstein de manera exacta[7]. Era una solución autoconsistente: la geometría, que incluía el viaje en el tiempo, generaba el vacío cuántico adecuado y ese estado de vacío, mediante las ecuaciones de Einstein, producía a su vez la geometría de partida. La solución constituía un contraejemplo de peso a la conjetura de la protección de la cronología, ya que se refería al propio ejemplo que había llevado a formularla.

Enseguida entendimos los dos que la solución podía ser adaptada para producir un estado de vacío autoconsistente con destino al modelo de universo primitivo con viaje en el tiempo incluido en el que estábamos trabajando. El paso siguiente era demostrarlo. Y lo hicimos. Completar nuestro artículo sobre cosmología podía llevar meses, así que decidimos escribir un artículo aparte sobre el espacio de Misner y enviarlo enseguida al *Physical Review Letters*. Li-Xin Li figuraba como primer autor, pues era él quien había hecho el descubrimiento decisivo[8]. Enviamos el texto el 5 de septiembre de 1997, añadiendo una frase críptica en la que afirmábamos disponer también de una solución autoconsistente para un tipo de espacio que podría ser aplicable a una solución para el universo primitivo que implicaba el viaje en el tiempo. Confiábamos en que la frase estableciera nuestra prioridad sobre la idea, sin desvelarla todavía. Mientras tanto, trabajaríamos frenéticamente en completar los cálculos para nuestro artículo sobre la creación del universo.

En el ejemplar de noviembre de *Classical and Quantum Gravity* apareció un nuevo artículo de Michael J. Cassidy, alumno de Stephen Hawking, en el que se demostraba que tenía que existir un estado de vacío para el espacio de Misner que tuviera densidad y presión nulas en todos los puntos. Cassidy había llegado a esta conclusión razonando sobre el vacío existente alrededor de una cuerda cósmica. No sabía de qué estado se trataba; simplemente afirmaba que tenía necesariamente que existir y ser diferente del que habían usado Hiscock y Konkowski. Por otra parte, el estado aparecía cuando las paredes delantera y trasera se aproximaban entre ellas al 99,9993 % de la velocidad de la luz. ¡El estado cuántico de vacío cuya existencia defendía Cassidy era claramente el que nosotros habíamos hallado! Y se nos había adelantado al publicarlo. Nos pareció que era sólo cuestión de tiempo el que alguien más encontrara nuestra solución, así que colocamos inmediatamente nuestro artículo sobre el espacio de Misner en la *web* destinada a borradores de astrofísica (www.lanl.gov/archive/astro-ph), donde todo el mundo pudiera leerlo. Luego, redoblamos nuestros esfuerzos para tener terminado el artículo de cosmología lo antes posible (sólo descansamos el día de Navidad). Lo presentamos vía internet al *Physical Review*, enviándolo por correo electrónico justo al acabar el año, el 30 de diciembre de 1997. Nuestro artículo sobre el espacio de Misner fue publicado en *Physical Review Letters* el 6 de abril de 1998 y nuestro artículo de cosmología –titulado «¿Puede el Universo crearse a sí mismo?»– apareció el 29 de mayo de 1998 en la versión electrónica del *Physical Review*, y el 15 de julio del mismo año en la versión en papel[9]. En nuestro artículo de cosmología utilizábamos la idea del viaje en el tiempo para abordar una de las cuestiones más antiguas y misteriosas de la cosmología: la de la causa primera.

La cuestión de la causa primera

El dilema de la causa primera ha inquietado a filósofos y científicos desde hace dos mil años. Las causas preceden a los efectos. Si designamos una primera causa para el universo, un escéptico siempre podrá preguntar: «¿Y qué es lo que dio origen a eso? ¿Qué sucedió con anterioridad?». Para Aristóteles el universo existía eternamente, hacia el pasado y hacia el futuro, con lo que no había lugar a esas engorrosas preguntas. Ese modelo ha atraído también a muchos científicos modernos. Newton imaginaba un universo infinito en el espacio (en caso contrario, pensaba, colapsaría en una única masa) y eterno en el tiempo. Cuando Einstein desarrolló la relatividad general y la aplicó a la cosmología, su primer modelo cosmológico fue el *universo estático de Einstein*, el cual perduraba eternamente, sin principio ni final.

En el universo estático de Einstein, el volumen del espacio era finito, ya que éste se curvaba sobre sí mismo. Podemos tratar de entenderlo examinando una situación análoga: la superficie de la Tierra, que también se curva sobre sí misma. La superficie terrestre tiene un área finita, pero carece de borde alguno. Colón demostró que navegando siempre hacia el oeste, nunca llegábamos al «borde» de nuestro planeta, y

Balboa demostró, por su parte, que manteniendo un mismo rumbo, lo rodeábamos y regresábamos al punto de partida.

La superficie de una esfera es un objeto bidimensional; para fijar una posición en ella bastan dos coordenadas: latitud y longitud. Imaginemos un planilandés que viviera en una superficie así. No le estaría permitido abandonar tal superficie, pero podría descubrir que el lugar donde reside es una esfera y no un plano al observar que, cuando viaja en línea recta, retorna al punto de partida. Si dispusiera de instrumentos de medida, constataría que la suma de los ángulos de un triángulo es mayor de 180 grados. En otras palabras, su mundo no obedecería las leyes de la geometría euclídea. El planilandés podría incluso construir un triángulo con los tres ángulos rectos trazando una línea recta desde el polo norte a un punto del ecuador, recorriendo un cuarto de vuelta a lo largo de éste y regresando finalmente a dicho polo. Nunca se podría trazar un triángulo así en una superficie plana. Nuestro planilandés descubriría, pues, que en lugar de Planilandia vive en Esferilandia (D. Burger utilizó este argumento en un relato con ese título). De manera similar, un linealandés unidimensional descubriría estar viviendo en Circulolandia en vez de en Linealandia si viajando siempre hacia la derecha observara que regresaba al punto de partida.

Un círculo es una versión unidimensional de una esfera. A veces, los matemáticos lo denominan *uno-esfera*. A una superficie esférica ordinaria, tal como la de una pompa de jabón, se la llama *dos-esfera,* ya que es bidimensional. En el universo estático de Einstein, la geometría del espacio es una *tres-esfera,* el equivalente tridimensional de la dos-esfera. Los habitantes de una tres-esfera viven en un espacio tridimensional que se curva sobre sí mismo. En el seno de un espacio de esta clase, si viajamos siempre hacia delante en una nave espacial, regresaremos finalmente al planeta del que hemos partido –llegando por la parte de atrás–, pues lo que creemos es que una línea recta es en realidad una circunferencia de longitud finita. Si salimos de la Tierra hacia la derecha, acabaremos retornando a ella por la izquierda, y si saliéramos hacia arriba, regresaríamos por abajo. No importa en qué dirección partamos, regresaremos al punto de partida tras haber recorrido una distancia igual a la longitud de la circunferencia de la tres-esfera. Esa tres-esfera podría ser muy grande y tener quizás una circunferencia de diez mil millones de años luz. Viajando a una velocidad menor que la de la luz, tardaríamos más de diez mil millones de años en rodear el universo y volver a casa.

La figura 18 muestra un diagrama espacio-temporal del universo estático de Einstein. Presenta sólo una de las tres dimensiones espaciales más la dimensión temporal. El universo estático de Einstein se asemeja a la superficie de un cilindro. El tiempo fluye hacia arriba en dirección al futuro y la dimensión espacial representada rodea una circunferencia. Para saber qué aspecto tiene el universo en un momento dado basta con realizar un corte horizontal al cilindro: obtendremos un círculo. Ese círculo representa un círculo máximo de la tres-esfera. Para obtener una película de la evolución del universo a lo largo del tiempo iríamos desplazando ese corte hacia arriba. Veríamos que el tamaño del círculo permanece constante: el universo triesférico es estático; ni se expande ni se contrae, su circunferencia es siempre la misma. El cilindro se extiende indefinidamente hacia el pasado y hacia el futuro. Como pensaba Aristóteles, dicho universo nunca fue creado y jamás se destruirá: se limita a existir eternamente.

Pero a diferencia del universo de Newton, en el universo estático de Einstein el espacio se cierra sobre sí mismo y es finito. Sólo la superficie del cilindro es real. No existe nada fuera del cilindro ni tampoco en su interior. Las líneas de universo de las galaxias (y este universo tiene un número finito de ellas) son esas líneas rectas que van de abajo arriba a lo largo del cilindro. Las galaxias permanecen a distancia constante unas de otras. Si determinamos la distancia entre dos galaxias

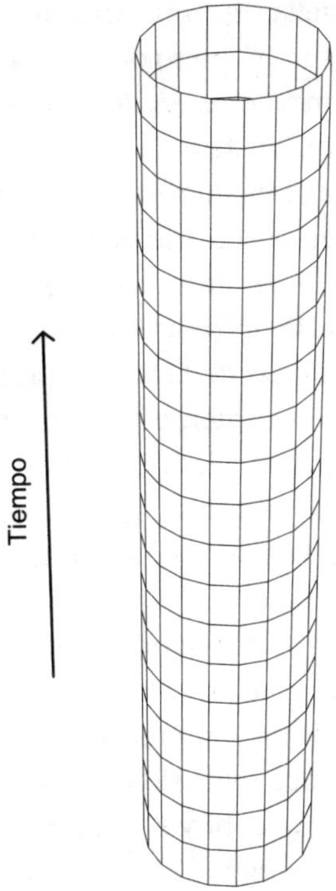

Figura 18. El universo estático de Einstein.

en un momento dado y repetimos la medición algún tiempo después, el resultado será idéntico en ambos casos. Obsérvese que ninguna galaxia en concreto ocupa una posición especial. Al igual que todos los puntos de la superficie de una esfera son equivalentes, los de una tres-esfera también lo son. No hay ninguna galaxia que pueda considerarse el centro.

Para crear este modelo, Einstein tuvo que alterar sus ecuaciones de la relatividad general. En su teoría, las estrellas se atraían unas a otras y, aunque se partiera de un universo en reposo, éste comenzaría a colapsar inmediatamente. Un modelo estático como el propuesto por Isaac Newton no era viable. Newton argumentaba que en un universo infinito, aunque las estrellas se atrajeran unas a otras, cada una de ellas tendría el mismo número de estrellas tirando en distintas direcciones, con lo que, en definitiva, se quedaría en su sitio (ni Newton ni Einstein conocían las galaxias, pero el razonamiento sería el mismo en cualquier caso). El argumento, cuestionado en la actualidad, resultaba aceptable en el marco de la teoría de Newton –dado que en ella existían los conceptos de espacio absoluto y tiempo absoluto–, pero no era aplicable en el caso de Einstein. Las ecuaciones einsteinianas mostraban claramente que un universo estático infinito que contuviera estrellas (y galaxias) existiendo eternamente, como proponía Newton, no era posible. De hecho, no era viable modelo estático alguno.

Einstein tuvo que añadir un término nuevo a sus ecuaciones, que denominó *constante cosmológica* y que vendría a ser una curvatura adicional que siempre poseería un espacio-tiempo vacío. En terminología moderna, equivaldría a proponer un estado cuántico de vacío con densidad de energía positiva y presión negativa; hoy llamaríamos a esto un *estado de vacío inflacionario* (figura 17). Einstein era consciente de que, en cosmología, un estado de vacío debía parecer el mismo a los diversos observadores que lo atravesaran a velocidades inferiores a la de la luz, de modo que no existiera un «estado de reposo» único. Esto significaba que, si tal espacio vacío poseía una densidad de energía positiva, debía tener necesariamente una presión negativa de igual magnitud. Esta presión negativa sería una especie de «succión universal». Si metiéramos un poco de ese estado de vacío inflacionario en los neumáticos de nuestro coche, colapsarían inmediatamente absorbidos por la presión negativa. Pero si en todo el espacio hubiera una presión negativa constante, no habría diferencias entre unas regiones y otras y no notaríamos nada; de hecho, en la sala donde se encuentra ahora el lector hay una presión de aire de en torno a 1 kilogramo por centímetro cuadrado que, al ser constante, no se nota.

Esa presión uniforme tiene, no obstante, una consecuencia. Las ecuaciones de Einstein nos dicen que la presión da lugar a efectos gravitatorios (algo que Newton no preveía). Una presión positiva, tal como la que habría en una estrella, produce una atracción gravitatoria; por lo tanto, una presión negativa debe generar una repulsión. Dado que existen tres dimensiones espaciales, la presión negativa del vacío inflacionario opera en tres direcciones, haciendo que el efecto gravitatorio repulsivo sea tres veces mayor que la atracción producida por la densidad de energía del vacío. Así pues, el estado de vacío inflacionario da lugar a una repulsión gravitatoria global.

Esta repulsión podría contrarrestar la atracción gravitatoria existente entre las estrellas y las galaxias y permitir que el universo sea estático. Por otra parte, y según los cálculos de Einstein, si la densidad media de la materia ordinaria del universo (estrellas y galaxias) fuese baja, la densidad de energía del vacío sería pequeña también, con lo que la circunferencia del universo triesférico sería grande. Por ejemplo, si la densidad media de las estrellas y las galaxias que salpican el espacio fuera aproximadamente de doscientos ochenta átomos de hidrógeno por metro cúbico, la circunferencia del universo estático de Einstein tendría unos diez mil millones de años luz. Esto haría que los efectos de la curvatura fuesen inapreciables a pequeña escala, al igual que una pequeña parcela en la Tierra nos parece plana en la práctica. De este modo, habríamos creído hasta ahora que nuestro universo se rige por las leyes de la geometría euclídea, cuando en realidad es curvo y cerrado, igual que nuestros antepasados imaginaban la Tierra plana hasta que descubrieron que era esférica.

Sin embargo, el modelo de Einstein planteaba problemas. Era inestable, como un lápiz puesto de punta. Su equilibrio no se podía mantener eternamente. A medida que las estrellas se consumían, generando radiación, la presión total del universo crecía, desplazando el modelo del equilibrio y precipitando un colapso.

Y los problemas no terminaban ahí. En 1929, Edwin Hubble demostró que el universo estaba expandiéndose. Cuando Einstein se enteró de la noticia, proclamó que la introducción de la constante cosmológica había sido «la mayor pifia de su vida». ¿Por qué? Porque si Einstein hubiera mantenido la versión inicial de su teoría –sin la dichosa constante–, ésta habría pronosticado, previamente a las observaciones de Hubble, la posible expansión o contracción del universo. En tal caso, el descubrimiento de Hubble no habría sido sino la suprema confirmación de la teoría de la gravitación de Einstein. Una verificación experimental a escala cósmica, mucho más impactante incluso que la de la predicción einsteiniana de que la luz se curvaba al pasar junto al Sol. En realidad, la predicción cosmológica también se anticipó al descubrimiento de Hubble; un joven matemático y meteorólogo ruso, Alexander Friedmann, publicó en 1922 y 1924 los modelos cosmológicos correctos, basados en la teoría original de Einstein (sin la constante cosmológica). Pero pocos conocían las soluciones de Friedmann antes del descubrimiento del astrónomo americano. No obstante, si el propio Einstein hubiera descubierto y anunciado esas soluciones en 1917, por ejemplo, todo el mundo científico se hubiera dado por enterado y a Einstein le habrían llevado a hombros por todo Nueva York cuando Hubble hubiera anunciado su descubrimiento. Lamentablemente para él, la historia siguió otro rumbo y hoy Einstein debe compartir la gloria con Hubble y Friedmann.

El big bang

Mediante el telescopio de 2,5 metros de diámetro de Monte Wilson, en California, Edwin Hubble hizo no uno, sino dos descubrimientos históricos. En primer lugar observó que nuestra galaxia, una peonza formada por unos cuatrocientos mil millones de estrellas, no estaba sola en el universo. Demostró que muchas nebulosas en espiral, que hasta entonces se creían nubes de gases incandescentes ubicadas en el seno de nuestra galaxia, eran en realidad otras galaxias. Hubble identificó estrellas variables muy tenues en la nebulosa de Andrómeda que resultaban muy similares a las estrellas del mismo tipo observadas en nuestra galaxia; pero aquéllas eran tan débiles que, necesariamente, la nebulosa tenía que hallarse muy lejos. Nuestra galaxia, la Vía Láctea, tiene una longitud de unos diez mil años luz. Andrómeda, una galaxia hermana algo más grande, está a dos millones de años luz de nosotros. La Vía Láctea, junto con Andrómeda y un par de docenas de galaxias más pequeñas, forman nuestro grupo local de galaxias. Hubble encontró otras galaxias más allá, esparcidas por el espacio en todas las direcciones hacia donde pudo enfocar su telescopio. Las clasificó por su tipo –espirales, elípticas e irregulares– como un afortunado biólogo que cataloga seres vivos por primera vez. Hubble acababa de descubrir el universo macroscópico al igual que Leeuwenhoek lo había hecho con el mundo microscópico.

Otros hallazgos cuestionaron poco después el concepto einsteiniano del universo. Vesto M. Slipher, del observatorio Lowell de Flagstaff, Arizona, midió las velocidades de más de cuarenta galaxias y constató que la mayoría de ellas se estaban alejando de nosotros. La manera de registrar ese movimiento es la siguiente: mediante un prisma es posible obtener el espectro de la luz procedente de una galaxia y observar los colores que lo forman. En ese espectro aparecen ciertas líneas debidas a la emisión o absorción de luz en determinadas longitudes de onda por parte de elementos químicos concretos. Si la «firma» espectral de los elementos conocidos aparece desplazada ligeramente hacia el extremo rojo del espectro (longitudes de onda más largas), esto significa que la galaxia se está alejando de nosotros, ya que, debido al efecto Doppler, las ondas que provienen de ella se alargan. Del mismo modo, un desplazamiento hacia el azul significaría que la galaxia se aproxima a nosotros. Aunque Andrómeda mostraba una aproximación hacia el azul, moviéndose hacia nosotros en una lenta y gigantesca órbita, Slipher observó que el número de galaxias que presentaban una aproximación hacia el rojo era abrumadoramente superior. Hubble investigó este hecho más tarde y constató que cuanto más distante se hallaba una galaxia, más deprisa se alejaba de nosotros. Hacia 1931, él y su colaborador Milton Humason encontraron una galaxia que se alejaba de nosotros a la asombrosa velocidad de veinte mil kilómetros por segundo. La velocidad de recesión de una galaxia era aproximadamente proporcional a su distancia respecto a la nuestra, una relación que Hubble ya había observado en 1929 y que en 1931 se vio refrendada por datos muy significativos, obtenidos sobre distancias mucho mayores. Cuanto más alejada estuviera una galaxia, más pequeña la veríamos en el cielo y más rápidamente estaría huyendo de nosotros. Las galaxias eran, en palabras de una famosa metáfora, como uvas pasas de un gigantesco pastel de frutas cociéndose al horno. A medida que crece el pastel, cada pasa se separa de las demás, y tomando como referencia cualquiera de ellas, una pasa distante se aleja más deprisa que otra más cercana. Hubble había descubierto, pues, que el universo en su conjunto estaba expandiéndose. Uno de los descubrimientos más trascendentales y, a la vez, más sorprendentes de la historia de la ciencia.

Así pues, el modelo de universo einsteiniano incluía una predicción que demostró ser falsa: las galaxias permanecen siempre a la misma distancia, en lugar de separarse unas de otras.

Mientras tanto, Alexander Friedmann había encontrado ya la respuesta. Resolvió las ecuaciones originales de Einstein –sin la constante cosmológica– partiendo de una importante premisa: no existen puntos «especiales» en el espacio; en otras palabras, todo punto del espacio era igual de bueno o malo que cualquier otro. En lo referente a la curvatura del espacio, esto implicaba que ninguna ubicación era especial y que la magnitud de la curvatura tenía que ser la misma en cualquier parte.

Lo único que no se especificaba a priori era si la curvatura era positiva (como en la superficie de una esfera), nula (como en el tablero de una mesa) o negativa (como en una silla de montar). Sólo había tres posibilidades:

1. Un *universo triesférico cerrado y de curvatura positiva* con una geometría espacial como la que Einstein proponía. En este universo, la suma de los ángulos de un triángulo sería siempre superior a 180 grados. Se trataría de un universo cerrado, con una circunferencia finita en todas las direcciones y un número también finito de galaxias, aunque no existiría límite alguno. Friedmann exploró este caso en 1922.
2. Un *universo plano, de curvatura nula*, en el que el espacio fuera infinito en todas las direcciones y respondiera a las leyes de la geometría euclídea, los ángulos de los triángulos siempre sumarían 180 grados. Un universo así poseería un número infinito de galaxias. Este caso intermedio fue añadido en 1929 por Howard P. Robertson, de Princeton.
3. Un *universo abierto y de curvatura negativa*, en el que la suma de los ángulos de todo triángulo es siempre menor de 180 grados. Este universo también se extendería hasta el infinito y tendría un número ilimitado de galaxias. Friedmann exploró el caso en 1924.

Friedmann encontró entonces que, según la versión original de la teoría de Einstein –sin la constante cosmológica–, cualquiera de esos tres modelos debía evolucionar, o cambiar, a lo largo del tiempo. El universo triesférico cerrado tendría que haber partido de un tamaño nulo. Ése sería el instante del *big bang*. Luego se habría expandido como la superficie de un globo cuando lo inflamos, según la analogía desarrollada por sir Arthur Eddington. Las galaxias serían como puntos dibujados sobre el exterior de ese globo. A medida que éste se expande, los puntos se van separando; la distancia entre dos cualesquiera de ellos crece con el tiempo. En un momento determinado, el universo triesférico alcanzaría un tamaño máximo y comenzaría a desinflarse, para finalmente contraerse hasta un tamaño nulo y concluir en un *big crunch*. Un universo así sería finito en el espacio y en el tiempo. El modelo plano y el de curvatura negativa comenzaban también con un *big bang*, pero se expandían eternamente hacia el futuro. Eran infinitos en extensión espacial y también infinitos en el tiempo, en dirección al futuro.

¿Qué implicaciones tiene todo esto para el movimiento de las galaxias? Las galaxias experimentan una atracción gravitatoria mutua y actualmente, sin embargo, se alejan unas de otras a gran velocidad. ¿Poseen la velocidad suficiente como para escapar a la atracción de sus vecinas y continuar separándose eternamente, o esa atracción mutua acabará por frenarlas y terminarán chocando unas con otras? Si no existiera la constante cosmológica, como asumen los modelos de Friedmann, la respuesta dependería de la densidad actual de la materia en el universo. Si es mayor que un valor crítico, el universo colapsará finalmente y el modelo aplicable es el del universo triesférico cerrado, con un *big bang* y un *big crunch*. Si la densidad tiene exactamente el valor crítico, el modelo aplicable es el plano; el universo se expandirá cada vez más despacio, por encima apenas de lo imprescindible para no colapsar. Si la densidad es menor que el valor crítico, el modelo aplicable es el de curvatura negativa y el universo se expandirá eternamente. Para las velocidades de recesión observadas actualmente en las galaxias, la densidad crítica sería de unos 8×10^{-30} gramos por centímetro cúbico, que equivale a unos 5 átomos de hidrógeno por metro cúbico. Según los modelos de Friedmann, el universo colapsará algún día si la densidad media de la materia en el universo supera este valor; en caso contrario, se expandirá eternamente.

Hubble comprobó que, a gran escala, el universo parece igual en todas las direcciones, tal como asumían los modelos de Friedmann. Los cúmulos y grupos de galaxias estaban esparcidos de igual modo dondequiera que enfocara el telescopio. Los recuentos de galaxias tenues en distintas regiones grandes del cielo arrojaban resultados prácticamente constantes. Por otra parte, todos esos grupos y cúmulos se estaban alejando de nosotros, y cuanto más distantes se hallaban, más veloz era su alejamiento. Parecía como si estuviéramos en el centro de una explosión finita, pero después de Copérnico, una idea así había que descartarla de forma tajante. (Copérnico señaló de manera convincente que la Tierra no era el centro del universo, como se creía hasta entonces.) Aunque nuestra galaxia pareciera hallarse en el centro de una gran explosión, cuyos fragmentos se estuvieran alejando de nosotros a igual velocidad en todas las direcciones, ¿por qué iba a ser nuestra galaxia la afortunada? Si el universo parecía igual en todas las direcciones, esto también debía ser válido para cualquier observador situado en cualquiera de las galaxias; en caso contrario, seríamos algo especial. La idea de que nuestra ubicación no tiene nada de extraordinario se conoce como *principio copernicano* y ha sido una de las premisas más fructíferas de la historia de la ciencia. Las observaciones de Hubble de que el universo parecía igual en todas las direcciones, unidas a la idea de que no somos especiales, llevaron a la conclusión de que la hipótesis de Friedmann tenía que ser cierta. Si el universo parecía igual en todas las direcciones, observado desde cualquier galaxia, entonces no existían direcciones especiales ni ubicaciones especiales. La inspirada hipótesis de Friedmann se convertía así en una necesidad, tal como consideraron Howard P. Robertson, de Princeton, y Arthur G. Walker, del Reino Unido, y se confirmó definitivamente la notable predicción del matemático ruso de que el universo debía de estar expandiéndose o contrayéndose. Desgraciadamente, Friedmann no vivió para contemplar su triunfo. Murió en 1925, cuatro años antes de que Hubble anunciara su descubrimiento.

Los modelos de Friedmann coinciden en que, sea cual sea su curvatura, el universo comenzó en un pasado finito con un *big bang*. En ese instante inicial, existía un estado de densidad y curvatura infinitas: una singularidad. Esto constituye una causa primera.

El más simple de los modelos de Friedmann es el universo triesférico cerrado, que comienza con un *big bang* y termina con un *big crunch*. Su geometría espacio-temporal (figura 19) recuerda a un balón de rugby. El *big bang* es el extremo inferior y el *big crunch*, el superior. Como se observa en la figura, el tiempo fluye hacia arriba, hacia el futuro. La superficie bidimensional del balón que aparece en el diagrama contiene, por simplicidad, una única dimensión espacial (alrededor de la circunferencia) más la dimensión temporal (de abajo arriba). Ignoremos el interior del balón y lo que hay fuera de él; la superficie –el cuero– es lo único real. Para ver cuál es el aspecto de este universo a lo largo del tiempo, basta con ir cortando el balón en sentido horizontal cada vez más arriba. Al principio, el universo es un punto (el *big bang*) y luego se convierte en un círculo cada vez mayor. El círculo representa la circunferencia del universo triesférico. El universo se expande. Cuando llegamos al «ecuador» del balón, el círculo alcanza su tamaño máximo. A medida que el plano de corte sigue subiendo, el círculo se va haciendo cada vez más pequeño, hasta terminar de nuevo en un punto (el *big crunch*).

Las líneas de universo de las galaxias son geodésicas que van siguiendo –lo más recto posible– los «meridianos» del balón que conectan el *big bang* y el *big crunch*. Inicialmente, esas líneas se separan pero, debido a la curvatura de la superficie, los meridianos acaban confluyendo. En el ecuador

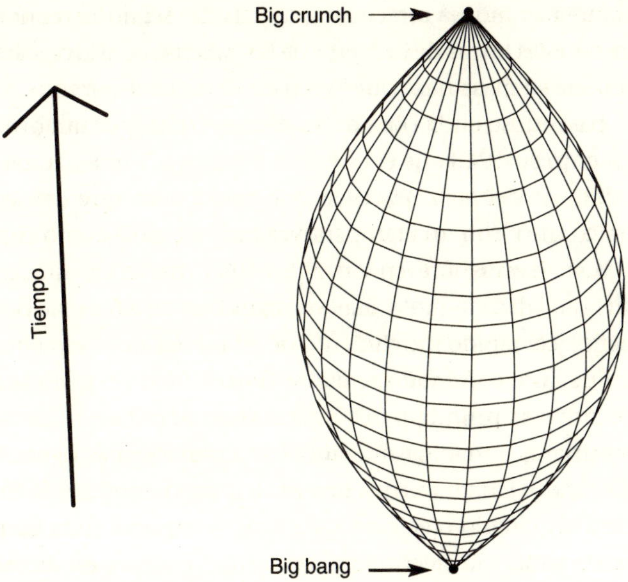

Figura 19. Universo triesférico cerrado de Friedmann.

del balón, las líneas de universo dejan de separarse y comienzan a converger, hasta colisionar finalmente en el *big crunch*. El modelo muestra de una manera muy gráfica el modo en que opera la teoría de la gravitación de Einstein. Es justamente la masa de las galaxias lo que hace que el espacio-tiempo se curve y que esas trayectorias «lo más rectas posibles» se unan al final.

Imaginemos un escuadrón de aviones partiendo del polo sur de la Tierra en todas las direcciones. Los aparatos volarían en línea recta hacia el norte, a la misma velocidad, sin girar ni a derecha ni a izquierda. Se dispersarían desde el polo sur, separándose cada vez más unos de otros. Pero, en un momento dado, los aviones cruzarían el ecuador y, a pesar de seguir enfilando el norte y volando en línea recta, comenzarían a acercarse, hasta acabar chocando sobre el polo norte. Un observador podría concluir que los aviones han confluido debido a su mutua atracción gravitatoria. Según la teoría de Einstein, las líneas de universo de las galaxias confluyen debido a que su masa hace que el espacio-tiempo se curve.

Basándose en la obra de Friedmann, George Gamow argumentó en 1948 que el universo primitivo, inmediatamente después del *big bang,* tuvo que haber sido muy denso y, por lo tanto, con una temperatura muy elevada, como cuando bombeamos aire en un neumático, haciendo que una gran cantidad de moléculas se acumulen en un espacio pequeño, y el rápido movimiento de éstas hace que la temperatura del aire confinado se eleve. Gamow dedujo que ese febril universo primitivo debía estar lleno de radiación, la cual se enfriaría a medida que aquél se expandiera y se hiciera más fluido. Para hacernos una idea, imaginemos el universo como un círculo creciente y consideremos una onda continua de radiación electromagnética superpuesta a ese círculo. Resultaría un círculo ondulado, con un número finito de crestas marchando a su alrededor a medida que se expande. El número de crestas no cambia al aumentar aquél su tamaño, con lo que la longitud de onda entre crestas se hace cada vez mayor. Una radiación de longitud de onda más grande posee menos energía y corresponde a una menor temperatura. Conforme el universo se expande, por tanto, la radiación que contiene pierde energía y su temperatura disminuye.

Gamow calculó también las reacciones nucleares que tendrían lugar a medida que el universo se expandía y enfriaba. Tras estar sometido a un calor extremo, el universo nacería compuesto fundamentalmente de hidrógeno (núcleos de 1 protón), entre un 24 y un 25% en peso de helio (núcleos de dos protones y dos neutrones) y alrededor de tres o cuatro partes por cien mil de deuterio (hidrógeno pesado con un núcleo formado por un protón y un neutrón). Habría también minúsculas cantidades de litio. Los elementos más pesados, tales como el carbono, el nitrógeno, el oxígeno, y así hasta el uranio, se habrían creado más tarde en las estrellas. El helio también podría haberse generado en estas últimas. No se conocía, sin embargo, el modo en que una estrella podría producir deuterio. Las reacciones nucleares que tienen lugar en ellas lo queman, fabricando más helio. Gamow sabía que en el universo se habían detectado pequeñas cantidades de deuterio; el *big bang* caliente parecía la única fuente disponible para él. Conociendo aproximadamente la cantidad de deuterio existente en la actualidad, Gamow pudo determinar cuánta radiación térmica debió de existir en el período inicial. Encontró que el deuterio que hoy observamos fue creado tan sólo unos minutos después del *big bang*, cuando el universo era mil millones de veces más pequeño que en la actualidad. Dos colegas de Gamow, Ralph Alpher y Robert Herman, calcularon lo que debió de sucederle a esa radiación a medida que el universo se expandía hasta alcanzar su tamaño actual. En la época presente, según ellos, la radiación debería haberse enfriado hasta una temperatura de 5 grados sobre el cero absoluto de la escala Kelvin (cero grados Kelvin corresponden a –273 grados Celsius o –459 grados Fahrenheit). Esta predicción, realizada en 1948, atribuía a la radiación longitudes de onda en la banda milimétrica, la de las microondas.

En la década de los sesenta, Robert Dicke, de Princeton, concluyó de manera independiente que, tras el *big bang*, el universo primitivo debió de experimentar una temperatura muy elevada. El artículo de Gamow permanecía en el olvido. En colaboración con su brillante y joven colega Jim Peebles, Dicke calculó las reacciones nucleares para determinar la temperatura actual del universo, repitiendo sin saberlo los cálculos de Herman y Alpher. Dicke, que era experto en la construcción de receptores de microondas, pensó que podría fabricar un radiotelescopio capaz de detectar la radiación, aunque resultara ser de muy baja intensidad. Junto con David Wilkinson y P.G. Roll, ambos de Princeton, Dicke emprendió la construcción del radiotelescopio, un artefacto en forma de bocina que recordaba a una trompeta. Como la bocina apuntaba hacia el cielo, era difícil que pudiera captar radiaciones espúreas procedentes de la Tierra. Los radiotelescopios normales, dotados de una gran parábola en la parte baja y un receptor en alto apuntando hacia ella, son más susceptibles a este tipo de interferencias. Dicke estaba convencido de que su radiotelescopio era el único en el mundo capaz de captar la radiación térmica remanente del *big bang*. Se equivocaba.

A menos de sesenta kilómetros de allí, en los Laboratorios Bell de Holmdel, Nueva Jersey, Arno Penzias y Robert Wilson tenían ya en funcionamiento una antena de bocina más grande. Había sido diseñada para recibir las señales en la banda de las microondas que reflejaba el recién lanzado satélite Echo, de treinta metros de diámetro, situado en órbita a unos dos mil kilómetros de altura. Para su sorpresa, Penzias y Wilson detectaron microondas que provenían de todas las partes del cielo, correspondientes a una radiación térmica con una temperatura de unos 3 grados sobre el cero absoluto en la escala Kelvin. La señal era distinta a la de cualquier otra fuente astronómica. Al principio pensaron que se debía a unos excrementos de paloma depositados en la bocina. Pero, tras una cuidadosa limpieza, obtuvieron los mismos resultados.

Penzias telefoneó a su amigo, el radioastrónomo Bernie Burke, para preguntarle si conocía alguna fuente astronómica que pudiera generar una radiación de 3 grados uniformemente distribuida en el cielo. Al parecer, Burke acababa de tener noticia de una conferencia en la que Jim Peebles había hablado de los planes de su grupo en Princeton para indagar sobre esa radiación, por lo que sugirió a Penzias que contactara con Dicke. El grupo de Princeton fue invitado a visitar los Laboratorios Bell, donde contemplaron, estupefactos, el único radiotelescopio en el mundo –aparte del suyo– capaz de detectar la famosa radiación. Se les habían adelantado.

Penzias y Wilson y el grupo de Princeton publicaron a la vez sus artículos en el *Astrophysical Journal*, explicando las observaciones y la teoría. Fue en 1965.

Cinco años después tuve el honor de trabajar con Penzias y Wilson en su radiotelescopio de bocina. Realizábamos observaciones rutinarias para calibrar la intensidad de algunas fuentes de radio conocidas, pero en cualquier caso fue muy emocionante. Pude comprobar personalmente el extremo cuidado en sus procedimientos y lo bien que trabajaban en equipo. Arno era el más entusiasta de los dos y Bob, el más tranquilo. Recuerdo en cierta ocasión a Arno muy enojado porque una placa electrónica parecía estar fallando. En un abrir y cerrar de ojos, Bob la desmontó, comprobó algunas soldaduras con un multímetro, sustituyó el componente averiado y la volvió a instalar en su sitio. Este fluido trabajo en equipo fue lo que les condujo a su gran descubrimiento. Fueron lo suficientemente meticulosos como para descartar una tras otra todas las posibles fuentes de contaminación radioeléctrica; la señal que quedaba tenía que provenir del cielo.

Muchas noches fui el encargado de manejar la bocina y, como recién graduado, me emocionó utilizar el telescopio que había permitido ver más lejos que ningún otro. La radiación térmica de fondo que detectaba había dado lugar a los electrones y a los protones hace trece mil millones de años, sólo trescientos mil años después del *big bang*.

Una vez allí, me fijé en una carta de George Gamow que Penzias tenía clavada con chinchetas en la pared. En ella, el físico ruso felicitaba a Penzias por su reciente artículo sobre el tema, pero lamentaba que hubiera ignorado la historia anterior. Gamow le recordaba que él mismo había predicho la radiación en 1948 y que sus colegas Alpher y Herman estimaban su temperatura actual en 5 grados y aportaba las referencias.

El membrete de la carta indicaba que procedía de la *dacha* (el término ruso para una casa de campo) que Gamow tenía en Boulder, Colorado. Esto hizo que se completara un círculo. De joven había leído todos los libros de Gamow y siempre fui un admirador de sus trabajos sobre el *big bang* caliente. Una de las mejores amigas de mi madre era la mujer de Gamow, y cuando fui a trabajar al Instituto de Astrofísica de Boulder en 1967, él y su esposa tuvieron la amabilidad de invitarme a cenar en su casa. El propio doctor Gamow pasó a recogerme al volante de su Rolls Royce. Era más viejo de lo que aparentaba en las fotos de las cubiertas de sus libros, pero tan simpático como se deducía del texto. Durante la cena me planteó algunos acertijos. En el sótano de la casa tenía una pared entera llena de sus libros, traducidos a varios idiomas. Comentó lo mucho que le satisfacía que Penzias y Wilson hubieran descubierto la radiación de fondo que él y sus colegas habían pronosticado años atrás. Anticipar que la radiación existía y estimar su temperatura con una desviación tan pequeña constituía toda una hazaña, era como predecir que un platillo volante de quince metros de diámetro aterrizaría en el césped de la Casa Blanca y ver que realmente lo hacía uno de ocho metros. Podía decirse que era la predicción científica más notable jamás verificada empíricamente.

El descubrimiento de Penzias y Wilson, por el que recibieron el premio Nobel de Física, sirvió para consolidar el modelo del *big bang*. Tres décadas más tarde, el satélite COBE (Cosmic Background Explorer, explorador del fondo cósmico) midió la radiación cósmica de fondo a muchas longitudes de onda con una precisión exquisita, y estableció su temperatura en 2,726 grados sobre el cero absoluto en la escala Kelvin. Las observaciones coincidían de forma tan contundente con la radiación térmica predicha por Gamow, Herman y Alpher, que los físicos y astrónomos reunidos en Princeton con motivo de la presentación oficial de los resultados del COBE en 1992 prorrumpieron en aplausos cuando David Wilkinson proyectó la transparencia que mostraba el espectro obtenido por el satélite.

El COBE detectó con posterioridad pequeñas fluctuaciones de temperatura –de 1 parte en 100.000– basándose en los registros de distintas regiones del cielo. Dichas fluctuaciones en la radiación y en la densidad de materia presentes en el universo primitivo son como diminutas ondas en un estanque tranquilo, pero habrían crecido después hasta convertirse en avalanchas. Las regiones con una densidad ligeramente superior a la media generarían una gravitación más fuerte que las regiones circundantes, y tenderían a acumular progresivamente más materia en ellas. Mediante este proceso, las fluctuaciones en la densidad del universo primitivo que hay detrás de las variaciones en la radiación de fondo de microondas que hoy observamos pudieron evolucionar y dar lugar a las galaxias y cúmulos de galaxias que existen en el universo actual.

Con el modelo del *big bang* ganando cada vez más adeptos, la atención comenzó a centrarse en la singularidad del *big bang* en sí. Stephen Hawking y Roger Penrose demostraron ciertos teoremas, según los cuales, y dejando al margen los efectos de la gravitación cuántica y las curvas cerradas de tipo tiempo, si la densidad de energía del universo es siempre positiva y la presión nunca es lo bastante negativa como para producir un efecto gravitatorio repulsivo neto, el nivel de expansión uniforme que observamos hoy implica que tuvo que haber una singularidad inicial; en otras palabras, las singularidades iniciales se darían incluso en los modelos que no fueran exactamente uniformes. Esa singularidad inicial se convertía en la causa primera del universo. Pero la conclusión abría el debate sobre cuál había sido el origen de esa singularidad y qué había ocurrido antes de ella. La respuesta más común a esta última pregunta es que el tiempo fue creado precisamente en dicha singularidad (en el extremo inferior del balón de rugby de la figura 19) junto con el espacio, es decir, el tiempo no existía antes del *big bang* y, por lo tanto, nada pudo ocurrir con anterioridad. Plantear qué sucedió antes del *big bang* es como preguntar qué hay más al sur del polo sur. Nada.

Pero aún queda una cuestión incómoda: ¿qué hizo que esa singularidad inicial tuviera una uniformidad casi perfecta, para que la radiación de fondo no presente temperaturas muy diferentes en regiones distintas del cielo?

Otro problema más es que las singularidades se ven normalmente «contaminadas» por los efectos cuánticos. El principio de incertidumbre de Heisenberg dice que las cosas no pueden ser ubicadas exactamente; es algo así como si dibujáramos un punto con el bolígrafo y luego aplicáramos el difumino para extender la tinta sobre el papel. Esa borrosidad cuántica puede evitar que la densidad alcance un valor infinito. A medida que retrocedemos en el tiempo, rumbo a la singularidad inicial, y siguiendo las leyes de la teoría general de la relatividad einsteiniana, alcanzamos en primer lugar una época en la que la densidad es tan grande que los efectos cuánticos hacen inaplicable la relatividad general. A esa densidad (5×10^{93} gramos por centímetro cúbico), las indeterminaciones cuánticas en la geometría se hacen importantes; el espacio-tiempo deja de ser uniforme y se convierte en algo así como espuma espacio-temporal. De modo que no es posible remontarse continua y fiablemente hasta un estado de densidad infinita; sólo podemos decir que finalmente alcanzaríamos una época en la que los efectos cuánticos se harían relevantes y donde la relatividad general clásica (asumida por Hawking y Penrose en sus teoremas) no sería aplicable. En la actualidad no disponemos de una teoría de la gravitación cuántica o de una «teoría del todo» que unifique la gravedad, las fuerzas nucleares débil y fuerte, el electromagnetismo y la mecánica cuántica. A falta de ello, sólo se puede admitir que desconocemos lo ocurrido antes de un determinado momento (de manera similar a como los antiguos geógrafos anotaban *Terra incognita* en sus mapas). No podemos decir exactamente cómo se formó nuestro universo.

El Universo oscilante

En la década de los sesenta, algunos físicos especularon en torno a la idea de que los efectos cuánticos podrían dar lugar a una cosmología en la que el colapso en un *big crunch* produjera un «rebote», provocando un nuevo *big bang*, lo cual conduciría a un universo oscilante, con una secuencia infinita de *big bangs* y *big crunches*. El modelo oscilante evita el problema de la causa primera mediante la solución de «hay más tortugas debajo», narrada por Carl Sagan en su libro *El cerebro de broca*, en un capítulo titulado «Gott y las tortugas». El capítulo describe ciertos trabajos que realicé en colaboración con Jim Gunn, Beatrice Tinsley y David Schramm, en los que sugeríamos que el universo continuaría expandiéndose eternamente en lugar de rebotar. En este capítulo, Sagan cuenta la historia de un viajero de la antigüedad que tropieza con un gran filósofo, a quien pide que le explique «la naturaleza del mundo».

> –Es una gran esfera que reposa en la concha de la tortuga del mundo.
>
> –Ah. Y esa tortuga del mundo..., ¿sobre qué está apoyada?
>
> –Sobre la concha de una tortuga aún mayor.
>
> –Sí, pero ¿encima de qué cosa se halla esa otra tortuga?
>
> –Es usted muy perspicaz, caballero. Pero, no se preocupe: hay más tortugas debajo.

En el modelo oscilante, por tanto, la respuesta a qué es lo que originó nuestro universo es «el colapso del universo anterior». Y ¿qué dio origen a ese otro universo? Pues el universo anterior a ése (y no se preocupe el lector: hay más universos debajo). En este modelo, un número infinito de ciclos de expansión y contracción da lugar al Universo (obsérvese que escribo el término con U mayúscula; me refiero así al conjunto de universos interconectados causalmente, denominado a veces *multiverso* o, como dice Timothy Ferris, el «negocio al completo»). El Universo consiste, pues, en una cadena infinita de modelos de *big bang* cerrados que se suceden en el tiempo como las cuentas de un collar (figura 20). No hay una causa primera, ya que el Universo ha existido siempre en el pasado lejano. El Universo (la hilera infinita de perlas) siempre ha existido y siempre existirá, aunque nuestra «perla» –el ciclo que abarca nuestra cosmología cerrada estándar con un *big bang* y un *big crunch*– tenga una duración finita. El modelo nos retrotrae al universo eterno de Aristóteles y se aproxima a la concepción original de Einstein de un universo cerrado con duración infinita hacia el pasado y hacia el futuro, si bien en esta versión el universo oscila en lugar de permanecer estático.

El Universo oscilante puede entrar en conflicto con la entropía, la denominación científica del desorden. Si rompemos un vaso, los trozos saldrán despedidos en todas las direcciones: el desorden en el Universo se incrementa. Si colocamos un cubito de hielo en una estufa, se derretirá; el desorden crece de nuevo. En el hielo (sólido), las moléculas están dispuestas a modo de red regular, lo que significa un orden mayor que el de la caótica disposición líquida de aquéllas en el agua. En la Tierra observamos en ocasiones que el orden surge localmente, como cuando fabricamos cubitos de hielo en el congelador. Pero se requiere energía. Cuando en la central eléctrica se quema combustible para producirla, el proceso deja a la propia central más desordenada que antes y este desorden es mayor que el orden generado en los cubitos. Si computáramos cuidadosamente el desorden total en el universo, veríamos que se incrementa con el tiempo (lo que constituye la segunda ley de la termodinámica).

En la época final (en una fase avanzada de la historia de un universo dado) se esperaría que el universo fuese muy

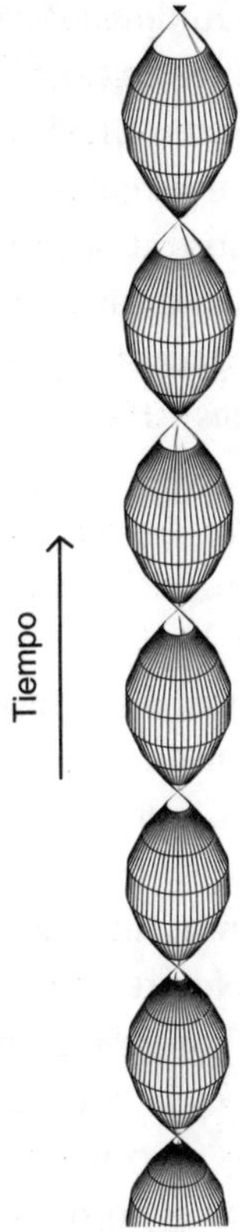

Figura 20. Universo oscilante.

irregular y caótico a medida que colapsara para formar un *big crunch*. Dado que la entropía se incrementa con el tiempo, ¿cómo podría ese estado desordenado y de alta entropía dar lugar al estado altamente ordenado, casi uniforme y de baja entropía que constituye el *big bang* siguiente? Cabría esperar obtener por casualidad un *big bang* tan uniforme como el que dio origen a nuestro universo; sería como lanzar puñados de monedas al aire una y otra vez y que, en alguna ocasión, todas cayeran boca arriba. Pero la región del universo altamente ordenada que contemplamos es demasiado grande, tiene nada menos que trece mil millones de años luz de radio. Los universos que presentaran regiones ordenadas más pequeñas serían mucho más abundantes. Estadísticamente, en un Universo oscilante no sería muy probable que los astrónomos encontraran su *big bang* tan uniforme como lo vemos nosotros. Por ello, esa uniformidad casi perfecta que observamos en las condiciones iniciales constituyó un misterio a lo largo de las dos décadas anteriores a 1980.

Inflación

Propuesta en 1981, la teoría de la inflación de Alan Guth ofrecía una explicación al hecho de que las condiciones iniciales en el *big bang* fueran aproximadamente –aunque no *exactamente*– uniformes.

En el universo observamos hoy cuatro fuerzas fundamentales: las fuerzas nucleares fuerte y débil, el electromagnetismo y la gravedad. Todas ellas poseen intensidades distintas, la más débil de las cuales es la gravedad. En los inicios del universo, sin embargo, esas fuerzas pudieron haber tenido la misma intensidad y haber hecho realidad una única fuerza que quizá podría explicar algún día una hipotética teoría del todo. Así pues, en el universo primitivo, las leyes físicas habrían sido diferentes. Por ello, la constante cosmológica –la densidad de energía del vacío– también podría haber sido distinta en la fase inicial. Einstein no consideró esta posibilidad. Guth propuso que, en el universo inicial, la densidad de energía del vacío fue gigantesca y constituyó la forma de energía dominante; la geometría resultante estaría de acuerdo con la relatividad general. ¿Qué aspecto tendría esa geometría? Hoy conocemos ya la respuesta.

Cuando Einstein tuvo la idea de la constante cosmológica en 1917, añadió materia ordinaria para producir una cosmología estática. Pero, meses después, aquel mismo año, el

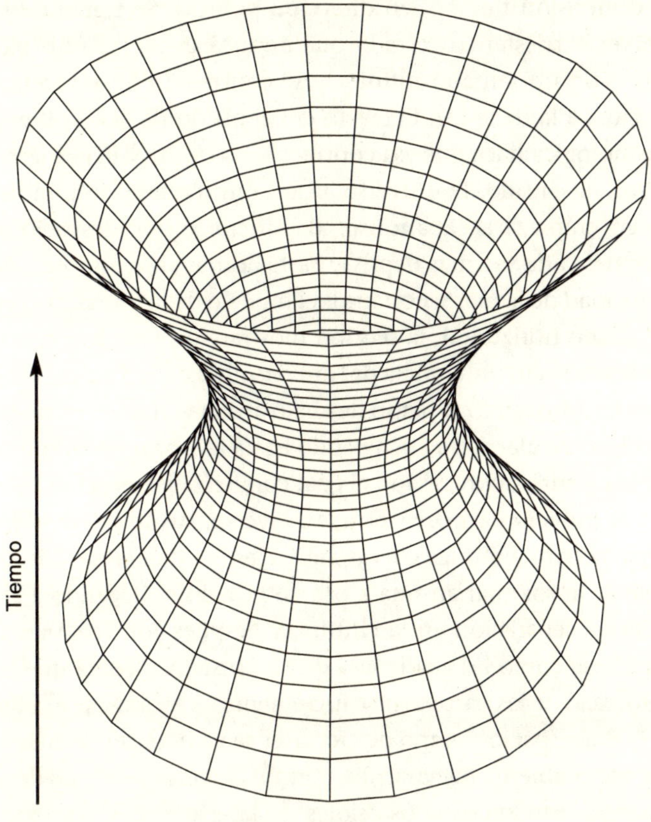

Figura 21. Espacio-tiempo de De Sitter.

astrónomo holandés Willem de Sitter se preguntó qué sucedería si un universo tuviera una constante cosmológica y nada más. El resultado se conoce como *espacio-tiempo de De Sitter* y está ilustrado en la figura 21. Para comprender la inflación, antes debemos entender el espacio-tiempo de De Sitter, el cual recuerda la superficie de un reloj de arena infinito, con un cono abierto hacia el pasado y otro cono abierto hacia el futuro, unidos por una estrecha cintura. Como en los diagramas anteriores, la ilustración sólo muestra una dimensión espacial, arrollada horizontalmente, más la dimensión tiempo, en dirección vertical. Se trata de un universo triesférico cerrado que arranca en el infinito pasado con un tamaño infinito y se contrae a una velocidad cercana a la de la luz. El efecto de repulsión de la constante cosmológica hace que esa contracción se frene y llegue a invertir su sentido. El universo alcanza un tamaño mínimo y luego empieza a expandirse, al principio muy despacio y después cada vez más deprisa, hasta acabar acercándose a la velocidad de la luz. Si cortamos el modelo de la figura 21 con un plano horizontal, la sección mostrará un círculo que representa la circunferencia del universo triesférico en ese momento. Moviendo el plano de abajo arriba veríamos cómo la sección circular se va encogiendo hasta alcanzar un mínimo en la cintura, sobrepasado el cual comienza a crecer.

Si hubiera partículas en ese universo, sus líneas de universo serían como las curvas verticales del diagrama. Las líneas se aproximarían una a otra al principio, llegando a su mínima separación en la cintura, y después comenzarían a separarse como las «ballenas» de un corsé. A medida que la velocidad de las partículas se incrementa, acercándose a la de la luz, el espacio-tiempo de De Sitter se va pareciendo más a un cono abierto hacia arriba con un ángulo de 45 grados. Cuando esto sucede, los relojes de las partículas marchan cada vez más despacio, según la relatividad especial. Conforme se enlentece el tictac de esos relojes, el universo se va expandiendo más en cada intervalo. De hecho, las partículas «ven» crecer exponencialmente la circunferencia del universo (2, 4, 8, 16, 32, 64, y así sucesivamente) en función del tiempo medido por sus relojes.

Guth llamó «inflación» a esta fase de expansión del universo debido a que el tamaño de éste se duplica en cada intervalo (como los precios en un período de alta inflación monetaria). La distancia entre dos partículas, estimada a partir de sus relojes cada vez más lentos, crecería también exponencialmente. Al final, esas partículas «pensarían» que se estaban alejando una de otra a una velocidad mayor que la de la luz. Pero ello no constituye paradoja alguna[10]. La relatividad especial se limita a establecer que dos objetos no pueden *cruzarse* a una velocidad mayor que la de la luz. Nada impide que el espacio entre dos objetos se expanda tan deprisa que un rayo de luz no pueda cruzar la creciente distancia que los separa.

Como el espacio-tiempo de De Sitter representa un universo que se contrae hasta un estado cercano a un *big crunch* para luego rebotar y comenzar a expandirse, parece hecho a medida para el modelo de Universo oscilante. Cuando un universo colapsa en dirección a un *big crunch,* se va haciendo más caliente y más denso a medida que la materia se comprime. De forma simultánea, la circunferencia de ese universo disminuye con el tiempo, como la parte superior del balón de rugby en la figura 19. En última instancia, el universo alcanza una temperatura tal que se produce un cambio en el estado cuántico del vacío, por lo que se origina una constante cosmológica grande. Los efectos de repulsión debidos a esa constante frenan entonces el proceso de contracción y logran invertir su sentido. El universo alcanzaría un tamaño mínimo en la cintura del espacio-tiempo de De Sitter y comenzaría luego a expandirse.

Para visualizar el modelo, tomaríamos un ciclo del Universo oscilante y eliminaríamos el extremo superior, correspondiente al *big crunch,* como si cortáramos la punta de un habano. Luego pondríamos una pequeña pieza en forma de reloj de arena –un pequeño espacio-tiempo de De Sitter– en su lugar. Cortaríamos entonces el extremo inferior del ciclo siguiente –el que corresponde al *big bang*– y colocaríamos el resto del balón sobre la pieza de empalme. Habríamos eliminado así las singularidades del *big bang* y el *big crunch* y conectado la fase de colapso de un ciclo con la de expansión del siguiente mediante un espacio-tiempo de De Sitter. En este escenario, la circunferencia de la cintura espacio-temporal puede ser muy pequeña: entre 10^{-33} y 10^{-26} centímetros. Un tamaño semejante a un punto, casi una singularidad. A un observador situado en la fase expansiva posterior, este universo le parecería exactamente igual que el modelo del *big bang*.

Según Guth, una fase De Sitter resuelve la cuestión de cómo se inició la expansión del universo: la provocaron los efectos de repulsión gravitatoria debidos a la constante cosmológica inicial. Con el tiempo, el vacío inflacionario de alta densidad se transformaría en radiación térmica normal de alta temperatura y la expansión continuaría como en el modelo del *big bang*. Y con la radiación y la materia normales como único contenido, esa expansión se enlentecería con el tiempo, también como en dicho modelo.

Guth también explicaba de esta forma por qué el *big bang* habría sido tan uniforme. Las regiones que hubieran tenido tiempo de intercambiar señales lumínicas se habrían equilibrado a una misma temperatura. Luego, a medida que el universo se inflara, duplicando continuamente su tamaño, esas regiones dejarían de tener relación causal al ser incapaces de intercambiar señales de ese tipo. Pero tras la degradación del vacío inflacionario, la expansión aminoraría su marcha y las regiones volverían a hallarse en contacto. Como expresaba gráficamente el astrofísico Bill Press, «se dirían hola, adiós y, después, hola de nuevo». Cuando las regiones que habían alcanzado la misma temperatura antes de perder contacto se saludaran otra vez, se encontrarían también en equilibrio térmico. Al observar el fondo de microondas en distintas direcciones, vemos que toda la materia está aproximadamente a la misma temperatura. Esas regiones estaban al principio lo suficientemente cerca unas de otras como para haber intercambiado fotones en la fase De Sitter del universo primitivo. Esta clase de equilibrio no sería posible en el modelo estándar del *big bang*, en el que las regiones que vemos hoy se habrían estado «diciendo hola» unas a otras desde el origen de los tiempos. Si, en cambio, nuestro universo hubiera surgido de un estado de vacío de alta densidad y no de una singularidad como el *big bang*, el hecho podría explicar por qué el fondo de microondas tiene ese alto grado de uniformidad que observamos.

Pero esa uniformidad no es total. Las regiones inicialmente en contacto causal eran tan pequeñas que, según el principio de incertidumbre, tuvieron que existir fluctuaciones apreciables en la densidad de energía entre un lugar y otro. Tal como han apuntado James Bardeen, de la Universidad de Washington, y sus colegas Paul Steinhardt y Michael Turner, esas fluctuaciones se habrían suspendido por no existir contacto causal entre las regiones, que tendrían más o menos la misma magnitud (1 parte en 100.000, aproximadamente) cuando «se dijeran hola» otra vez. Pero dichas regiones habrían crecido enormemente mientras se hallaban fuera de contacto y el universo duplicaba una y otra vez su tamaño.

Según el modelo inflacionario, una región que tuviera inicialmente un tamaño igual o menor de 10^{-26} centímetros podría crecer hasta una extensión de miles de millones de años luz. Podemos calcular cómo evolucionarían las fluctuaciones en un universo inflacionario y comparar los resultados con nuestras observaciones del fondo de microondas. El hecho es que ambos aspectos coinciden.

Un punto importante es que las fluctuaciones cuánticas en la densidad predichas por la inflación deberían ser aleatorias. En consecuencia, las geometrías tridimensionales de las regiones de alta y baja densidad que se formaran en el universo deberían ser equivalentes. Esto es posible en una geometría *espongiforme*, según indicábamos Adrian Melott, Mark Dickinson y yo en 1986; una idea desarrollada después por Andrew Hamilton, David Weinberg, Changbom Park, Michael Vogeley, Trinh Thuan, Wes Colley y yo mismo en compañía de otros colegas. Una esponja tiene interiores y exteriores que presentan formas similares. La mayoría de las muestras de galaxias registradas en la actualidad presentan distribuciones espongiformes. La muestra más grande, que abarca más de 15.000 galaxias, exhibe una gran coincidencia con la teoría. No deja de ser escalofriante que las estructuras que contemplamos hoy en el cosmos sean probablemente los restos fosilizados de las fluctuaciones cuánticas que tuvieron lugar en los primeros 10^{-35} segundos de nuestro universo.

La inflación explica también por qué nuestro universo es tan grande: su tamaño se ha doblado una y otra vez. Una sucesión de esta clase (2, 4, 8, 16, 32, 64, etcétera) crece rápidamente: tras diez duplicaciones, el universo sería mil veces más grande; después de veinte, un millón; tras treinta duplicaciones, habría crecido mil millones de veces. El universo puede haber experimentado más de cien duplicaciones, incrementando su tamaño en un factor superior a 10^{30}, durante la fase inflacionaria.

Curiosamente, esa constante cosmológica que Einstein se sacó de la manga –la mayor pifia de su vida, según él– regresa ahora a modo de vacío inflacionario para ayudar a explicar el universo primitivo.

Una fase inflacionaria proporcionaría el rebote que convierte un *big crunch* en un *big bang*[11]. Pero ¿y si pudiéramos comenzar simplemente desde la cintura estrecha del espacio-tiempo de De Sitter, prescindiendo de la fase de contracción y de todos los universos anteriores? En la cintura, el universo inflacionario es muy pequeño; un universo cerrado con un volumen diminuto, mucho más pequeño que el de un protón. Aun así, comienza a expandirse y da lugar finalmente al gigantesco universo que contemplamos hoy. A este respecto, Guth observó que se podría partir de cualquier minúsculo fragmento de estado de vacío inflacionario y, conforme se produce la expansión, obtener un volumen cada vez mayor de esa clase de vacío. No es posible partir de la nada, pero sí de algo realmente diminuto[12].

Si tomamos, pues, un pequeñísimo volumen de estado de vacío inflacionario, el fragmento crecerá indefinidamente. De hecho, ése era el único inconveniente que planteaba el artículo original de Guth. Como él mismo reconocía, encontrar una salida airosa para la inflación resultaba problemático. Por otra parte, como el estado de vacío inflacionario tenía densidad de energía positiva, era propenso en última instancia a degradarse, y se convertía en vacío normal, de densidad de energía más baja.

Según Guth, la inflación podría concluir cuando la energía del vacío inflacionario se hubiese transformado de golpe en radiación térmica en todo el espacio. Sería como poner la tetera llena de agua a calentar y encontrarse con que, de pronto, toda el agua se ha convertido en vapor. La distribución del vapor sería tan uniforme como el modelo del *big bang* caliente que observamos, pero se trata de un fenómeno muy improbable. Como todo el mundo sabe, cuando calentamos agua en un recipiente, el vapor forma burbujas. De hecho, Sidney Coleman, de Harvard, y su colega F. de Luccia apuntaron que un mar de vacío de alta densidad se degradaría probablemente debido a la formación de burbujas de vacío ordinario en su seno. Cada burbuja se expandiría tras su aparición y sus paredes avanzarían hacia el exterior a casi la velocidad de la luz. El estado de vacío en el interior de una burbuja es un vacío normal con densidad nula de energía y presión. Fuera de la burbuja, la presión sería negativa (una succión universal), por lo que el vacío inflacionario exterior tiraría simplemente de la pared de la burbuja hacia fuera, haciéndola expandirse. Sin embargo, las burbujas no llegarían nunca a percolar, llenando todo el espacio. Dos burbujas que hubieran surgido cerca chocarían al expandirse, pero las que brotaran lejos una de otra nunca podrían crecer lo suficientemente deprisa como para cubrir la distancia que las separa, dado que esa distancia aumenta a la misma velocidad. El resultado sería un mar de vacío de alta densidad en expansión permanente que contendría grupos de burbujas aislados. Se trataría de una distribución no uniforme, muy distinta del universo homogéneo que vemos. ¿Se malogró a causa de ello la extraordinaria y potente teoría de Guth? En absoluto. Guth era consciente del problema. La solución requería examinar esas burbujas con mayor detenimiento.

Universos burbuja

Coleman y De Luccia habían señalado que cuando un proceso cuántico da lugar a una burbuja en el seno de un vacío inflacionario de alta densidad, las paredes de aquélla parten de un tamaño no nulo y a continuación se expanden, cada vez más deprisa (figura 22). Los rayos de luz emitidos desde el centro de la burbuja en el momento de su creación nunca llegan a alcanzar dichas paredes, pues éstas llevan una ventaja de partida y avanzan hacia fuera a una velocidad cada vez más próxima a la de la luz.

Coleman y De Luccia pensaban que el interior de la burbuja estaría vacío; sería un espacio-tiempo plano relleno simplemente de vacío normal. Pero se me ocurrió que si la inflación pudiera continuar dentro de ella, sería posible contener todo un universo inflacionario como el nuestro dentro de una simple burbuja.

Imaginemos que unas naves espaciales atravesaran un suceso iniciador de una burbuja, *E*, a distintas velocidades, dispersándose después en todas las direcciones. Supongamos que las naves hubieran sincronizado sus relojes a mediodía, cuando todas se hallaban en *E*, y que la alarma de esos relojes estuviese ajustada para sonar a la una en punto. La figura 22 ilustra la idea. El suceso *E* está representado por un reloj despertador que marcara las doce. Las tres flechas que salen hacia arriba desde ese reloj son las líneas del universo de tres observadores que atraviesan el suceso *E*. Sus respectivos relojes aparecen más arriba marcando la una.

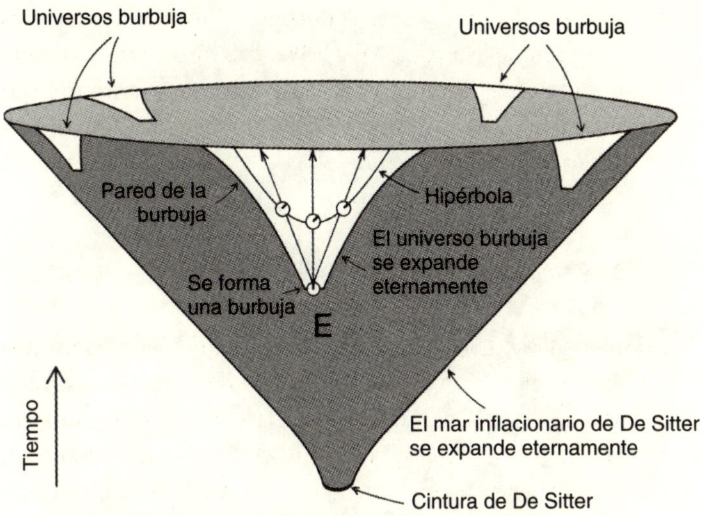

Figura 22. Universos burbuja en un vacío inflacionario de alta densidad.

Una hipérbola determina la superficie espacio-temporal en la que suenan las alarmas; está curvada hacia arriba –hacia el futuro– debido a que los relojes de las naves que viajan rápidamente hacia la derecha o hacia la izquierda andan más despacio, según la relatividad especial, y tardan más en marcar la una en punto[13].

Esa hipérbola infinita representa un universo abierto, infinito y de curvatura negativa: el tercero de los universos de Friedmann. Podemos ver qué aspecto tiene ese universo examinando a través de una proyección de una rodaja bidimensional. Escher realizó un hermoso «mapa» de un espacio de esta clase y lo llenó de ángeles y demonios (figura 23). La superficie hiperbólica de curvatura negativa tiene un aspecto completamente distinto del de la superficie terrestre con curvatura positiva al que estamos acostumbrados. Cuando proyectamos la Tierra sobre un plano, los puntos próximos a los bordes del mapa (tales como Groenlandia o la Antártida en

Figura 23. Círculo límite IV (1960), de M. C. Escher. La imagen muestra un universo abierto con curvatura negativa.

la proyección de Mercator) aparecen más grandes de lo que en realidad son. Si el centro de la proyección es el polo norte (como en el mapamundi que hay en la bandera de las Naciones Unidas), la Antártida se ve todavía más grande; de hecho, rodea la totalidad del mapa.

En un universo abierto con curvatura negativa, en cambio, las figuras próximas al borde exterior aparecen más pequeñas. En el «mapa» de Escher, los ángeles y los demonios tienen en realidad el mismo tamaño. Contemos varias figuras desde el centro y tracemos un círculo con ese radio. Veremos cientos de ángeles y demonios agolpándose a lo largo de la circunferencia. En este tipo de espacio, el perímetro de un círculo es mayor de lo que cabría esperar según la geometría euclídea. Perderse en un universo abierto sería muy fácil. En el diagrama, cada ángel o demonio está inscrito en un triángulo que tiene un ángulo de 60 grados en los pies y dos ángulos de 45 grados en los extremos de las alas. (Dado que en ciertos puntos confluyen los pies de tres ángeles y tres demonios, completando un círculo, los 360 grados de éste divididos por 6 dan 60 grados para el vértice de los pies. Del mismo modo, las puntas de las alas de cuatro ángeles y las de otros tantos demonios completan también un círculo en otros puntos; 360 dividido por 8 da 45 grados para los vértices correspondientes a las alas.) Todos los triángulos tienen 3 ángulos –de 45, 45 y 60 grados, respectivamente–, que suman 150 grados en lugar de los 180 previstos por la geometría euclídea, confirmando que se trata de un espacio con curvatura negativa. Existe un número ilimitado de ángeles y demonios, que se extienden hasta el infinito, y cada línea que pasa por el centro del mapa representa una hipérbola infinitamente larga, como la mostrada en la figura 22.

Si la burbuja está vacía, se obtiene un universo vacío y abierto de densidad nula, tal como indicaban Coleman y De Luccia. Pero si, según he apuntado, la densidad de energía en el estado de vacío inflacionario continúa siendo alta hasta que se vierte en forma de radiación térmica a la una en punto –de acuerdo con los relojes de la figura 22–, dicha transición tendrá lugar en una sección hiperbólica y creará un universo abierto de Friedmann, de extensión infinita (con un número infinito de galaxias) y en perpetua expansión. Cada uno de los observadores de la figura 22 pensará que se halla en el centro y en reposo, en el futuro directo del suceso *E* (el reloj marcando las doce), y que los otros dos se alejan de él. De manera similar, todo habitante de la Tierra piensa correctamente que el centro del planeta se encuentra justo debajo de él. Y al igual que el verdadero centro de la Tierra no está en la superficie, tampoco existe un centro en el universo actual: si el de la Tierra se halla bajo nosotros, el del universo en el que habitamos (el suceso *E*) se encuentra en nuestro pasado.

Ese universo que se expande como un todo, con sus líneas de universo dispersándose en abanico desde el punto *E* a velocidades inferiores a la de la luz, podría encajar dentro de la pared de la burbuja en continua expansión. Es decir, un universo inflacionario abierto completo podría residir en el interior de una de las burbujas de Coleman. En mi artículo de investigación afirmaba que nuestro universo era simplemente una de esas burbujas. Me pareció que esta idea podía resolver el problema de Guth. Desde el interior de una burbuja, todo lo que se observa es uniforme: nuestra burbuja es homogénea. No podemos ver otras burbujas, ya que, cuando miramos hacia fuera, lo que hacemos en realidad es ver hacia atrás en el tiempo y contemplar nuestra propia burbuja y el mar inflacionario que la precedió. Y ninguna otra burbuja ha colisionado con la nuestra todavía.

En definitiva, las burbujas no eran el problema, más bien eran la solución[14].

Mi artículo sobre universos burbuja abiertos fue publicado en *Nature* el 28 de enero de 1982. Posteriormente, su diagrama central sería elegido como portada para un anuario titulado *Noticias de física en 1982*, publicado por el Instituto Americano de Física. Para un físico como yo era como si mi foto apareciese en portada en la revista *Rolling Stone*. El artículo se llegó a citar incluso en la lista de referencias del relato de la serie *Star Trek. El cielo herido*, de Diane Duane, junto al famoso artículo del Dr. Spock titulado «Implicaciones matemáticas de las convergencias paratopológicas no homogéneas entre n-espacios abiertos ortogonales, incluyendo medidas de campo justificativas» publicado en la *Revista de hipercosmología y cosmogonía moderna*, volumen 388, fecha es-

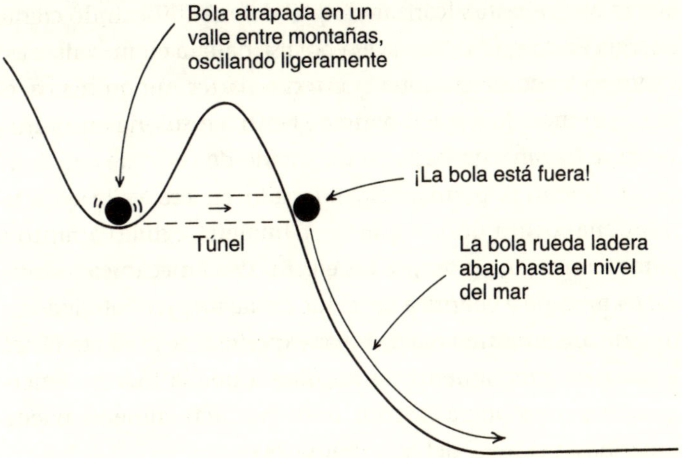

Figura 24. Efecto túnel cuántico.

telar 9258,0, y a un artículo de los eminentes físicos vulcanianos T'pask, Sivek, B'tk'r y K't'lk incluido en las *Actas de la Academia de Ciencias de Vulcano.* Fue un honor aparecer en tal compañía.

Mi artículo afirmaba que la inflación tenía que continuar durante un tiempo en el interior de la burbuja, pero no incluía un mecanismo aceptable que lo llevara a cabo. El 4 de febrero y el 26 de abril de ese mismo año se publicaron sendos artículos independientes del físico ruso Andrei Linde y de Andreas Albrecht y Paul Steinhardt, de la Universidad de Pennsylvania, que proponían escenarios detallados en física de partículas que daban lugar al modelo. Utilizaban la idea de que el vacío cuántico podría tener una densidad de energía distinta en cada lugar del espacio y el tiempo, al igual que un paisaje puede presentar una altitud diferente en cada punto (figura 24). El vacío normal con densidad cero correspondería al nivel del mar. Un vacío inflacionario de alta densidad estaría representado por un punto en un valle entre montañas. Una bola de billar colocada en una cima rodaría ladera abajo hasta alcanzar el nivel del mar, liberando cierta energía en su caída. Pero si esa bola se hallara en un valle elevado, rodeado de cumbres por todas partes, no podría caer. Según el modelo inflacionario de Guth, en su origen, el universo se hallaba atrapado en ese estado de vacío de alta densidad. Mientras permaneció atrapado en ese valle de alta montaña, continuó inflándose. Y hubiera seguido atrapado para siempre de no ser por los efectos de la mecánica cuántica. La mecánica cuántica hace que exista una probabilidad finita de que nuestra bola de billar experimente el efecto túnel y atraviese limpiamente las montañas que la rodean, emergiendo en una ladera exterior desde la cual finalmente puede rodar hasta el nivel del mar (figura 24).

A continuación se describe el efecto túnel cuántico. Cuando el uranio se desintegra, emite un núcleo de helio que es despedido hacia fuera debido a la repulsión electrostática. A partir de la energía de ese núcleo de helio expulsado es posible deducir cuán cerca se hallaba del núcleo de uranio originario cuando fue emitido. Sorprendentemente, se constata de forma clara que el viaje tuvo que comenzar *fuera* del núcleo. Si hubiera escapado del borde exterior conocido de éste, presentaría un nivel de energía mucho más alto, ya que habría sido repelido con una fuerza muy superior. ¿Cómo es que el núcleo de helio aparece, de repente, tan lejos del de uranio? (la cuestión me recuerda un antiguo proverbio zen: «¿Cómo pudo salir el pato de la botella?». Respuesta: «¡El pato está fuera!»). El núcleo de helio se limita a salir del núcleo de uranio, emergiendo de pronto fuera sin haber recorrido nunca el espacio de en medio. George Gamow –quien luego sería famoso por el *big bang*– imaginó este fenómeno en 1928.

El efecto túnel también tiene lugar cuando se forma una burbuja de Coleman. La bola de billar atrapada en el valle representa el estado de vacío de alta densidad original. La bola que atraviesa el túnel para escapar del valle simboliza la formación de una burbuja centrada en un suceso *E*. La burbuja aparece de repente, presentando ya un tamaño no nulo, la burbuja «está fuera». Si la bola cayera de inmediato hasta el nivel del mar, la burbuja quedaría vacía, con un simple vacío normal en su interior. La idea de que, al emerger, la bola de billar fuera a parar a un altiplano es un gran avance que se atribuye a Linde, Albrecht y Steinhardt. Una vez en el altiplano, la bola rodaría durante algún tiempo, antes de ir a caer por el precipicio y terminar al nivel del mar. En el altiplano, donde el estado de vacío tendría alta densidad, la inflación continuaría dentro de la burbuja. La caída final tendría lugar transcurrido un cierto tiempo desde el suceso *E*, en un punto de la superficie hiperbólica (donde los relojes marcan la «una en punto» en la figura 22). Esa caída liberaría energía, produciría la radiación y convertiría la burbuja expansiva en un modelo abierto de *big bang* caliente. Ninguno de los tres científicos antes mencionados se dieron cuenta de que el modelo de burbuja generaba un universo abierto, sólo se limitaron a hacer constar que el período inflacionario dentro de la burbuja sería lo bastante largo como para producir un modelo que sería casi plano en la actualidad. Guth señaló que si se hubiera producido la suficiente inflación e independientemente de la forma que tuviese en un principio, el universo parecería plano en la actualidad con tal de que hubiera alcanzado un cierto tamaño (es como si tomásemos un elefante y lo infláramos soplando por la trompa hasta que su tamaño aumentara un billón de veces; cualquier pequeño trozo de él parecería plano). A Guth le satisfacía sobremanera esta propiedad de la inflación y afirmaba que si hoy constatamos que el universo es aproximadamente plano, una gran inflación podría explicar fácilmente el modo en que se ha alcanzado esta situación.

Los datos disponibles hoy día sobre el fondo de microondas parecen defender un modelo según el cual el universo sería prácticamente plano en la actualidad. Esto no excluye la posibilidad de un universo abierto: indicaría simplemente que la inflación en el seno de la burbuja se habría prolongado mucho tiempo. El radio de trece mil millones de años luz que va hasta la radiación de fondo actual cabría en la punta del dedo gordo del pie de uno de los ángeles de Escher. La diminuta región del universo que alcanzamos a ver resultaría así prácticamente plana, igual que las salinas de Bonneville nos parecen planas aunque, en el fondo, sean una minúscula porción de la curvada superficie terrestre. La prueba de la existencia de la burbuja original se habría ido «esfumando» a medida que el universo hubiera crecido tanto que no se detectara la curvatura negativa heredada de la burbuja. Y si es así, el universo podría haber surgido de otras maneras; en lugar de una burbuja, la simiente podría haber sido una región inflacionaria de cualquier otra forma.

Numerosas evidencias sugieren que la densidad de materia del universo actual (incluyendo la supuesta materia oscura que mantiene unidos los cúmulos de galaxias) es significativamente inferior a la densidad crítica necesaria para producir un universo casi plano. La opción más verosímil de cara a incrementar esa densidad sería la existencia de una minúscula densidad de energía de vacío residual de unos 6×10^{-30} gramos por centímetro cúbico, una pequeña constante cosmológica. Saul Perlmutter, de Berkeley, Robert Kirshner y Adam Reiss, de Harvard, han medido recientemente las velocidades de recesión de supernovas lejanas, y el resultado apoya esta idea al mostrar que la expansión del universo parece estar acelerándose (como el espacio de De Sitter en una fase avanzada). Si éste fuera el caso, existiría en la actualidad una pequeña constante cosmológica, ¡tal como Einstein propuso inicialmente! El viejo habría tenido razón, después de todo, aunque por diferente motivo. Otro que aplaudiría encantado (si estuviera vivo) sería el sacerdote belga Georges Lemaître, quien en la década de los treinta propuso una cosmología que comenzaba con un *big bang* y terminaba con una expansión acelerada debida a una constante cosmológica pequeña. En cualquier caso, los datos actuales sugieren que el universo continuará expandiéndose eternamente.

¿Un universo de la nada?

La idea del universo burbuja sólo funciona si el universo inflacionario tuvo un principio. Si la inflación se extendiera infinitamente hacia el pasado, su geometría adoptaría la forma de reloj de arena que ilustra la figura 21. Las burbujas que se formaran en la fase de contracción infinita anterior a la cintura chocarían entre ellas y, como si de peces globo hinchándose en un estanque menguante se tratara, pronto ocuparían el espacio al completo. Arvind Borde y Alexander Vilenkin, de la Universidad de Tufts, manifestaron en 1994 que este hecho haría que el estado de vacío inflacionario se desintegrara en una espuma de burbujas en proceso de contracción, la cual daría lugar a un *big crunch* antes que se alcanzara la cintura y que pudiera iniciarse proceso de expansión alguno. En cambio, si partimos de la cintura –como muestra la figura 22– podemos obtener un infinito número de universos burbuja. Aunque cada burbuja crezca indefinidamente, el espacio crece más deprisa aún, haciéndoles sitio a más burbujas.

Vilenkin tuvo una idea sobre cómo hacer comenzar el universo inflacionario en la cintura: mediante una singular propiedad de la mecánica cuántica de la que ya hemos hablado, el efecto túnel. Tal vez hizo falta algo peculiar como punto de partida y quizás ese algo pudo ser el efecto túnel cuántico.

Imaginemos a alguien lanzando ladera arriba una bola de billar. La bola rodará hacia lo alto un trecho, se detendrá en el punto más alto y luego rodará ladera abajo. De manera similar, aunque un espacio de De Sitter infinitamente viejo se contrae rápidamente al principio, aminora después la marcha, se detiene un instante en su radio mínimo (la cintura) y a continuación comienza a expandirse. Pero supongamos que tenemos una bola de billar alojada en un valle entre montañas. En un momento dado y según la mecánica cuántica, experimentaría el efecto túnel y emergería al otro lado, en la ladera exterior, desde donde rodaría hacia abajo. Este efecto túnel, cuya probabilidad calcularon Vilenkin y Linde, podría explicar el modo en que el universo de De Sitter se inició en la cintura y comenzó a expandirse.

Pero la bola existía en alguna parte antes de atravesar el túnel: estaba alojada en el fondo del valle. Ese estado correspondería en nuestro caso a un universo cerrado de tamaño nulo (el punto en el fondo de la región negra de la figura 25). No es la nada absoluta, pero es lo más cerca de ella que podríamos estar. Durante la travesía del túnel cuántico a través de la montaña, la geometría (la región negra de la figura 25) puede ser descrita como una superficie curva tetradimensional con cuatro dimensiones espaciales y ninguna temporal (los cuadrados de las distancias tienen signo positivo en todas las direcciones)[15]. En el extremo inferior, el espacio comienza siendo un círculo de tamaño nulo –un punto como el polo sur de la Tierra– que se expande como los círculos de latitud terrestres hasta alcanzar el ecuador, que representa el momento en que se completa la «travesía» del túnel y el Universo emerge de la montaña, convirtiéndose en la cintura de un espacio-tiempo de De Sitter. El Universo empieza entonces a expandirse hacia el futuro (en el que podría finalmente hacer florecer un infinito número de universos burbuja, como en la figura 22). Todo ello da lugar a un Universo que recuerda a un volante de bádminton. La sección blanca posee tres dimensiones espaciales y una dimensión temporal. Como diría el viajero del tiempo de H. G. Wells, la región negra es un espacio tetradimensional que no perdura tiempo alguno. No hay relojes funcionando en esa región. Está congelada; es pura geometría, limitada abajo por un punto y arri-

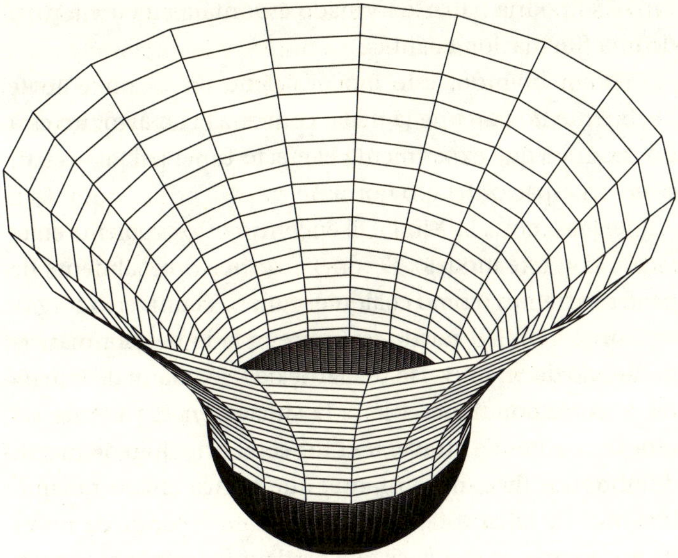

Figura 25. Universo surgido de la nada a través de un túnel.

ba por una tres-esfera (un círculo en la figura), en el lugar por donde se une a la cintura. El tiempo «normal» se inicia ahí.

Hawking y Hartle observaron que, en este caso, el origen del Universo puede ser remontado hasta un «polo sur». Según ellos, ese polo no es distinto de cualquier otro punto de la región negra. La geometría del efecto túnel satisface lo que denominan una «condición de no límite», es decir, una cláusula que elimina las condiciones iniciales, tales como la singularidad del *big bang*. Se podría decir, pues, que el Universo ha establecido sus propias condiciones iniciales; en otras palabras, se limitó a *existir*. El origen no presenta cabos sueltos. La superficie negra del túnel tiene un límite final (el que lo une a la cintura), pero no un extremo inicial (o dicho de manera similar, el hemisferio sur de la Tierra limita al norte con el ecuador, pero al sur no limita con nada). La idea recuerda a una de E. P. Tyron formulada en 1973: nuestro universo podría haberse formado espontáneamente a partir de una fluctuación cuántica.

En mi opinión, este modelo tiene un inconveniente. Realmente no parte de la nada; comienza con algo, un estado cuántico que experimenta el efecto túnel para convertirse en un espacio-tiempo normal.

Regresemos a Li-Xin Li. Él encontró otro problema en relación con este modelo. El túnel cuántico normalmente tiene *dos* extremos (como cualquier túnel). El universo surgido del túnel también puede ser contemplado de esta manera: partiendo de un universo oscilante de Friedmann de tamaño nulo, correspondiente a la bola situada en el valle de alta montaña antes de atravesar el túnel. El principio de incertidumbre nos dice, no obstante, que nunca encontraríamos una bola de billar totalmente estática en el fondo de un valle así; lo más probable es que oscilara suavemente, presentando una ligera indeterminación en cuanto a su posición y velocidad (véase de nuevo la figura 24). En el presente modelo, ello equivaldría a un Universo oscilante de Friedmann de muy pequeño tamaño (unos 10^{-33} centímetros) con tres dimensiones espaciales más una dimensión temporal, experimentando una sucesión de expansiones y colapsos antes de desembocar en la fase túnel (figura 26). Esas expansiones y colapsos no producirían singularidades, ya que se verían suavizados por los efectos cuánticos. Cada vez que el Universo oscilante alcanzara su máxima expansión, tendría una probabilidad finita de atravesar el túnel (convirtiéndose en un espacio tetradimensional sin tiempo, la región negra de la figura 26), emergiendo al otro lado en forma de espacio-tiempo de De Sitter expansivo. Si no lo lograra, se limitaría a rodar de nuevo hasta el fondo del valle donde seguiría oscilando. Cada uno de estos movimientos le daría una nueva oportunidad de atravesar el túnel, por lo que tarde o temprano acabaría haciéndolo. En la figura 26, el túnel (en negro) conecta dos espacio-tiempos ordinarios (representados

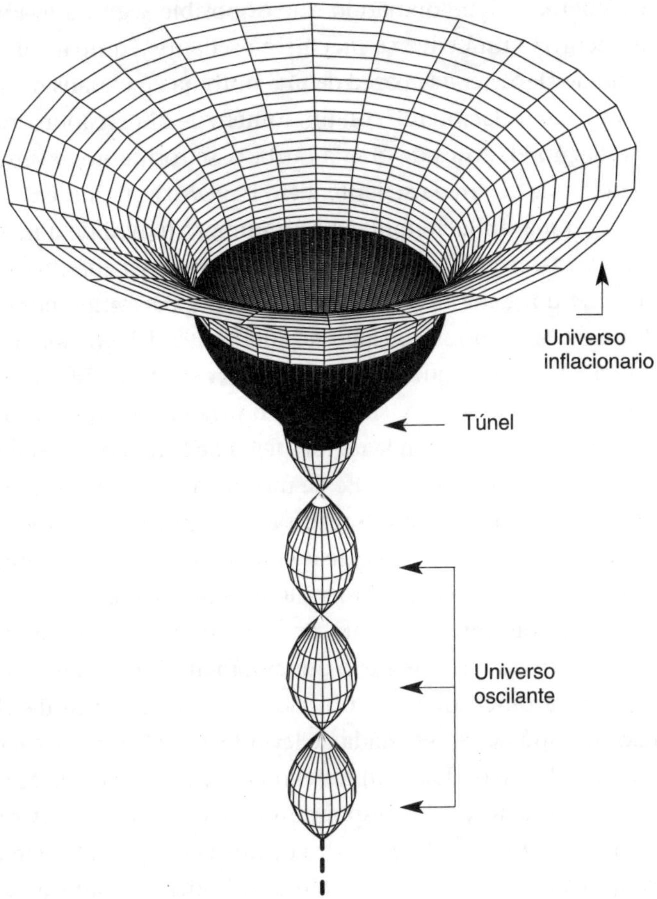

Figura 26. Efecto túnel final de un pequeño Universo oscilante.

ambos sin sombrear), enlazando un Universo oscilante con uno inflacionario. El túnel tiene aquí dos extremos.

Pero de nuevo nos preguntamos: ¿de dónde proviene el Universo oscilante original? No puede haber existido siempre, ya que tiene un tiempo de vida finito como si de un núcleo radiactivo se tratara. Y explicar su origen nos traslada otra vez al punto de partida.

Vilenkin sigue opinando que es posible seguir adelante sin recurrir a un Universo precursor oscilante. Equipara el espacio de De Sitter a la pared de una burbuja en expansión en un espacio inflacionario con un número de dimensiones mayor. Según él, antes de que la burbuja se forme no existe la solución de la pared oscilante. Pero hay *algo* anterior: en este caso, un mar inflacionario con un número mayor de dimensiones. Li-Xin Li y yo pensamos que todo túnel cuántico ha de tener dos extremos y conectar sendos espacio-tiempos ordinarios. Si decimos que algo *sale* del túnel, debe haber existido algo *antes* de que ello ocurriera. En efecto, la fase túnel del modelo de Hartle y Hawking no presentaba singularidades en su geometría (en la región negra de la figura 25), precisamente porque *hay* un valle de montaña al otro lado. Hawking y Neil Turok han ensayado recientemente un modelo en el cual el Universo emerge de una cordillera en continua elevación, sin que exista un valle más allá. En este caso, la geometría del túnel presenta una singularidad en la región negra y esto es justamente lo que tratábamos de evitar.

Parece difícil que el Universo surja literalmente de «la nada». ¿Qué «sabe» esa nada de leyes físicas? Al fin y al cabo, todo modelo basado en un túnel que sale de la nada parte de un estado cuántico que responde a las leyes de la física (y eso es algo más que «nada»). La idea de que el Universo proviene de la nada ya es de por sí algo estrambótica, puesto que «la nada» es algo que, por definición, no existe. Tal vez esa línea de trabajo sea un camino equivocado. Quizá no sea ésa la forma en que nuestro universo ha venido a parar aquí.

¿Puede el Universo crearse a sí mismo?

Cuando Li-Xin Li y yo escribimos nuestro artículo de cosmología, elegimos una pregunta como título: «¿Puede el Universo crearse a sí mismo?». Sugeríamos que, tal vez, el Universo no fuera creado de *la nada,* sino a partir de *algo,* y ese algo habría sido el Universo mismo. ¿Cómo? Mediante el viaje en el tiempo. El Universo podría tener una geometría que le permitiera retroceder en el tiempo y crearse a sí mismo. El Universo podría ser su propia madre.

El hecho podría tener lugar mediante un proceso relacionado con la teoría de Andrei Linde conocida como *inflación caótica*[16]. Linde concluyó que las fluctuaciones cuánticas podrían hacer que el espacio-tiempo incrementase de pronto su densidad de energía del vacío y su tasa de inflación. (Imaginemos una bola de billar experimentando un salto cuántico desde el borde del mar hasta lo alto de las montañas.) La hipótesis permitía explicar cómo la inflación podría surgir en un amplio abanico de circunstancias, por lo que se ha convertido en el escenario inflacionario estándar contemplado en la actualidad. Según Linde, debido a esas fluctuaciones cuánticas y a los saltos en la tasa de inflación derivados de ellas, un universo inflacionario podría generar brotes de nuevos universos de manera similar a las ramas que surgen del tronco de un árbol. Cada universo recién nacido se inflaría hasta alcanzar un tamaño tan grande como el del propio «tronco», produciendo a su vez nuevos brotes. Este proceso continuaría indefinidamente, con universos inflacionarios ramificándose cada vez más, que darían lugar a un gigantesco árbol fractal (para detalles adicionales sobre esta importante teoría, véase el apartado de Notas). Salvo que aceptemos una explicación del tipo de «hay más tortugas debajo», es obvio que hay que aclarar de dónde proviene el «tronco».

En nuestro artículo de cosmología proponíamos simplemente que una rama se curvaba hacia atrás, convirtiéndose en el tronco. La figura 27 muestra cuatro universos inflacionarios recién nacidos. En una fase posterior, cada una de esas «trompetas» será un espacio-tiempo de De Sitter. Como todas tienen un comienzo (una cintura) en el punto de ramifi-

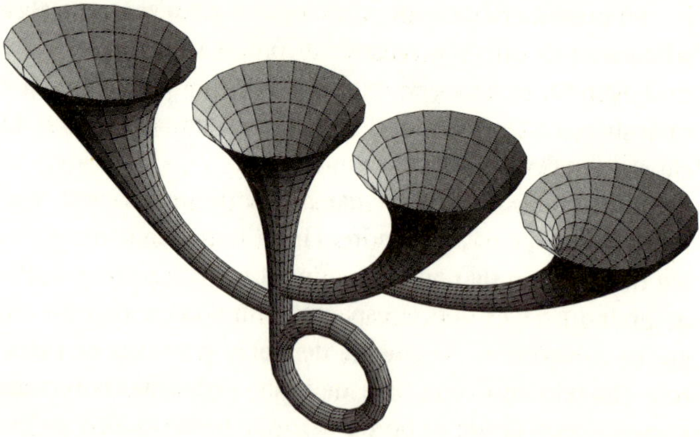

Figura 27. Un Universo que se crea a sí mismo. Según este modelo, en el que cada universo engendra otros universos, un bucle en el tiempo permite que el Universo sea su propia madre.

cación, cualquiera de ellas puede engendrar un infinito número de universos burbuja como los de la figura 22. Como siempre, lo que cuenta en el diagrama son las superficies. Cada trompeta puede expandirse eternamente sin tropezar con las otras. Los universos de los extremos izquierdo y derecho aún no han engendrado ningún universo-hijo, pero tarde o temprano lo harán. Todos los nuevos universos han sido creados mediante el mismo mecanismo de ramificación. Las leyes físicas rigen en todos los puntos y no hay singularidades. En cuanto al curioso bucle de la parte inferior, se trata de un universo-hijo que se ha curvado hacia atrás en el tiempo para convertirse en el tronco.

Admito que la geometría tal vez resulte un poco extravagante. Mi mujer dice que le recuerda a una de las estrambóticas ilustraciones del doctor Seuss. Neil de Grasse Tyson, director del planetario Hayden, opina que parece una nueva clase de instrumento musical, quizás una exótica tuba wagneriana. Pues yo coincido con él, y además ¡ella misma se toca!

En nuestro modelo no existe un suceso inicial; todo suceso tiene otros que le preceden. Y aun así, el Universo posee un origen finito. En concreto, en el bucle temporal de abajo, cada suceso está precedido por los que se hallan sobre el bucle en sentido contrario a las agujas del reloj. Supongamos que vivimos en el universo de más a la derecha, el más exterior del árbol. Si hay un número infinito de ramas, es probable que pertenezcamos a una que se haya formado mucho después que el primer universo. Remontándonos en el tiempo, descenderíamos por nuestra rama hasta el universo que hay más a la izquierda, después bajaríamos por él hasta el tronco principal y, llegados al bucle, lo rodearíamos eternamente. De manera similar, en la superficie curva de la Tierra no hay un punto que esté más al oeste que cualquier otro. Podríamos estar viajando indefinidamente hacia el oeste, a pesar de que la superficie es finita. Si la Tierra fuera plana, como creían los antiguos, tendría un borde en el extremo oeste o se extendería indefinidamente en esa dirección. Pero como es curva, puede ser finita y, a la vez, no tener un extremo oeste. En nuestro caso, dado que la relatividad general permite geometrías curvas, podemos tener un Universo que *tiene un comienzo sin que haya un suceso primero*. Él es su propia causa.

Quienes afirmaron que el Universo debe tener una causa primera o, en caso contrario, haber existido desde siempre no consideraron los espacio-tiempos curvos. El problema de la causa primera queda así resuelto, algo imposible de concebir antes de que la relatividad general fuera formulada.

Nuestro modelo contiene un horizonte de Cauchy que separa la región del viaje en el tiempo de las regiones posteriores en las que dicho viaje no es posible. Ese horizonte circunda el tronco inmediatamente después del punto en el que el bucle se separa de él. Si viviéramos antes de ese punto, nos hallaríamos dentro del bucle y podríamos viajar localmente hacia el futuro avanzando en el sentido de las agujas del reloj. Tras recorrer el bucle en el tiempo, regresaríamos a nuestro propio pasado. Pero si viviéramos más allá del horizonte, no podríamos hacerlo. Si nos hallásemos después del punto en el que el bucle temporal se ramifica, continuaríamos simplemente avanzando hacia el futuro y ascendiendo por el árbol. Nunca podríamos regresar al bucle de la parte inferior del diagrama. La máquina del tiempo habría funcionado en el comienzo del Universo, pero luego se habría cerrado para siempre.

Nuestro artículo «¿Puede el Universo crearse a sí mismo?» apareció publicado en *Physical Review D* (la revista más importante sobre física de partículas) en mayo de 1998. Tiene ciento cincuenta y cinco ecuaciones y ciento ochenta y siete referencias pero, en cualquier caso, la idea central queda plasmada en la figura 27. La mayor parte del artículo está dedicada a demostrar que es posible encontrar un estado de vacío cuántico autoconsistente para el modelo, conforme a las ecuaciones de Einstein. Hallaríamos una solución autoconsistente si el bucle temporal tuviera una longitud concreta; una que, en fracciones de nanosegundo, igualase la circunferencia inicial de la rama del espacio de De Sitter, medida en fracciones de pie. En este caso, la densidad de energía negativa de nuestro vacío de Rindler y la densidad de energía positiva, que se debe al hecho de estar arrollado en torno a un bucle cerrado en el tiempo, se cancelarían mutuamente de forma exacta, dejando un estado de vacío inflacionario puro con densidad de energía positiva y presión negativa en todos sus puntos; justo lo que se requiere para producir la geometría de De Sitter de la que habíamos partido. Ese estado de vacío uniforme no alcanza un valor infinito en el horizonte de Cauchy ni en ninguna otra parte. Se trata de una solución autoconsistente.

Cuando la rama ha dado la vuelta completa para transformarse en el tronco, su circunferencia ha crecido en un factor de $e^{2\pi} = 535,4916555\ldots$ (un ejemplo descriptivo que ilustrara esto sería el de un tronco de árbol de 535 centímetros de perímetro al que le brota una rama de 1 centímetro de circunferencia. Hagamos que la rama gire hacia abajo y luego complete la vuelta para convertirse en el tronco. La longitud de ese bucle en el tiempo es de unos 5×10^{-44} segundos. La densidad del estado de vacío autoconsistente es del orden de la densidad de Planck (5×10^{93} gramos por centímetro cúbico). Es justo la densidad a la que se supone que los efectos de la gravitación cuántica empiezan a ser importantes. No disponemos actualmente de una teoría de la gravitación cuántica, pero parece claro que, a densidades tan altas y a unas escalas temporales tan pequeñas, las incertidumbres cuánticas en la geometría serían críticas. El espacio-tiempo dejaría de ser uniforme y se convertiría en una maraña de bucles esponjiforme y compleja, denominada *espuma de Planck*. Este efecto haría que la aparición de bucles temporales como los que Li-Xin Li y yo proponíamos fuese aún más probable, de hecho, casi inevitable. Otra cuestión que también observamos es que si asociamos una constante cosmológica a la unificación de las fuerzas débil, fuerte y electromagnética, es posible encontrar otra solución autoconsistente, dotada de un bucle temporal de 10^{-36} segundos. En este caso, la densidad está claramente por debajo de la densidad de Planck, con lo que los efectos de la gravitación cuántica no deberían ser importantes y nuestros cálculos serían aplicables tal cual. En ambos casos, el bucle temporal es extremadamente corto. Aunque aún no dispongamos de una teoría del todo, las propiedades generales de nuestros cálculos sugieren que una pequeña máquina del tiempo en el origen del universo constituye una atractiva posibilidad.

Nuestra solución también parece ser estable, lo cual ha sido confirmado por los cálculos que realizó Pedro F. González-Díaz, perteneciente al departamento de Hawking en la Universidad de Cambridge, quien constató la estabilidad de la solución frente a cualquier fluctuación en caso de que el bucle en el tiempo fuera corto, aproximadamente 5×10^{-44} segundos[17].

Tras la aparición de nuestro artículo, recibimos por correo electrónico muchos mensajes de nuestros colegas. John Barrow, uno de los mayores expertos en cosmología antrópica, nos indicó que él ya había mencionado la posible existencia en el universo de curvas cerradas de tipo tiempo en un artículo de 1986. No obstante, en dicho artículo Barrow consideraba poco atractiva la idea del viaje en el tiempo. Tal vez porque, antes de los trabajos de Kip Thorne, la gente no tomaba en serio las soluciones basadas en viajes en el tiempo[18].

El escenario que Li-Xin Li y yo hemos propuesto es, como la inflación, un paradigma genérico. Cualquier otro esquema que dé lugar a universos-hijos puede ser convertido en nuestro modelo haciendo simplemente que uno de esos universos recién nacidos resulte ser el Universo de partida. Los físicos Edward Farhi, Guth y Jemal Guven, del MIT, propusieron que una supercivilización tal vez creara esos nuevos universos en un laboratorio. Según esta idea, comenzarían comprimiendo una esfera de 10 kilogramos de masa y harían que alcanzara una densidad extremadamente alta. Esa bola entraría en un estado de vacío de alta densidad, cuya presión negativa (o succión) haría que la bola implosionara. Aunque un fenómeno así daría lugar, por lo general, a un agujero negro, ocasionalmente se produciría una ramificación mediante el efecto túnel, por lo que se generaría un universo-hijo oculto en el interior del agujero negro. La rama podría crecer hasta alcanzar gran tamaño sin interferir con el laboratorio (el universo-tronco). Edward R. Harrison, de la Universidad de Massachusetts, ha llevado esta idea más lejos, y propone que nuestro universo podría haber sido creado en un laboratorio por una civilización anterior. Harrison decía que esto podría explicar por qué las constantes físicas de nuestro universo conducen a la aparición de vida inteligente, serían, simplemente, semejantes a las del Universo-padre, el cual alojaba la civilización que lo fabricó. Sugería, asimismo, que todos los universos-hijos, a lo largo de muchas generaciones, podrían ser engendrados de esa manera, pero no disponía de una explicación natural para justificar el primero de ellos. Mediante un bucle de viaje en el tiempo, una supercivilización podría producir también el tronco inicial.

Por supuesto, esto quizá suponga sobrestimar la importancia de las civilizaciones inteligentes. La formación natural de universos-hijos, como en la inflación caótica de Linde, parece mucho más probable que la creación de éstos por parte de supercivilizaciones. El físico Lee Smolin, de la Universidad del estado de Pennsylvania, ha sugerido que cada vez que se forma un agujero negro se genera un universo-hijo ramificado a partir del nuestro, que permanece oculto para nosotros dentro de dicho agujero. Garriga y Vilenkin han señalado que, suponiendo que nuestro universo posea actualmente una diminuta constante cosmológica, acabarían formándose burbujas de vacío de alta densidad (imaginemos una bola de billar situada en la costa que experimentara un salto cuántico repentino y fuese a parar a un valle entre montañas). Cada una de esas burbujas se ramificaría para crear un universo inflacionario independiente. El proceso es una variante de la inflación caótica de Linde, en la que las fluctuaciones cuánticas aleatorias llevan a la formación de regiones inflacionarias ramificadas. Un modelo de este tipo podría ser incorporado también a nuestro esquema.

Nuestra idea de que el Universo podría haberse creado a sí mismo encaja perfectamente en la teoría de supercuerdas, según la cual, al principio, todas las dimensiones espaciales habrían estado arrolladas y habrían sido muy pequeñas. En nuestro modelo del bucle temporal, todas las dimensiones –el tiempo inclusive– se hallan al comienzo fuertemente arrolladas y son diminutas. Nuestra idea también concuerda con la inflación. Para que el Universo se cree a sí mismo mediante un viaje en el tiempo, debe parecerse a lo que él mismo era algún tiempo atrás. La inflación permite que así sea. Si partimos de una pequeñísima fracción de vacío inflacionario, éste se expandirá hasta alcanzar un volumen gigantesco, pero porciones infinitesimales de ese volumen serán idénticas a la de partida. Si una de esas porciones se convirtiera en la fracción original, el Universo sería, en efecto, su propia madre. Algo increíble debió de suceder en el origen del Universo, y tal vez fuera precisamente algo así.

La flecha del tiempo

Nuestro modelo resuelve una extraordinaria paradoja que ha cautivado a los físicos durante siglos: la flecha del tiempo. Si intercambiamos pasado y futuro, izquierda y derecha y partículas y antipartículas, las leyes físicas serán las mismas; no hay nada mágico en el futuro como opuesto al pasado[19]. Por ejemplo, las leyes del electromagnetismo no hacen distinción alguna entre pasado y futuro. Pero sabemos que las ondas de luz, que se rigen por esas leyes, viajan sólo hacia el futuro. Si agitamos un electrón, emitirá unas ondas que viajarán a la velocidad de la luz y que dentro de cuatro años alcanzarán la estrella Alfa Centauro, la cual se encuentra a cuatro años luz de nosotros. Denominamos *ondas retardadas* a las ondas que se dirigen hacia el futuro. A la izquierda de la figura 28 vemos la línea de universo de un electrón: va en línea recta hacia arriba, excepto en ese pequeño pliegue que corresponde al momento en que lo agitamos. En este punto aparecen unas ondas electromagnéticas que avanzan en forma de V –a 45 grados respecto a la línea de universo del electrón– a la velocidad de la luz hacia el futuro. Nunca vemos ondas viajando hacia el pasado, aunque las ecuaciones del electromagnetismo de Maxwell permitirían también esa solución alternativa en la que agitamos un electrón y las ondas retroceden en el tiempo, por lo que llegaremos a Alfa Centauro «hace» cuatro años. Llamamos *ondas avanzadas* a las emitidas al agitar el electrón de la derecha en la figura 28 y

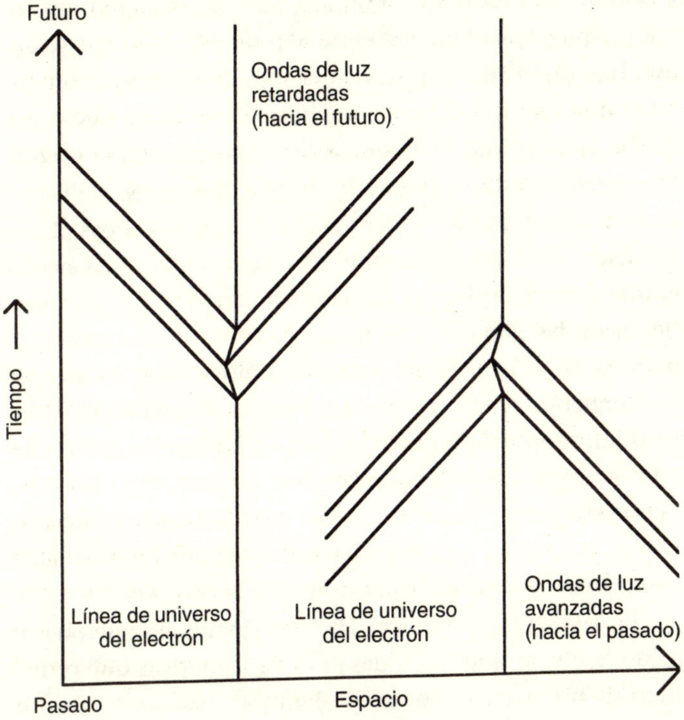

Figura 28. La flecha del tiempo.

que al viajar hacia atrás en el tiempo producen una V invertida en el diagrama espacio-temporal. Dado que nunca observamos ondas avanzadas, algo debe impedir su existencia. El hecho de que veamos ondas electromagnéticas viajando exclusivamente hacia el futuro cuando hacemos vibrar una carga eléctrica explica la causalidad normal que constatamos en nuestro universo, en el que las causas preceden a los efectos. Si agitamos un electrón *ahora*, los efectos electromagnéticos tienen lugar *después*, y producen una flecha en el tiempo.

Lo mismo sucede con la gravitación. Las ondas gravitatorias –deformaciones espacio-temporales que se desplazan a la velocidad de la luz– también avanzan hacia el futuro. Los premios Nobel Russell Hulse y Joseph Taylor, de Princeton, han observado un par de estrellas de neutrones que orbitan una en torno a la otra siguiendo trayectorias espirales que se van cerrando lentamente, justo como cabría esperar si emitieran ondas gravitatorias hacia el futuro. Si emitieran la misma cantidad de ondas gravitatorias hacia el pasado, la situación sería simétrica en el tiempo y las estrellas no seguirían órbitas espirales cada vez más cerradas. Y si sólo emitieran ondas gravitatorias hacia el pasado, sería como ver marcha atrás la película: observaríamos ondas avanzadas convergiendo hacia las estrellas binarias (en forma de V invertida), proporcionándoles energía y haciendo que sus órbitas en espiral fuesen cada vez más amplias. Pero el hecho es que esa pareja orbita siguiendo espirales cada vez más cerradas, así que las ondas gravitatorias –al igual que las electromagnéticas– viajan hacia el futuro. Todo un enigma.

En 1945, John Wheeler y Richard Feynman tuvieron una idea. Pensaron que las ondas electromagnéticas que provenían de un electrón en movimiento avanzaban en dos direcciones: la mitad hacia el pasado y la otra mitad hacia el futuro. Estas últimas ondas acabarían alcanzando cargas en el futuro, haciéndolas vibrar. Estas cargas, a su vez, enviarían ondas hacia el pasado y hacia el futuro. Las ondas que las cargas futuras envían hacia el pasado afectarían al electrón del presente, doblando la intensidad de las ondas retardadas emitidas por dicho electrón y haciendo que alcancen su plena potencia. Esas ondas procedentes de las cargas del futuro continuarían viajando hacia el pasado y sus crestas y valles cancelarían exactamente las ondas avanzadas que el electrón actual habría enviado hacia el pasado, haciendo que no existieran ondas antes del momento presente. Todo ello daría lugar a la situación que observamos. Pero ¿por qué no lo contrario, que las ondas avanzadas hicieran vibrar cargas en el pasado, de modo que las ondas retardadas de esas partículas alcanzasen al electrón actual y cancelaran sus ondas retardadas, dejando sólo ondas avanzadas? La asimetría temporal que observamos tiene que provenir, en última instancia, de la existencia de un estado muy ordenado (de baja entropía), sin onda alguna, en el pasado, en el Universo primitivo.

¿Hay alguna alternativa?

La geometría de nuestro modelo basado en el viaje en el tiempo proporciona una explicación natural a la asimetría entre pasado y futuro que observamos en nuestro universo. Supongamos que viviéramos en el universo representado por la bocina situada más a la derecha en la figura 27. Si permitiésemos que las ondas electromagnéticas viajaran hacia el pasado, descenderían a lo largo de la rama hasta llegar a la que hay más a la izquierda para alcanzar finalmente el tronco, donde entrarían en el bucle temporal y lo recorrerían un número ilimitado de veces en sentido contrario a las agujas del reloj, provocando un incremento infinito en la energía y haciendo que la estructura entera estallase, lo que crearía una singularidad. Ésa no sería la geometría de partida, lo que significa que la solución no es consistente. La única manera de obtener un modelo autoconsistente se conseguirá cuando las ondas viajen siempre hacia el futuro, tal como observamos (si los fotones creados en las ramas viajan sólo hacia el futuro, tenderán a alejarse del bucle temporal, con lo que el problema no existe).

Consideremos ahora un fotón emitido dentro del bucle temporal de abajo. En principio, el fotón podría rodear un número infinito de veces dicho bucle en el sentido de las agujas del reloj, pero perdería energía en cada vuelta, ya que se desplaza hacia el futuro, en el mismo sentido en que la rama se expande. En cada vuelta añadiría sólo la quinientos treinta y cincoava parte de la energía que tenía en la pasada anterior, dado que la expansión incrementa su longitud de onda en un factor de 535 cada vez, reduciendo otro tanto su energía. La suma converge rápidamente hacia un valor finito. En definitiva, aunque el fotón rodee el bucle un número indefinido de veces, esto no da lugar a un incremento infinito en la energía. En cambio, si el fotón viajase hacia atrás en el tiempo (en sentido contrario al de las agujas del reloj), vería aumentar su energía en cada vuelta, ya que en ese sentido la rama se hace cada vez más pequeña, comprimiendo su longitud de onda. Un fotón que rodeara el bucle un número ilimitado de veces hacia el pasado causaría un incremento infinito en la energía y haría que el modelo hiciese explosión. De hecho, el único modo de obtener una solución autoconsistente es hacer que tanto las ondas electromagnéticas como las gravitatorias viajen solamente hacia el futuro a lo largo del modelo. Así pues, en nuestro modelo, la asimetría entre el pasado y el futuro que observamos (por la que las causas preceden a los efectos) proviene de la asimetría temporal de la propia geometría del Universo; existe un bucle temporal en el origen.

Esa flecha del tiempo no es algo que introdujéramos en nuestro modelo; estaba implícita en él, pero su emergencia nos sorprendió por completo. Se trata de una importante predicción que concuerda con las observaciones.

En el modelo estándar del *big bang*, en cambio, no hay nada que produzca una flecha del tiempo. En dicho modelo, el Universo primitivo está lleno de radiación, pero no importa si ésta viaja hacia atrás o hacia delante en el tiempo a partir de las fuentes. Las ondas que viajen hacia el pasado incrementarán su energía a medida que se aproximen a la singularidad del *big bang*, lugar donde estallarán. Pero, en el modelo, la densidad se hace infinita en ese punto en cualquier caso, así que no hay problema. El modelo estándar del *big bang* no prohíbe, en principio, que las ondas viajen hacia atrás en el tiempo. Sin embargo, si ubicamos un bucle temporal en el origen, la autoconsistencia impide que las ondas viajen hacia el pasado, tal como hoy día observamos.

¿Qué sucede con la «flecha del tiempo en la entropía», el aumento del desorden a lo largo del tiempo que constatamos en el Universo? Se debe a la existencia de muchos estados desordenados y muy pocos dotados de orden. He aquí un ejemplo de cómo opera este principio. Coloquemos cuidadosamente cien monedas en una caja de zapatos, todas con la cara hacia arriba. Se trata de un estado altamente ordenado, fue necesario emplear energía para situar cada moneda. Agitemos la caja. Si echamos ahora un vistazo, veremos probablemente unas monedas boca arriba y otras boca abajo: un estado aleatorio o desordenado. Hay muchas configuraciones de monedas en las que algunas están hacia arriba y las demás hacia abajo –en cada caso particular, habrá distintas monedas que estén en una posición u otra–, pero sólo existe una en la que todas se hallan boca arriba. La probabilidad de que, tras sacudir la caja, encontremos las cien monedas cara arriba es pequeñísima: de 1 en 2^{100}. Si agitásemos la caja una vez por segundo, nos llevaría nada menos que cuarenta mil trillones de años conseguir que las cien monedas se ordenaran así por casualidad.

Del mismo modo, la probabilidad de encontrar un cubito de hielo en un horno caliente, en vez de agua o vapor, es tan diminuta que normalmente no esperaríamos que esto ocurriera por casualidad.

Si observamos un cubito de hielo dentro de un horno caliente, la explicación lógica es que alguien lo ha puesto recientemente. Si volvemos a mirar pasados cinco minutos, estará medio derretido, un estado más desordenado. Basándonos en un argumento presentado por Wheeler y Feynman en su artículo de 1945, veamos lo que sucedería si el cubito no hubiera sido colocado allí por nadie, sino que hubiera surgido de una fluctuación estadística muy improbable (equivalente a encontrar todas las monedas boca arriba). Si echáramos un vistazo cinco minutos después, esperaríamos ver el cubito medio derretido. Pero supongamos que hubiésemos mirado cinco minutos antes: también esperaríamos encontrar el cubito medio fundido, puesto que observar un cubito más grande aún sería incluso más improbable que encontrar el primero.

Así pues, las leyes físicas no establecen una flecha del tiempo basada en la entropía, se limitan a decir que la entropía se incrementa a medida que nos alejamos de un estado ordenado (ya sea hacia el futuro o hacia el pasado). No obstante, si el Universo se hallaba en un estado extremadamente ordenado en su origen, es de esperar que esté cada vez más desordenado conforme transcurre el tiempo.

En nuestro modelo del bucle temporal podemos calcular la temperatura en cualquier punto. Al hacerlo, resulta que el volumen contenido en el bucle se encuentra frío, a la temperatura correspondiente al cero absoluto. Se trata de un estado muy ordenado, de baja entropía. No existen partículas ni radiación alguna. Por otra parte y tras atravesar el horizonte de Cauchy, constatamos que el Universo está caliente (un observador que se hallara en la región posterior al bucle temporal se vería inmerso en un baño caliente de radiación de Hawking, debido a la existencia de horizontes de sucesos en el espacio. Esos horizontes se producen porque la naturaleza inflacionaria de éste hace que la luz procedente de sucesos muy distantes no alcance nunca al observador). El paso del frío al calor representa un aumento del desorden. Por lo tanto, en nuestro modelo existe una *flecha del tiempo en la entropía* (un mayor desorden conforme avanza el tiempo) en paralelo a la *flecha del tiempo electromagnética*. Dado que el Universo arranca automáticamente de un estado de baja entropía en el bucle temporal, el desorden se extendería de manera natural desde ese punto, lo que explicaría por qué está creciendo con el tiempo[20].

Por consiguiente, nuestro modelo ofrece un nuevo y prometedor enfoque sobre el origen del Universo partiendo de una singular propiedad de la relatividad general para abor-

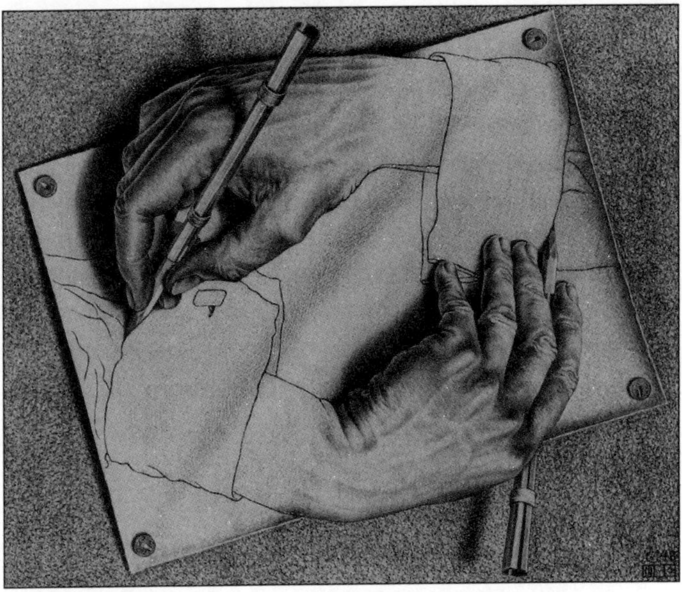

Figura 29. Manos dibujando (1948), de M. C. Escher.

dar, de una forma novedosa, la cuestión de la causa primera. De hecho, el viaje en el tiempo parece la manera ideal de resolver el problema.

Tal vez alguien se pregunte sobre las implicaciones teológicas de nuestro modelo. Ninguno de los dos hemos tenido en cuenta este aspecto y pensamos que no tenemos nada que decir. Nuestra intención ha sido comprobar si cierta propiedad interesante de la relatividad general podría ser útil a la hora de explicar el origen del Universo. Se trata de una labor propia de físicos. Me resistiría a extraer conclusiones de tipo teológico de nuestro modelo; los resultados son concluyentes. Un teólogo podría decir que un Universo que se crea a sí mismo puede ser una idea interesante, pero que deja sin responder la cuestión de *por qué* existe un Universo de esta clase en lugar de no existir ninguno. Lo que cada cual deduzca de nuestro modelo dependerá de sus supuestos iniciales. Ateos y panteístas tal vez encuentren atractiva la idea de un Universo que se crea a sí mismo. Como creyente, no puedo negar que un Universo así es un concepto problemático, pero muy posiblemente el Universo sea problemático en cualquier caso.

A modo de reflexión visual sobre el tema, invito al lector a contemplar la imagen de la figura 29.

5

Informe desde el futuro

> La esperanza no es la convicción de que algo irá bien, sino la certidumbre de que ese algo tiene sentido, independientemente de cómo resulte.
>
> Václav Havel, *Perturbar la paz*

Preguntas para un viajero del tiempo procedente del futuro

Ningún libro sobre viajes en el tiempo estaría completo sin un informe desde el futuro. Si un viajero del tiempo procedente del futuro apareciese de repente, ¿qué le preguntaríamos? Quizá querríamos saber qué será de nuestros seres queridos o cómo le irán las cosas a la empresa en la que trabajamos o cuánto durará como tal el país donde residimos. O más trascendente aún: qué sucederá en el futuro con la especie humana. De hecho, ésa fue la información más importante que el viajero del tiempo de H. G. Wells le trajo a sus amigos.

¿Podría un aviso desde el futuro salvarnos de algún destino terrible? Podría, según la teoría de los universos múltiples de David Deutsch, citada en el capítulo 1. En ese escenario existen muchos futuros posibles, y un viajero del tiempo puede proceder simplemente de uno de ellos. Si la mayoría de los universos futuros contienen cierta catástrofe, la mayor parte de los viajeros del tiempo provenientes de ellos la citarán (un viajero del tiempo sólo podría decirnos, por tanto, lo que es probable que suceda). Teniendo en cuenta el aviso, la catástrofe se evitaría trasladándonos hacia un universo futuro en el que ésta no se dé.

Por el contrario, en caso de que Thorne y Novikov estuvieran en lo cierto, un viajero del tiempo informaría de sucesos que ocurrirán inevitablemente en el futuro del mundo actual. Ninguna advertencia que nos hiciera ese viajero del tiempo podría alterar, por definición, el curso de los acontecimientos. Tal como Brandon Carter me recordaba recientemente, es como el drama de Casandra en la mitología griega; Casandra recibió de Apolo el don de la profecía, pero el dios, enojado más tarde, se vengó haciendo que nadie creyera en sus predicciones. ¿Es posible obtener una predicción científica fiable sobre el futuro? Tal vez, pero como casi siempre sólo si planteamos las preguntas correctas.

La predicción científica del futuro

La ciencia ha tratado de predecir el futuro desde hace mucho tiempo. Los astrónomos del antiguo Egipto lograron anticipar las crecidas del Nilo a partir de la elevación de la brillante estrella Sirio. Observaron patrones cíclicos repetitivos en el cielo y predijeron que tales patrones continuarían en el futuro, y acertaron. Mediante nuevas observaciones y con medios más sofisticados, los astrónomos llegaron a predecir los eclipses de Sol. El matemático y astrónomo griego Tales se hizo famoso por predecir correctamente el eclipse de Sol del 28 de mayo de 585 a.C.

Con la teoría de la gravitación de Newton fue posible predecir los movimientos futuros de los astros a partir de sus velocidades y posiciones actuales. En 1705, Edmund Halley utilizó la teoría de Newton para determinar que el cometa que había observado en 1682 regresaría a las proximidades de la Tierra hacia 1758. Halley falleció antes de esa fecha, en 1742, a la edad de ochenta y cinco años. Pero cuando el cometa regresó, exactamente como él había predicho, todos estuvieron de acuerdo en ponerle su nombre.

La teoría de la gravitación de Newton es la base de miles de predicciones acertadas. Sin embargo, cuando no pudo explicar la precesión de la órbita de Mercurio y la curvatura de un rayo de luz al pasar cerca del Sol, fue reemplazada por la más precisa teoría de la gravitación de Einstein. El método científico tiene éxito precisamente porque no le repugna desechar incluso una gran teoría como la de Newton si hace predicciones incorrectas.

A medida que progresaba, la ciencia incrementó su precisión a la hora de predecir sucesos futuros. Cuando se descubrió el cometa Shoemaker-Levy en marzo de 1993, los astrónomos utilizaron su posición y velocidad para anticipar correctamente que algo más de un año después chocaría con Júpiter. Esto permitió a los científicos estar preparados para observar el suceso mediante telescopios terrestres situados a todo lo largo de nuestro planeta, así como con el telescopio espacial Hubble. De manera similar, hoy día la hidrodinámica permite a los meteorólogos hacer un pronóstico exacto del tiempo con varios días de antelación y alertar de la aparición de huracanes o ventiscas, salvando vidas humanas. Se trata en todos los casos de predicciones científicas basadas en métodos bien definidos cuyo éxito ya había sido verificado en el pasado.

De hecho, en la época de Newton y en la inmediatamente posterior, los científicos pensaban que su capacidad para predecir el futuro crecería sin límites. Según la teoría de Newton, conociendo la masa, la posición y la velocidad actuales de cada una de las partículas del universo, se podría calcular la posición de cualquiera de ellas en un futuro tan avanzado como se deseara. Es decir, si se pudiera obtener un conocimiento exacto acerca del presente, se podría predecir automáticamente todo el futuro. Era la visión de un universo de relojería.

Pero el principio de incertidumbre de Heisenberg en la mecánica cuántica dice que no podemos medir a la vez la posición y la velocidad de una partícula con precisión arbitraria: no es posible materializar el sueño newtoniano de conocer exactamente la posición y velocidad de cada una de las partículas del universo en el momento actual. Así pues, la predicción detallada y perfecta del futuro de todas esas partículas es imposible en principio.

Aún peor: la teoría del caos afirma que muchos sistemas dinámicos son caóticamente inestables, lo cual quiere decir que las pequeñas incertidumbres en las posiciones y velocidades de las partículas se propagarán hacia el futuro, creciendo en tamaño y haciendo que nuestras predicciones se aparten del curso real de los acontecimientos. De este modo, sólo podemos predecir de forma exacta las órbitas de los asteroides cercanos a la Tierra durante un centenar de años; a más largo plazo, el caos invalida en inservibles nuestros pronósticos.

Muchos sistemas importantes son caóticos. La meteorología es caóticamente inestable con un horizonte de unos pocos días, circunstancia bien ilustrada en la conocida afirmación de que el batir de las alas de una mariposa en la selva amazónica puede variar el curso de un huracán en el Caribe meses después. Los pequeños cambios se acumulan creando cambios más grandes, los cuales duplican su magnitud una y otra vez. Calcular de forma precisa el tiempo que va a hacer con meses de antelación requeriría conocer con una exactitud imposible la meteorología actual y poder predecir el movimiento de todos y cada uno de los animales que hay en la Tierra. Razón por la cual sólo se aspira a realizar pronósticos meteorológicos fiables a muy corto plazo.

La evolución biológica también parece ser caótica. Si retrocediésemos quinientos millones de años y elimináramos un solo ejemplar de trilobites, tal vez el ser humano nunca hubiera existido y la evolución podría haber continuado en otra dirección. Hace cinco millones de siglos nadie podría haber predicho qué aspecto tendrían un tiranosaurio o el *Homo sapiens*. Stephen Jay Gould, de Harvard, ha hecho una elocuente exposición de este hecho en su libro *La vida maravillosa*. Si rebobináramos la película de la historia y la proyectásemos de nuevo, podría ser completamente distinta en los detalles.

En muchos de los asuntos que más nos preocupan, incluido el del futuro de nuestra propia especie, nuestra capacidad para realizar predicciones detalladas de tipo newtoniano parece ser casi nula. Esto ha hecho que mucha gente considere el futuro totalmente impredecible. Se trata de una postura en exceso pesimista. Antes de que aparezca algún viajero del tiempo, ¿qué podemos pronosticar? La mecánica cuántica nos dice que, en principio, toda predicción sobre el futuro debe ser establecida en términos de probabilidad de los resultados de observaciones futuras. En la práctica, esas estimaciones estadísticas pueden ser extremadamente útiles y decirnos cosas que a todos nos interesan.

Que el futuro del universo no pueda ser calculado en detalle no significa que no podamos hacer predicciones sobre él. Por ejemplo, podemos pronosticar que nevará algún día del año próximo en Nueva York y tener la certeza de acertar. Se trata de una predicción de una clase diferente, una predicción estadística, que no requiere analizar en detalle cada variable meteorológica y que no se ve afectada por la famosa mariposa de la Amazonia.

Es relativamente común pedirle a los científicos un pronóstico sobre el futuro, no ya mediante la aplicación de un marco teórico concreto –como hizo Halley con el de Newton–, sino simplemente en calidad de expertos conocedores de las leyes físicas. Casi siempre, se trata de decidir si algo violaría o no dichas leyes y, a partir de ello, predecir si nuestra tecnología nos permitirá algún día alcanzarlo. En la década de 1890, cuando el físico ruso Konstantin Tsiolkovsky predijo que en el futuro la gente viajaría al espacio por medio de cohetes, su pronóstico perteneció a esta categoría. De una forma parecida, Julio Verne anticipó el submarino nuclear.

Pero Verne también predijo que la gente viajaría a las profundidades de la Tierra y que allí encontraría dinosaurios vivos, lo cual no ha sucedido en absoluto. Aunque a veces los pronósticos de este tipo resultan espectacularmente acertados, la mayoría no se han cumplido. Gerard O'Neill, de Princeton, predijo en 1974 que hacia el año 1996 habría entre cien y doscientas mil personas viviendo en el espacio. Proponía incluso el modo: mediante la construcción de grandes colonias espaciales. La idea era buena, pero es evidente que no se llevó a cabo.

El problema con esa clase de pronósticos es que se trata de simples conjeturas cultas. La historia demuestra que pueden estar tremendamente equivocadas y, a menudo, ser excesivamente optimistas, en particular a la hora de evaluar riesgos. Se suponía que las centrales nucleares eran tan seguras que la probabilidad de que se produjera un accidente era similar a la de ser alcanzado por un rayo, hasta que lo ocurrido en Three Mile Island y Chernobyl demostró que la premisa era errónea. Lo que determina el fallo suele ser, habitualmente, algo que aparece por sorpresa, algo que no se preveía en los cálculos y que hace que la tasa de fallo global sea más alta que la que habíamos supuesto.

Cuando la esposa de Albert Caldwell embarcó en el *Titanic*, le preguntó a un marinero: «¿Es cierto que este barco es realmente insumergible?». «Sí, señora –replicó el hombre–. Ni el mismo Dios podría hundirlo.» El pronóstico, recogido por Walter Lord en *La última noche del Titanic*, estaba basado en el hecho de que el *Titanic* era un barco nuevo, dotado de dieciséis compartimientos estancos. Si se producía una vía de agua, el compartimiento afectado podía ser sellado, evitando que la nave se fuera a pique. El sistema de seguridad parecía invulnerable. Por supuesto, lo imprevisto sucedió. Una arista del iceberg contra el que chocó el *Titanic* le produjo una fisura bajo el agua de cien metros de longitud que afectó a varios compartimientos. De manera similar, el supuestamente invencible acorazado alemán *Bismarck* resultó hundido en su viaje inaugural. Su propia fama de invencible hizo que los británicos enviaran a casi toda su flota tras él, hasta que finalmente lograron hundirlo. Las predicciones se equivocan a menudo.

Me dispongo a hacer seguidamente algunas predicciones. No se trata de profecías, meras opiniones de un experto cuyos temores o esperanzas pueden ser confrontados con los de otros expertos, como en la mayoría de los libros futuristas; están por el contrario en la línea de las predicciones científicas como la de Halley, basadas en una teoría concreta que ha cosechado importantes éxitos en el pasado. Nos dirán cuánto durará probablemente la especie humana y cómo podríamos habernos librado, en su momento, de los desastres del *Titanic* o del *Bismarck*.

La predicción de la caída del Muro de Berlín

En 1969, mientras me hallaba ante el Muro de Berlín, descubrí una manera de predecir la duración probable de algo que estemos contemplando. Se basa en el *principio copernicano*, la idea de que nuestra ubicación no es especial: una de las hipótesis más fructíferas y famosas de todos los tiempos. Se denomina así en honor de Nicolás Copérnico, quien demostró que la Tierra no ocupaba un lugar especial (el centro del universo). Los descubrimientos posteriores –que orbitamos en torno a una estrella ordinaria perteneciente a una galaxia ordinaria situada en un cúmulo ordinario– hicieron aún menos especial nuestra situación. El principio copernicano funciona porque, por definición, a excepción de los lugares en los que es posible la existencia de observadores inteligentes, sólo existen unos pocos lugares especiales y muchísimos más que no lo son; simplemente, es mucho más probable hallarse en uno de esos lugares que no son especiales. Christiaan Huygens (brillante contemporáneo de Newton que desarrolló la teoría ondulatoria de la luz y el reloj más preciso de la época) utilizó este principio para estimar con acierto la distancia hasta las estrellas. Se preguntó por qué el Sol tenía que ser especial, la luz más potente del universo. Pensó que si Sirio, la estrella más brillante del firmamento, fuera intrínsecamente tan brillante como el Sol, podía calcular su distancia a la Tierra sólo estimando cuán lejos tendría que llevarse el Sol para conseguir que pareciera tan tenue como Sirio. Investigaciones posteriores demostraron que Huygens había determinado la distancia a esa estrella dentro de un factor de 20, un logro notable para la época.

Cuando Hubble descubrió que la distribución de las galaxias era igual en todas las direcciones y que todas parecían alejarse de nosotros, podía haber concluido que nos hallábamos en el centro del universo. Sin embargo, si admitimos que no somos especiales, cualquier observador vería lo mismo, lo cual nos lleva al modelo estándar del *big bang* que Gamow, Herman y Alpher utilizaron para anticipar la existencia de la radiación cósmica de fondo, una de las predicciones más notables de la historia de la ciencia que haya probado ser cierta, lo cual fue posible por haber adoptado la idea de que nuestra ubicación no es especial.

En 1969, cuando visité el Muro de Berlín, éste llevaba construido ocho años. La gente se preguntaba cuánto iba a durar aquello. Algunos pensaban que era una aberración temporal, mientras otros creían que perduraría indefinidamente en la Europa moderna. Por mi parte, razoné –siguiendo el principio copernicano– que, dado que no había nada especial en relación con mi visita, estaba contemplando el Muro en algún momento aleatorio de su existencia, en algún punto situado entre su principio y su fin. Si la ubicación temporal de mi visita no tenía nada de especial, entonces había un 50% de probabilidad de que me hallara en los dos cuartos centrales de ese período. Si me encontraba al

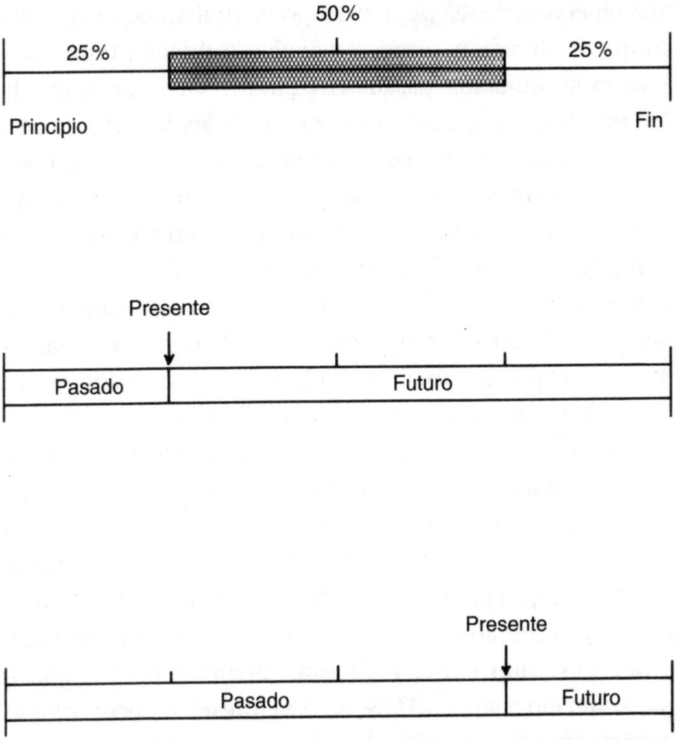

Si contemplamos algo en un instante al azar, hay una probabilidad del 50% de que ese algo se halle en los dos cuartos centrales del período en que es observable (diagrama de arriba). En un extremo (diagrama intermedio), el futuro es 3 veces más largo que el pasado, mientras que en el otro (diagrama inferior), el futuro es la tercera parte de aquél. Existe una probabilidad del 50% de que nos hallemos entre esos dos extremos y de que el futuro dure entre un tercio y tres veces lo que duró el pasado.

Figura 30. El argumento copernicano del 50%.

principio del intervalo medio, entonces había transcurrido ya la cuarta parte de su existencia y aún le quedaban otras tres cuartas partes. Si, en cambio, me hallaba al final de dicho intervalo, el Muro había estado ya en pie las tres cuartas partes de su duración y sólo permanecería una cuarta parte más en el futuro. Así pues, existía una probabilidad del 50% de que la duración futura de aquello estuviera entre $^1/_3$ y 3 veces su duración pasada (figura 30). Ocho años divididos por 3 dan $2^2/_3$ años, mientras que 8 años multiplicados por 3 dan 24 años. Así pues y ante el propio Muro en 1969, predije a mi amigo Charles Allen (actual presidente de la Liga Astronómica), que había un 50% de probabilidad de que esa ominosa frontera durara entre $2^2/_3$ y 24 años. No hice pronóstico alguno sobre cuál sería la causa de su final: sólo me limité a estimar el tiempo que probablemente duraría. Mi predicción podía haber resultado incorrecta fácilmente. El Muro de Berlín podía haber sido destruido por una bomba atómica unos milisegundos después de formularla (al fin y al cabo, estábamos en la guerra fría) o haber permanecido en pie durante miles de años.

Pero veinte años después pude llamar a mi amigo y decirle: «Chuck, ¿recuerdas mi predicción sobre el Muro de Berlín?». La recordaba. «Bien, pues enciende el televisor. Tom Brokaw está junto a él y ¡lo están derribando!» Cuando el Muro se vino abajo en 1989, a los veinte años, según mi predicción, decidí que escribiría todo esto algún día.

El futuro de la especie humana

Quise aplicar la técnica del principio copernicano a algo verdaderamente trascendental: la duración probable de la especie humana. El asunto era el tema de fondo de mi artículo «Implicaciones del principio copernicano en nuestras expectativas de futuro», aparecido en *Nature* el 27 de mayo de 1993. Es obvio que a los científicos nos gusta hacer predicciones que tengan más de un 50% de probabilidad de cumplirse y es habitual que sólo nos arriesguemos a hacerlas cuando esa probabilidad cuente con al menos un 95%, lo suficientemente alta para que represente un arduo trabajo cuestionar la predicción, pero lo bastante baja para establecer unos límites interesantes. El criterio se ha convertido en estándar para las predicciones científicas.

¿Cómo se aplica esto a mi argumento? Asumiendo que no hay nada especial en nuestra ubicación, cuando observamos algo, existe un 95 % de probabilidad de que lo estemos contemplando durante el 95 % central del período en que ese algo es observable (es decir, de que no nos hallemos ni en el 2,5 % inicial ni en el 2,5 % final del intervalo en que es posible la observación). El final sobreviene cuando ese algo es destruido o cuando no queda ya ningún observador que lo contemple, lo que suceda primero. Si expresamos un 2,5 % en forma de fracción, ésta resulta ser 1/40. Si nos encontramos en el punto inicial del 95 % central, estaremos exactamente a ese 2,5 % inicial; en este caso, 1/40 del intervalo pertenece al pasado y los otros 39/40, al futuro; éste es, pues, 39 veces más largo que el pasado. En el otro extremo, si nos hallamos al término del 95 % del medio, estaremos al 2,5 % del final; 39/40 del intervalo pertenecen al pasado y 1/40, al futuro; en este caso, el futuro es sólo 1/39 del pasado. Así pues, podemos decir con una confianza del 95 % que nos encontramos entre esos dos extremos y que la duración futura de eso que estamos observando está comprendida entre 1/39 y 39 veces la duración pasada (figura 31)[1].

Nuestra especie, el *Homo sapiens*, lleva por aquí unos 200.000 años[2]. Si el momento presente no tiene nada de especial, existe un 95 % de probabilidad de que nos hallemos en algún punto del 95 % central de la historia de la humanidad. De este modo, podemos establecer con un 95 % de confianza los límites para la duración futura de la especie humana. Tales límites estarían por encima de los 5.100 años, pero por debajo de los 7,8 millones de años (5.100 es 1/39 de 200.000 y 7,8 millones es 39 veces 200.000). Curiosamente, esto nos da una longevidad total probable (pasado más futuro) de entre 205.000 y 8 millones de años, similar a la de

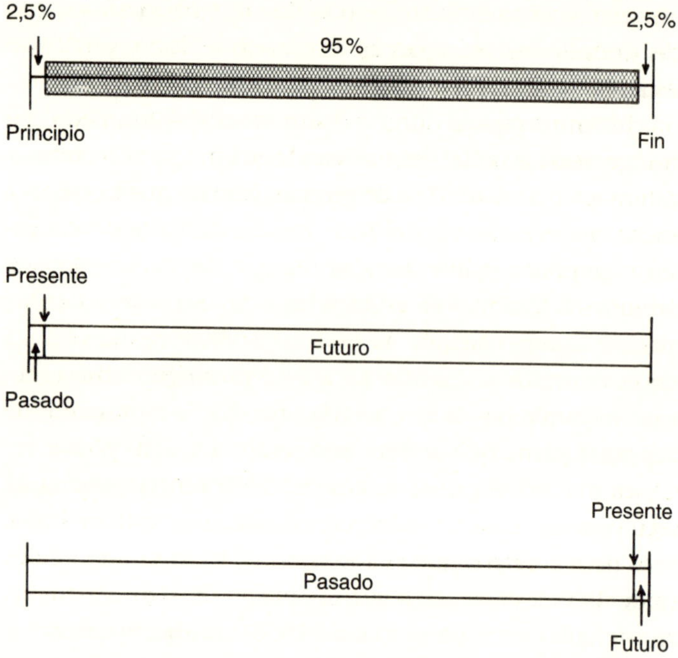

Si contemplamos algo en un instante al azar, hay una probabilidad del 95% de que ese algo se halle en el 95% central del período en que es observable (diagrama de arriba). En un extremo (diagrama intermedio), el futuro es 39 veces más largo que el pasado, mientras que en el otro (diagrama inferior), el futuro es 1/39 de aquél. Existe una probabilidad del 95% de que nos hallemos entre esos dos extremos y de que el futuro dure entre 1/39 y 39 veces lo que duró el pasado.

Figura 31. El argumento copernicano del 95%.

otros homínidos (el *Homo erectus*, nuestro antepasado directo, se extinguió a los 1,6 millones de años y el *Homo neanderthalensis*, a los 0,3 millones) y a la de la mayoría de los mamíferos (cuya longevidad media es de dos millones de años)[3]. La longevidad media para todas las especies se halla comprendida entre uno y once millones de años.

Alguien podría argumentar que, para una especie inteligente –capaz de hacer razonamientos abstractos, crear arte, plantear cuestiones como «¿cuánto durará nuestra especie?», etcétera–, no serían aplicables las reglas normales de las extinciones. En teoría podríamos emplear nuestros descubrimientos para mejorar nuestra situación por medio de la ingeniería genética (modificándonos nosotros mismos a voluntad) o a través de los viajes espaciales (para extender enormemente nuestro hábitat). La alta tecnología, no obstante, implica también riesgos importantes, tales como los debidos a la guerra biológica o a las armas nucleares. La estimación copernicana de nuestra longevidad futura se basa sólo en nuestra longevidad pasada como especie inteligente y no depende de datos provenientes de otras especies. Es, por tanto, llamativo que su predicción de la longevidad total sea similar a las de las constatadas para otras especies. Si seguimos en la Tierra, estaremos expuestos también a muchos de los riesgos que ellas afrontan, incluyendo grandes epidemias, desastres ecológicos y meteorológicos, impactos de asteroides, etcétera, por lo que cabe argumentar que nuestra longevidad debería ser parecida.

Desgraciadamente para nosotros, no existe una correlación positiva entre la inteligencia general y la longevidad de las especies. Einstein era un genio, pero no vivió muchos años más que cualquiera de los mortales. El *Tyrannosaurus rex* duró sólo unos 2,5 millones de años. Fue el predador más temible de su tiempo y tenía unos dientes enormes. Pero, al parecer, ni los dientes ni los cerebros grandes son garantía de una mayor longevidad.

La predicción de nuestro futuro

Me voy a permitir hacer algunas predicciones sobre usted, lector. Es muy probable que *no* haya nacido el 1 de enero. Es probable que se halle en el 95 % central de la guía telefónica de su ciudad (en Estados Unidos esto significa tener un apellido comprendido entre Aona y Wilson*. También es probable que haya nacido en un país cuya población supera los 5,8 millones de habitantes. ¿Son correctas la mayoría de esas predicciones? ¿Todas quizás? He hecho esas conjeturas basándome simplemente en que no hay nada especial en relación con su nacimiento.

Toda hipótesis científica que se precie debe ser verificable y el principio copernicano no es una excepción. Afortunadamente, proporciona numerosas predicciones que pueden ser comprobadas (muchas de ellas en la vida diaria).

El día que mi artículo se publicó en *Nature*, el 27 de mayo de 1993, busqué en *The New Yorker* todas las obras de teatro y musicales que se estaban representando en aquel momento; encontré cuarenta y cuatro. Telefoneando a cada una de las salas, averigüé cuánto tiempo llevaba cada una de ellas en cartel. Luego me limité a esperar para ver cuánto tiempo más permanecían. Elegí obras de teatro como elemento de estudio, básicamente por dos razones. En primer lugar, como la mayoría de ellas no llevaban mucho tiempo representándose, parecía probable que obtuviera resultados interesantes sin tener que esperar demasiados años. En segundo, la permanencia en cartel de las comedias de Broadway es notoriamente difícil de predecir. Puede morir el protagonista, o arder el teatro o que el inesperado éxito de un actor hasta entonces desconocido prorrogue la obra. Las obras de teatro están sujetas a incertidumbres caóticas, al igual que las especies. Así pues, son un terreno de prueba excelente.

Treinta y siete de esas obras teatrales y musicales se hallan fuera de cartel en la actualidad, en perfecta correspondencia con las predicciones de un nivel de confianza del 95 % realizadas mediante mi fórmula. Por ejemplo, *Will Rogers Follies*, que llevaba en cartel setecientos cincuenta y siete días, fue

* En España, el apellido estaría comprendido alfabéticamente entre Allende y Vera. *(N. del T.)*

retirada ciento un días después y *El beso de la mujer araña*, que llevaba sólo veinticuatro días, permaneció setecientos sesenta y cinco días más. En ambos casos, la longevidad futura se halló dentro del margen comprendido entre 1/39 y 39 veces la longevidad pasada, según lo esperado.

¿Cuánto pensaba la gente que permanecerían en cartel esas obras?, o, al menos ¿cuánto tiempo sugerían los anuncios publicitarios que durarían? En la prensa, los anuncios de *El beso de la mujer araña* prometían: «El beso que perdura para siempre». Pero poco antes de que la obra fuera retirada, nuevos anuncios ofrecían «El último beso». Los de *Cats* decían por aquel entonces: «*Cats,* ahora y siempre». Cuando se publicó mi artículo, la obra llevaba en cartel 10,6 años. Fue retirada 7,3 años después. ¿Cómo supe que *Cats* no duraría eternamente? Si hubiese durado para siempre, a todos los observadores, excepto a una fracción infinitesimal de ellos, les hubiera parecido casi tan antigua como el propio universo y entonces mi percepción de que la obra era muchos órdenes de magnitud más joven que el universo haría que el momento de mi observación resultara muy especial.

La misma clase de razonamiento nos lleva a pensar que el *Homo sapiens* (presumiblemente, la primera especie *inteligente* sobre la Tierra, es decir, la primera capaz de plantearse una cuestión como ésta) y sus descendientes inteligentes, si los hay, no durarán eternamente. Sabemos que nuestro linaje tiene una antigüedad de 200.000 años en un universo que tiene 13.000 millones. La proporción entre ambas magnitudes es de 1:65.000. Pero supongamos que el destino del ser humano y el de sus descendientes inteligentes fuese perdurar eternamente. La gente que hubiera dentro de un billón de años constataría una edad de 1.000.000.200.000 años para su linaje y otra de 1.013.000.000.000 para el universo. El cociente entre ambas cifras es 0,987, un número próximo a 1. La infinita cantidad de gente que viviera después constataría una proporción todavía más cercana a la unidad. Así pues, si los humanos y sus descendientes inteligentes duraran eternamente, todos excepto una fracción infinitesimal de ellos observarían que esa proporción vale prácticamente 1. Sin embargo, nosotros observamos 1/65.000, un número mucho más pequeño, lo que nos convierte en algo muy especial (figura 32). Por lo tanto, parece que ni la especie humana ni sus descendientes inteligentes están llamados a durar eternamente. Sabiendo, pues, que existe un final para ellos, podemos decir con un 95 % de confianza cuándo tendrá lugar ese final: entre 5.100 y 7,8 millones de años hacia el futuro. En todos los casos partimos del concepto copernicano de que nuestra observación no es probable que resulte especial entre otras observaciones similares.

En septiembre de 1993, P. T. Landsberg, J. N. Dewynne y C. P. Please utilizaron mi fórmula en la revista *Nature* para predecir cuánto tiempo continuaría en el poder en el Reino Unido el gobierno conservador. Como el Partido Conservador llevaba catorce años en el poder por aquel entonces, estimaron con el 95 % de confianza que continuaría gobernando durante al menos 4,3 meses, pero menos de 546 años. El Partido Conservador perdió las elecciones 3,6 años después, en mayo de 1997, de acuerdo con la predicción.

Tras la publicación de mi artículo, recibí una amable comunicación de Henry Bienen, decano de la Escuela Woodrow Wilson de Princeton en aquella época. Me indicaba que, en 1991 y en compañía de Nicholas van de Walle, había escrito un libro, *El tiempo y el poder*, en el que, tras realizar un estudio estadístico detallado sobre dos mil doscientos cincuenta y seis líderes mundiales, llegaba a la conclusión de que «el tiempo que un gobernante ha permanecido en el poder es un buen predictor del tiempo que aún continuará en él; de hecho, de todas las variables examinadas, es la que produce el mayor nivel de confianza».

De los ciento quince líderes mundiales que estaban en ejercicio cuando nací (el 8 de febrero de 1947), la fórmula co-

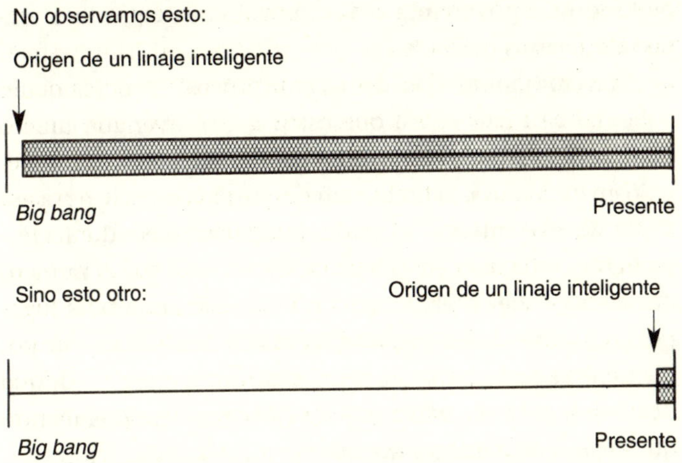

Si el destino de los humanos y el de sus descendientes inteligentes fuese a durar para siempre, todos, excepto una fracción infinitesimal, observarían (ver diagrama superior) que su linaje (la parte sombreada) es casi tan antiguo como el propio universo hasta el *big bang*.

Pero lo cierto es que hoy día observamos (diagrama de abajo) que nuestro linaje es mucho más joven. Esta circunstancia nos haría muy especiales, lo cual no es probable.

Figura 32. Por qué no es probable que duremos eternamente.

pernicana del 95% predecía correctamente la permanencia en el poder de ciento ocho de ellos, o sea, del 94%, un resultado francamente bueno. Mi alumna Lauren Herold repitió el experimento. De los doscientos treinta y dos gobernantes en ejercicio en la fecha en que ella nació (12 de marzo de 1975), doscientos nueve habían abandonado el poder cuando hizo el cálculo, en 1996. La fórmula copernicana predecía correctamente ciento noventa y seis de esos casos. Entre los veintitrés líderes que continuaban en ejercicio en 1996 había uno que ya había excedido su límite superior –un fallo seguro para dicha fórmula– y veintidós en los que la fórmula acertaría siempre que ninguno de ellos siguiera gobernando con más de ciento cincuenta años. Si era así, la predicción se convertiría en correcta para doscientos dieciocho de los doscientos treinta y dos casos, lo que equivale a una tasa de aciertos del 94%.

El lector también puede hacer la prueba. Recuerde quién gobernaba su país el día que usted nació. Averigüe cuánto tiempo llevaba en el poder en aquel momento y cuánto siguió en él después. Si ambas cifras están relacionadas por un factor de 39 o inferior, la predicción habría acertado. La fórmula funciona bien en una situación real aunque el número de países y el de observadores vaya aumentando con el tiempo. Lo primero haría que la observación de las tomas de poder tienda a adelantarse un poco, dado que si crece el número de líderes, cada vez habrá más de ellos asumiendo el mando que dejándolo. Lo segundo, que esa misma observación tienda a retrasarse, ya que la parte final de una etapa de gobierno tendrá cada vez más testigos. Ambos efectos se cancelan mutuamente, siempre que la cantidad de cosas sometidas a observación sea proporcional a la de gente que las observa, lo cual parece razonable que suceda, ya que toda persona tiene una capacidad de observación limitada.

Al concluir una conferencia sobre el tema en la reunión anual de la Sociedad Astronómica del Pacífico, alguien me preguntó qué predicción hacía mi fórmula sobre mi propia longevidad. Cuando se publicó mi artículo, el 27 de mayo de 1993, yo tenía 46,3 años, con lo que la fórmula del 95% diría que mi esperanza de vida era de al menos 1,2 años, pero menor que 1.806. Una vez rebasado el límite mínimo, y muy difícil parece que supere también el máximo, la fórmula habría acertado conmigo. De todas las personas vivas cuando mi artículo fue publicado, la fórmula copernicana del 95% predeciría correctamente la longevidad futura en el 96% de los casos, si aplicamos las tablas actuariales y de distribución de la población mundial de 1983 editadas por Ansley Coale y sus colaboradores, con las que es posible estimar la esperanza de vida, tasa de crecimiento de la población y distribución de ésta por edades para 1993. Mediante dichas tablas se puede predecir el porcentaje de personas en cada grupo de edad para las que sería válida mi fórmula. La fracción es superior al 95 % en todos los grupos comprendidos entre jóvenes y adultos de edad madura, e inferior a dicho porcentaje para bebés y ancianos de edad muy avanzada. Como es improbable que el lector se halle en uno de estos dos últimos grupos, la fórmula será seguramente válida también para él.

Por supuesto, podemos establecer un margen más estrecho para nuestra longevidad futura usando simplemente esas tablas actuariales y aprovechando el hecho de que no sólo conocemos nuestra propia edad, sino también la del fallecimiento de otros millones de personas. Con la ayuda de una base de datos de ese tipo y aplicando de nuevo el principio copernicano, cabe suponer que no somos seres humanos especiales y de este modo obtener una estimación más exacta. Pero si viviéramos en una isla desierta y no hubiéramos tenido jamás noticia de ningún otro ser humano, a partir sólo de nuestra edad actual, la fórmula copernicana del 95 % nos permitiría estimar aproximadamente nuestra longevidad futura con un 95 % de confianza. Y, dado que no disponemos de datos estadísticos sobre otras especies inteligentes, la predicción copernicana sobre la longevidad futura de nuestra especie es, hoy por hoy, la mejor estimación posible.

Veamos ahora algunas aplicaciones históricas.

Durante mi visita a la Unión Soviética el año 1977 y mientras paseaba por la Plaza Roja recuerdo que pensé que si el régimen soviético tenía sólo sesenta años, era muy posible que no perdurase tanto como entonces suponía la mayoría de la gente. En aquella época, las principales amenazas contra su existencia, incluyendo el intento de invasión por parte de la Alemania nazi y el peligro de un ataque nuclear durante la guerra fría, habían sido conjuradas o su importancia había disminuido considerablemente y muchos argumentaban que su estabilidad futura estaba asegurada, constituyendo una especie de contrapeso permanente a Estados Unidos. Pero el hecho es que, catorce años más tarde, el régimen soviético desapareció. Supongo que mi visita no tuvo nada que ver con su caída y, desde luego, predecir en aquel momento sus causas exactas habría sido imposible. *Glasnost* y *perestroika* eran inimaginables en 1977, no pertenecían siquiera a nuestro vocabulario de la guerra fría. El argumento copernicano del 95 % funcionaba de nuevo –la proporción entre futuro y pasado estaba en el margen del factor 39–, incluso aunque las reglas estuviesen cambiando y las amenazas futuras fuesen de una índole completamente distinta de las del pasado. El hecho es que, en última instancia, mi visita no tuvo nada de especial.

En 1956, Nikita Kruschev fanfarroneaba diciendo: «Os sepultaremos a todos». Muchos interpretaron la frase como una siniestra advertencia sobre los planes soviéticos de destruir Estados Unidos, pero en realidad era un viejo dicho ruso que significaba simplemente: «Os sobreviviremos, asistiremos a vuestro funeral, estaremos allí para enterraros». La afirmación era un farol, ya que en aquella época la Unión Soviética tenía sólo treinta y nueve años, mientras que Estados Unidos tenía ciento ochenta. Y, en efecto, la Unión Soviética desapareció treinta y cinco años después y Estados Unidos consiguió sobrevivir a ella.

Es peligroso hacer predicciones que caigan fuera de los límites impuestos por el factor 39, implícito en el principio copernicano. En 1934, tras llevar sólo un año en el poder, Adolf Hitler hizo una famosa y siniestra predicción, según la cual no habría ninguna revolución en Alemania en los siguientes mil años. Su afirmación de que el Tercer Reich duraría mil años más sobresaltó al mundo entero. Afortunadamente su predicción fue temeraria, pues en aquel momento la fórmula copernicana habría predicho con el 95 % de confianza que la longevidad futura del Tercer Reich sería superior a nueve días, pero inferior a treinta y nueve años. Cumpliendo esta predicción, tanto Hitler como el Tercer Reich pasaron a mejor vida once años después.

La famosa lista de las Siete Maravillas del Mundo se remonta aproximadamente al año 150 a.C., la época de Antípater de Sidón. Dos de las Siete Maravillas (los jardines colgantes de Babilonia y el coloso de Rodas) no existían ya en el momento en que se confeccionó la lista, pero sí las otras cinco: la estatua de Zeus en Olimpia, el templo de Artemisa en Éfeso, el mausoleo de Halicarnaso, el faro de Alejandría y las pirámides de Egipto. Ninguna de las cuatro maravillas que tenían menos de cuatrocientos años en aquel momento se halla hoy día en pie. Sólo la más antigua –las pirámides, que ya tenían entonces dos mil cuatrocientos años– ha sobrevivido. Las cosas que han sobrevivido largo tiempo tienden a perdurar aún mucho tiempo más. Las que no han durado mucho suelen desaparecer en breve plazo.

Anote el lector el momento exacto en que está leyendo esta frase: ______ (año) ______ (mes) ______ (día) ______ (hora) ______ (minuto) ______ (segundo). La publicación del presente libro no tiene ninguna relevancia especial para usted. Así pues, el instante consignado arriba, en el que leyó la primera frase de este párrafo, no debería tener significado alguno en relación con asuntos que sean de importancia para usted. Empleando ese instante como punto de observación, el lector puede aplicar la fórmula copernicana del 95% y predecir la duración futura de su relación actual, la del país en el que vive, la de la universidad a la que asiste o planea asistir, la de la empresa para la que trabaja o la de su revista favorita.

¿Cuándo *no* se debe usar la fórmula? No debemos esperar a que nos inviten a la boda de un amigo y, un minuto después de que se hayan intercambiado los anillos, proclamar públicamente que el matrimonio va a durar menos de treinta y nueve minutos. Hemos sido invitados a la boda precisamente para presenciar un momento muy *especial* de ese matrimonio: su comienzo. Sin embargo, podemos usar el instante consignado arriba como punto de observación para predecir el futuro de nuestro matrimonio (si es que estamos casados) debido a que nuestra lectura del párrafo anterior no guarda relación alguna con dicho matrimonio y ha tenido lugar en un momento aleatorio de él.

Tampoco deberíamos utilizar la fórmula para predecir la esperanza de vida de los pacientes de una clínica geriátrica ya que, por definición, estos centros se ocupan de personas que se encuentran en una etapa especial –próxima al fin– de sus vidas. En cambio, sí sería posible aplicar la fórmula a la hora de estimar, a partir del tiempo de permanencia actual en la clínica, la duración probable de la estancia.

No es posible emplear la fórmula para predecir su propia longevidad futura. Como los invitados a una boda, mi artículo y los escritos por personas que vivían en 1993 están ubicados por definición en un lugar especial de la historia: el momento en que se dio a conocer la fórmula; cerca, pues, de su comienzo. Mi artículo puede dejar de ser conocido en el futuro, no porque esté equivocado, sino simplemente porque sea olvidado. En el año 260 a.C., Aristarco de Samos llegó a la conclusión de que era la Tierra la que giraba alrededor del Sol, pero sus escritos se perdieron y su obra fue ignorada hasta que apareció Copérnico.

La fórmula no sirve para predecir la longevidad del universo. En un principio, no había observadores inteligentes y, dada la probabilidad de que éstos desaparezcan también mucho antes que el universo que los aloje, nuestro punto de observación podría ser especial con respecto a la historia del cosmos. Los observadores inteligentes viven en una época habitable (y, por tanto, especial) de esa historia, una idea conocida como «principio antrópico débil». Nuestro punto de vista, no obstante, no tendría por qué resultar especial *entre* observadores inteligentes. Para motivos más antiguos que la especie humana, adoptaríamos como comienzo las primeras observaciones humanas de dicha cuestión y las últimas como fin, y nos limitaríamos a predecir el período de observabilidad futura a partir del de observabilidad pasada, basándonos como siempre en la hipótesis de que nuestra observación no es especial entre otras similares.

La mecánica cuántica nos dice que al observar un sistema podemos ejercer influencia sobre él. Si hacemos una predicción sobre algo irrelevante y fácil de cambiar (por ejemplo, cuánto tiempo usaremos aún la ropa que llevamos puesta) nos resultará muy sencillo que la predicción se equivoque (bastaría con que nos cambiásemos de ropa de inmediato; si estamos leyendo este libro en una biblioteca, el asunto puede ser problemático, pero será fácil si nos hallamos en casa). En cambio, si el sujeto de la predicción es algo importante –como nuestro matrimonio–, no intentaremos cambiarlo simplemente para demostrar que la predicción es errónea. La influencia, por tanto, no es probable que sea significativa en asuntos de cierta importancia. Por ejemplo, el artículo de *Nature* que predecía la caída del gobierno conservador en el Reino Unido podría haber *causado*, en principio, que el gobierno dimitiera ese mismo día sólo para demostrar que el artículo se equivocaba, pero sería algo descabellado y, por supuesto, no sucedió. El Partido Conservador intentó continuar en el poder tanto tiempo como fue posible, indiferente a todas las profecías.

Rachel Silverman, periodista del *Wall Street Journal*, me telefoneó a finales de 1999 pidiéndome que le hiciera una serie de predicciones para el ejemplar del 1 de enero de 2000, en el que habría una sección dedicada al futuro. Se trataba de un día muy especial en lo que al calendario se refería, pero no tenía por qué serlo en lo relativo a nuestra observación de otros asuntos. He aquí los temas que ella me propuso –según su interés y el de los lectores del *Wall Street Journal*–, junto con las predicciones de un nivel de confianza del 95% que finalmente aparecieron en el citado ejemplar:

FENÓMENO Y FECHA INICIAL	LONGEVIDAD FUTURA	
	MÁS DE	PERO MENOS DE
Stonehenge (2000 a.C.)	102,5 años	156.000 años
Panteón (126 d.C.)	48 años	73.086 años
Ser humano *(Homo sapiens)* (200.000 años)	5.100 años	7,8 millones de años
Gran Muralla China (210 a.C.)	56 años	86.150 años
Internet (1969)	9 meses	1.209 años
Microsoft (1975)	7 meses	975 años
General Motors (1908)	2,3 años	3.588 años
Cristianismo (*c.* 33 d.C.)	50 años	76.713 años
Estados Unidos (1776)	5,7 años	8.736 años
Bolsa de Nueva York (1792)	5,2 años	8.112 años
Manhattan (adquirida en 1626)	9,5 años	14.586 años
Wall Street Journal (1889)	2,8 años	4.329 años
New York Times (1851)	3,8 años	5.811 años
Universidad de Oxford (1249)	19 años	29.289 años

Por «Manhattan» entendemos la ciudad de Nueva York, ya que fue fundada allí en 1626. Internet podría desaparecer, bien por la extinción de su tecnología, bien porque sea reemplazada por algo mejor (el «Holodeck» de *Star Trek*, por ejemplo). Como en otros casos, el fin de Stonehenge, el Panteón, la Gran Muralla, etcétera, tendría lugar cuando esos monumentos fuesen derribados o desaparecieran por otros métodos o no quedara nadie para observarlos.

El lector puede elaborar su propia lista. Recordemos que, si utilizamos la fórmula para hacer cien predicciones al azar sobre nuestro futuro, cinco de ellas en promedio resultarán erróneas. Si de las cien elegimos la media docena de cosas que sean más importantes para nosotros, todas sus predicciones serán correctas.

El razonamiento puede ser útil en la vida diaria, especialmente cuando viajamos. Por seguridad, si hacemos un viaje por mar, deberíamos evitar tomar un barco que no haya realizado con éxito al menos treinta y nueve viajes como ése. Esto nos mantendrá a salvo de los navíos particularmente infortunados. Esa regla tan simple nos habría impedido viajar en el *Titanic* o en el *Bismarck* (o ser pasajero en cualquier otro viaje inaugural; curiosamente, los Vanderbilt cancelaron su pasaje en el *Titanic* debido a que la madre de mister Vanderbilt tenía cierta aversión a los viajes inaugurales). También nos habría mantenido lejos del *Hindenburg*, que hizo explosión en su vuelo transatlántico número 35 o de la lanzadera espacial *Challenger*, cuyo accidente se produjo en su décimo viaje. Un largo historial de éxitos es el mejor indicador de seguridad y demostraría que el barco ha sobrevivido a todas las catástrofes posibles en un gran número de desplazamientos. Si llegamos al puerto en un momento aleatorio y encontramos un barco con un elevado número de viajes exitosos en su haber, el principio copernicano indica que su próximo viaje es improbable que sea el último[4].

Cuando estuve en Hong Kong me apeteció subir en el funicular que asciende a lo alto del Monte Victoria. Como me pareció muy empinado, le pregunté al revisor cuánto tiempo hacía que no se producía ningún accidente. El hombre me dijo que el funicular no había tenido un solo percance en los noventa años que llevaba en funcionamiento, así que decidí subir.

Tal vez vivamos en un momento especial

Toda especie comienza con un pequeño número de ejemplares, alcanza una población máxima en cierto momento y luego suele declinar hasta que quedan unos pocos individuos, para finalmente extinguirse. ¿En qué punto de la curva de la población cabe pensar que nos hallamos? Cerca del máximo, por supuesto, ya que es ahí donde vive la mayoría de los individuos, con lo que ni ellos ni nosotros somos especiales. Según el principio copernicano, es probable que hayamos nacido en un siglo con una población más alta que la media a lo largo del tiempo. ¿Por qué? Por la misma razón por la que es probable que hayamos nacido en un país con una población mayor que la población media entre los diversos países: simplemente porque la mayor parte de la gente se halla en el mismo caso. Cien de los ciento noventa países del mundo tienen una población inferior a los 5,8 millones de habitantes, pero el 97 % de la población mundial vive en países cuya población supera la media. Del mismo modo, la mayoría de la gente vivirá en siglos muy poblados y es probable que nosotros nos hallemos en ese grupo. De hecho, los siglos XX y XXI son los más poblados hasta la fecha.

Muchos piensan que somos especiales –y afortunados– por haber nacido en una época notable en la que se han hecho grandes descubrimientos como los viajes espaciales, la energía atómica y la ingeniería genética. No obstante, el principio copernicano ya anuncia que muy posiblemente pertenezcamos a un siglo de alta población y, dado que son las personas las que hacen los descubrimientos, es probable que nos hallemos en un siglo interesante en el que haya grandes descubrimientos. Sin embargo, es mínima la probabilidad de que hayamos nacido doscientos mil años después de iniciarse nuestro linaje inteligente, en el siglo en el que tenga lugar un descubrimiento trascendental que garantice a dicho linaje un futuro de, digamos, mil millones de años, ya que tras ese descubrimiento nacerían miles de millones de observadores inteligentes más y lo más probable es que seamos uno de ellos.

Es factible, pues, que vivamos cerca de un máximo de la población, en una época de superpoblación en la que los humanos hayan cubierto prácticamente su nicho ecológico. En su libro *How Many People can the Earth support?* [¿Cuánta población puede sostener la Tierra?], Joel Cohen indica que, según los expertos, nuestro planeta podría albergar como máximo unos doce mil millones de habitantes. La población actual de la Tierra, seis mil millones, representa la mitad de esa cifra. Probablemente vivamos tras la ocurrencia de un suceso (como el descubrimiento de la agricultura) que ha hecho crecer la población, pero previamente al descubrimiento de otro que hará que ésta disminuya. Así pues, deberíamos tomar en serio a quienes advierten sobre una reducción de la población mundial en el futuro. Esta reducción podría deberse a un desastre ecológico o tecnológico, a una epidemia o a una guerra nuclear o bacteriológica, o simplemente a que un alto porcentaje de la población decida tener menos hijos. Si las parejas tuvieran sólo un hijo como media, esto haría que la población disminuyera en un factor de 1.000 en 300 años. Pasar de una población mundial de seis mil millones a tan sólo seis millones de habitantes suena catastrófico, pero no resultaría más desagradable que viajar desde Nueva Jersey (donde la densidad de población es de mil habitantes por milla cuadrada) a Alaska (donde la densidad es de sólo una persona en la misma superficie).

Aun así, una disminución de ese calibre resultaría peligrosa. La extinción de una especie no tiene por qué estar causada por un único suceso. Un suceso determinado puede provocar una caída significativa de la población, haciendo que la especie sea más vulnerable a los efectos de un segundo suceso no relacionado con el primero, el cual da lugar a la extinción final. Una gráfica histórica de la población de nuestra especie presentaría, pues, niveles bajos durante la etapa del hombre cazador-recolector, seguidos de un breve pico que alcanzaría los doce mil millones debido a la civilización y de una caída a los niveles de la primera etapa. Es más probable que nos hallemos en la zona del pico, simplemente porque la mayoría de los humanos estarían ahí. La civilización (con las ciudades y la escritura) sólo lleva en marcha cinco mil quinientos años, lo que permite afirmar con un 95 % de confianza que durará otros ciento cuarenta años más, pero menos de doscientos catorce mil. Caracterizada por los rápidos cambios, la civilización podría ser inestable a largo plazo, eclipsándose rápidamente frente a la duración de la especie en su conjunto. Como hasta ahora sólo hemos observado un pico de población en la historia de nuestra especie, el principio copernicano nos dice que no es probable que existan muchos (es decir, más de 39) en el futuro. Y podríamos estar viviendo en el único pico existente.

¿Cuánta gente es probable que nazca en el futuro? El principio copernicano indica que hay una probabilidad del 95 % de que nos encontremos en el 95 % central de la lista cronológica de todos los seres humanos[5].

Dado que, según los estudios sobre la población pasada, habrían nacido unos setenta mil millones de individuos en los doscientos mil años de historia de nuestra especie, cabe afirmar con el 95 % de confianza que en el futuro nacerán al menos otros mil ochocientos millones, pero menos de 2,7 billones de individuos.

En cierta ocasión, tras la publicación de mi artículo en *Nature*, un locutor de radio me planteó: «¿Nunca se ha preguntado si no sería alguien especial por haber descubierto algo maravilloso –es decir, que el principio copernicano puede ser utilizado para predecir el futuro?». Me esperaba una pregunta así. Le dije que había ido a la Biblioteca de Investigación de la Población en Princeton para recopilar todos los artículos en los que se hacían estimaciones sobre la población futura. Muchos predecían que la población mundial crecería en el próximo siglo hasta alcanzar los doce mil millones, para luego estabilizarse en ese nivel y permanecer a partir de entonces casi constante. Ninguno parecía darse cuenta de que tales escenarios contradecían el principio copernicano. Si existiera un breve período de crecimiento exponencial, seguido de una larga meseta de alta población, casi todo el mundo habría nacido en este último período, pero nosotros no, lo cual nos haría especiales. Me extrañaba que nadie más que yo hubiera caído en la cuenta. El propio principio copernicano me recordaba que yo no era especial: otros debían de haber pensado lo mismo. Pero ¿por qué no encontraba documento alguno al respecto? Sabía que la historia está llena de casos famosos de científicos –Newton, Darwin y Copérnico, entre otros– que hicieron importantes, aunque polémicos, descubrimientos y fueron reacios a publicarlos. Por otra parte, estaba mi propio caso: había descubierto el principio copernicano en 1969, cuando lo usé para predecir el futuro del Muro de Berlín. Aunque lo había comentado con muchos amigos en charlas de café, sólo me decidí a publicarlo a raíz de la caída del propio Muro. Recuerdo haber pensado que, a pesar de esa ausencia de artículos sobre el tema, otros debían de haber llegado a la misma conclusión que yo, sólo que no lo habían publicado o lo habían hecho en un medio de difusión más restringida. Esto me hacía menos especial.

Mi razonamiento resultó ser correcto. Cuando envié el artículo a *Nature*, uno de los expertos a los que fue remitido era Brandon Carter, el máximo especialista mundial en el principio antrópico (en lugares habitables del universo se hallarán necesariamente observadores inteligentes). Los expertos se mantienen normalmente en el anonimato, pero pueden revelar su identidad si lo desean. Brandon Carter lo hizo y aprobó entusiasmado mi artículo. Carter indicó que, en lo relativo a la población futura, su punto de vista era coincidente, es decir, le parecía improbable que perteneciésemos a la primera y minúscula fracción de todos los seres humanos de la historia. Había expresado esas ideas en 1983 al concluir una conferencia pública sobre el principio antrópico, pero no había llegado a publicarlas. Posteriormente, el célebre filósofo canadiense John Leslie tuvo noticia de la conferencia de Carter y, convencido de la idea y de su importancia, publicó algunos comentarios sobre ella en *Bulletin of the Canadian Nuclear Society*, en 1989, en *The Philosophical Quarterly*, en 1990, y en *Mind*, en 1992. Carter indicaba que el físico danés Holgar Nielsen había llegado a conclusiones parecidas sobre la población futura en un artículo publicado en 1989 en *Acta Physica Polonica*. Añadí encantado a mi artículo todas esas referencias.

Sin mencionar explícitamente el principio copernicano, Nielsen concluía, como yo, que cabría esperar estar situados al azar en la lista cronológica de los seres humanos. Argumentaba con acierto que esto implica que el número probable de individuos futuros sea del mismo orden que el de individuos pasados, y que sería improbable que perteneciésemos a la primera y diminuta fracción de la lista. Consideraba dos modelos de extinción: *1)* extinción súbita, por la cual la población crecería de forma sostenida para caer a cero repentinamente y *2)* disminución gradual, en la que la reducción que tendría lugar una vez superado el máximo sería una imagen especular de la fase de crecimiento. En el caso de extinción súbita, llegaba a la conclusión de que el fin de la especie estaría cerca, ya que, dada la alta población actual, no transcurrirían muchos siglos hasta que se acumulara un número de individuos en el futuro equivalente al de los nacidos en el pasado. En el modelo de disminución gradual, Nielsen indicaba que, aunque nuestra especie perdurara tanto como lo que ha durado hasta el presente, el escenario podría ser también poco halagüeño: dado que el crecimiento de la población ha sido relativamente rápido en el pasado, su imagen especular hacia el futuro daría lugar a una disminución de proporciones casi catastróficas.

Estoy de acuerdo en que, en el modelo de extinción súbita, los observadores se agruparían preferentemente cerca del final. En mi artículo indicaba que si la población creciera sostenidamente hasta encontrar un final repentino, se debería reducir el límite superior de 7,8 millones a sólo 19.000 años.

Pero admitía también que ése era el modelo poblacional más pesimista. Si la población cayera simplemente a un nivel más bajo en lugar de extinguirse de repente, el futuro podría ser tan largo como el pasado. Supongamos que la disminución tras el máximo fuera una imagen especular del pasado, pero alargada en el tiempo. El límite superior para la duración de la raza humana con un nivel de confianza del 95 % seguiría siendo 7,8 millones de años, dado que, si el descenso en la población durara 39 veces lo que duró el crecimiento, tras el máximo habrían nacido 39/40 de los individuos. Como no tenemos datos sobre ciclos de población de otras especies inteligentes, parece razonable suponer que el pico de población actual corresponde a un momento aleatorio de la historia de la raza humana; una hipótesis que abarca muchos escenarios poblacionales posibles en vez de limitarse al más pesimista (la extinción súbita). Si vivimos en ese pico y éste tiene lugar en un instante al azar, entonces los límites para la longevidad futura de nuestra especie son los ya conocidos: más de 5.100, pero menos de 7,8 millones de años (de hecho, el nacimiento de la agricultura, que es el origen del pico citado, parece haber sido propiciado por un suceso climatológico aleatorio: el fin de una glaciación). En general, es posible usar el tiempo transcurrido para predecir el tiempo restante y el número de individuos en el pasado para predecir el de individuos futuros.

Carter y Leslie abordaron el futuro de la población humana desde la perspectiva de la estadística bayesiana, un enfoque estadístico bastante diferente con el que llegaron a conclusiones semejantes. La estadística bayesiana, denominada así en honor del reverendo Thomas Bayes (1702-1761), es la base de gran parte de la moderna teoría de la probabilidad y establece el modo en que los supuestos previos deben ser revisados ante las evidencias procedentes de las observaciones. El teorema de Bayes dice que nuestras estimaciones de partida sobre las posibilidades a favor de dos hipótesis han de ser revisadas, multiplicándolas por la probabilidad de observar los hechos que tenemos ante nosotros si partiéramos de cada una de las dos hipótesis. El punto de vista bayesiano llevó a Carter y a Leslie a argumentar que es improbable que pertenezcamos al primer 0,01 % de todos los seres humanos nacidos y por nacer. Lo improbable que puede resultar depende de los supuestos de partida para el futuro de la especie humana. Como no disponemos de datos actuariales sobre otras civilizaciones inteligentes que nos puedan auxiliar en los cálculos, creo que, en lugar de basarnos en premisas subjetivas sobre la raza humana, sería preferible adoptar lo que se denomina un *juicio previo bayesiano impreciso*, una premisa más bien agnóstica sobre el tamaño que la población humana podría llegar a tener, contemplando como válida *a priori* cualquier estimación en cuanto a orden de magnitud y revisando luego esas cifras frente al hecho, proveniente de la observación, de que antes de nosotros han nacido ya setenta mil millones de individuos. Sir Harold Jeffreys, de la Universidad de Cambridge, fue el precursor de esta técnica en 1939. En un artículo en *Nature* de 1994, tuve la oportunidad de demostrar que combinando el tratamiento bayesiano y los métodos de Jeffreys se obtenían exactamente los mismos límites que con la fórmula copernicana para un nivel de confianza del 95 %. Parece razonable que ambos procedimientos concuerden, pues los dos evitan utilizar hipótesis en las que sea improbable lo que estemos observando sea improbable[6].

El futuro del programa espacial

A la luz del principio copernicano, consideremos qué podríamos hacer para mejorar las expectativas de supervivencia de nuestra especie. Las colonias espaciales autosuficientes representarían un seguro de vida frente a las catástrofes que podrían ocurrir en la Tierra, un planeta cubierto de fósiles de especies extinguidas. *El objetivo del programa espacial debería ser incrementar la supervivencia a largo plazo de nuestra especie mediante la colonización del espacio.*

Los griegos almacenaron sus libros en la Biblioteca de Alejandría. Estoy seguro de que estaban muy bien guardados pero, al final, sucumbieron todos juntos. Afortunadamente, algunas copias de las tragedias de Sófocles se hallaban en otros lugares y ésas son las que han sobrevivido (tan sólo siete de sus ciento veinte dramas). Según la teoría del caos, es imposible predecir hoy la causa específica de nuestra desaparición final como especie. Por definición, cualquiera que sea esa causa, será algo distinto a todo lo que hemos experimentado hasta ahora. Simplemente no somos lo bastante inteligentes como para saber en qué invertir nuestro dinero en la Tierra para garantizar una probabilidad de supervivencia óptima. Podría darse que lo invirtiéramos en algo tan aparentemente loable como preservar un área forestal que, en el futuro, podría generar un virus que acabara con todos nosotros. Lo que es seguro es que gastar dinero en establecer colonias en el espacio nos da más oportunidades como especie, y equivale a almacenar algunas obras de Sófocles fuera de la Biblioteca de Alejandría.

¿Cuánto tiempo es probable que dure el programa de viajes espaciales tripulados? En mi artículo de *Nature* del 27 de mayo de 1993, señalaba que el mencionado programa sólo tenía treinta y dos años y predecía con el 95% de confianza que duraría al menos otros diez meses, pero menos de mil doscientos cincuenta años. Tras la publicación del artículo, el programa espacial continuó durante más de diez meses, lo cual demostró que la mitad de mi predicción era ya correcta.

Algunos piensan que, aunque nuestro interés por el espacio esté en franco retroceso en la actualidad y el programa espacial se interrumpa, tal vez en los siglos venideros lo abordemos de nuevo con tecnologías más avanzadas que hagan los viajes espaciales más baratos. Comparan el paseo lunar de Neil Armstrong con el viaje de Leif Ericson a Norteamérica, una visita con varios siglos de antelación. La invasión vikinga de América se frustró pero, cinco siglos después, Colón cruzó el Atlántico otra vez. Según este modelo, renunciaríamos a los viajes espaciales en el siglo XXI, para retornar a ellos en el siglo XXVI, iniciando una era de colonizaciones que nos llevaría primero a Marte y luego a extendernos por toda la galaxia en los siguientes mil millones de años.

Pero el principio copernicano nos dice que ese escenario no es probable. Vivimos actualmente en una época de viajes espaciales tripulados. Si existieran dos épocas de esta clase, una corta y una larga, ¿a cuál sería más probable que perteneciésemos? ¡A la más larga, por supuesto! El número total de años en el futuro en los que el ser humano realizaría viajes espaciales sería probablemente inferior a mil doscientos cincuenta, ya fuera en un único período o distribuidos en varios. Esto se debió a que el momento en que se publicó mi artículo (1993) se supone ubicado al azar en la lista cronológica de todos los años en los que ha habido o habrá viajes espaciales tripulados.

Así pues, sólo es probable la existencia de una época relativamente breve en la que se realicen viajes de esta clase, un corto intervalo en el que dispondríamos de la oportunidad de establecer colonias fuera de la Tierra. Si no logramos colonizar el espacio durante ese período, permaneceremos varados en nuestro planeta y expuestos a todos los sucesos que sistemáticamente han causado la extinción de sus especies.

Dado que es escaso el tiempo disponible, deberíamos concentrar nuestros esfuerzos en establecer cuanto antes la primera colonia espacial autosuficiente. El que sea autosuficiente es fundamental, porque permitiría su supervivencia incluso si se cancelara la financiación de futuros lanzamientos desde la Tierra. La existencia de una simple colonia autosuficiente en el espacio podría incluso duplicar las expectativas de supervivencia a largo plazo para nuestra especie, por el mero hecho de proporcionarnos dos oportunidades independientes en lugar de una sola.

Tal vez debiéramos acometer el programa *Marte Directo,* propuesto por el experto norteamericano Robert Zubrin. Pero, en lugar de traer de nuevo a la Tierra a los astronautas, los dejaríamos en Marte para que se multiplicaran, abasteciéndose de materiales indígenas. Los necesitamos allí; es en el planeta rojo donde son útiles para la supervivencia de la especie humana. Zubrin ha apuntado que un vehículo de lanzamiento del tipo del *Saturno V* puede transportar una carga útil de 28,6 toneladas hasta la superficie marciana. Según sus cálculos, mediante dos lanzamientos de esta clase se podría llevar a cuatro astronautas hasta la superficie de Marte y traerlos de vuelta a la Tierra. En la misma línea, Gerard O'Neill, de Princeton, estimó que una colonia espacial autosuficiente, dotada de un ecosistema cerrado, requeriría alrededor de cincuenta toneladas de biosfera por persona. Así pues, para crear una colonia autosuficiente de ocho personas en Marte serían necesarios como mínimo unos dieciocho lanzamientos del tipo del *Saturno V:* dos para llevar a los astronautas, dos con las naves de retorno para caso de emergencia (que, con un poco de suerte, nunca se usarían) y catorce para transportar las cuatrocientas toneladas de materiales necesarios para producir la biosfera de la colonia. Sólo serían dos cohetes más que los dieciséis *Saturno V* empleados en el programa Apolo.

Muchos dudarían antes de embarcarse en un viaje sin billete de vuelta a Marte, pero lo alentador es que solamente hay que encontrar ocho aventureros voluntariosos, ocho personas que emplearían el resto de sus vidas en explorar Marte y fundar una nueva civilización en lugar de regresar y desfilar entre aplausos por la Quinta Avenida. La misión de esos colonizadores durante los siguientes treinta años sería tener dieciséis hijos y triplicar el tamaño de su hábitat utilizando materiales marcianos (para garantizar la diversidad genética, se podrían llevar allí óvulos y esperma congelados). Si la colonia continuara duplicando su tamaño cada treinta años, en seiscientos años la población tendría nada menos que ocho millones de individuos. A muy largo plazo, según indica el astrofísico Christopher McKay, de la NASA, el propio planeta Marte podría ser acondicionado artificialmente (*terraformado*, en palabras de Zubrin) para que tuviera un clima y una atmósfera más parecidos a los de la Tierra. No trato de decir que todo esto sea fácil –el principio copernicano sugiere precisamente lo contrario–, pero es algo que deberíamos estar ya intentando.

Las colonias son un negocio rentable. Bastaría con enviar unos pocos astronautas y ellos se multiplicarían sin coste adicional alguno para nosotros: los colonizadores harían todo el trabajo. Las colonias también podrían dar lugar a otras colonias. Al fin y al cabo, las primeras palabras pronunciadas en la Luna fueron en inglés, no porque Inglaterra enviara astronautas a nuestro satélite, sino porque ese país estableció una colonia en Norteamérica que sí lo hizo. Situando una colonia en Marte duplicaríamos también nuestras posibilidades de llegar algún día a Alfa Centauro, ya que, dentro de mil años, ¿quién sabe si los habitantes de la Tierra o los de Marte estarían más capacitados para enviar una expedición a esa estrella?

Establecer una colonia en Marte requeriría probablemente que, en el futuro, la raza humana invirtiera una cantidad de dinero en viajes espaciales tripulados equiparable a la que ha invertido en el pasado y a lo largo de un período temporal similar; por lo tanto, no hablamos de algo completamente inasumible. La verdadera carrera espacial consiste en demostrar que somos capaces de colonizar el espacio con éxito antes de que los fondos dedicados a la exploración espacial se agoten. Si perdemos esta carrera, quedaremos anclados en la Tierra, donde con toda seguridad acabaremos extinguiéndonos, probablemente antes de que transcurran ocho millones de años.

Los proyectos tecnológicos de gran envergadura a menudo decaen o mueren cuando las causas que los sustentan se desvanecen. En su libro *The Riddle of the Pyramids* [El enigma de las pirámides], Kurt Mendelssohn describe la estructura económica que rodeó la construcción de las pirámides y la compara con el programa espacial. El propósito aparente de las pirámides era fabricar una tumba para el faraón. Pero la edificación de esos gigantescos mausoleos floreció inmediatamente después de la unificación del Alto y Bajo Egipto en un único estado, un momento en el que las grandes obras públicas contribuían a mantener unido el nuevo país. De hecho, Mendelssohn argumenta que ése fue el verdadero motivo de su construcción. Una vez el nuevo estado alcanzó la estabilidad, la causa desapareció. El tiempo transcurrido desde la edificación de la primera –la pirámide escalonada de Saqqara, de 43 metros de altura– hasta que se erigió la más alta –la de Keops, con sus 147 metros– fue de apenas noventa años. Tras ella se construyeron pirámides más pequeñas y de inferior calidad hasta que, al cabo de unos mil años, su construcción cesó por completo. Los faraones posteriores fueron enterrados en tumbas más económicas, como las del Valle de los Reyes.

Aunque el motivo aparente de enviar hombres a la Luna fuera la exploración del espacio, la verdadera causa se hallaba en la guerra fría. Las grandes hazañas espaciales, comenzando por el *Sputnik* y el vuelo de Yuri Gagarin, eran la forma en la que Kruschev demostraba que la Unión Soviética disponía de una tecnología capaz de enviar una carga nuclear a cualquier punto del planeta, sin llegar a hacerlo realmente. Kennedy respondió marcándose el objetivo de enviar un hombre a la Luna. Desde que acabó la guerra fría, los viajes espaciales peligran. En el vigésimo quinto aniversario del primer alunizaje, durante una entrevista televisiva para la CNBC, afirmé: «Me temo que llegará el día en que nadie se acuerde de quiénes pisaron la Luna». Será un día muy triste y, para muchos, sorprendente. Pero sospecho que será vivido con nostálgica resignación y no con un ansia renovada de regresar a nuestro satélite e, incluso, ir más allá. La gente comentará, probablemente: «¡Qué tiempos aquellos y qué hazañas más extraordinarias se realizaban entonces! No me imagino hoy en día haciendo esas cosas». Seremos como los últimos egipcios contemplando embelesados las antiguas pirámides.

En la década de los sesenta se decía que viajar a la Luna era demasiado caro, y además había otras necesidades más urgentes, como el hambre en el mundo, la guerra de Vietnam, los derechos humanos y muchos otros problemas, y que simplemente debíamos esperar hasta los años noventa, cuando la tecnología abarataría el coste. Pero lo cierto es que, en la actualidad, es mucho más difícil conseguir fondos para realizar viajes espaciales. Afortunadamente, fuimos a la Luna en los sesenta, cuando tuvimos la oportunidad. Si hubiésemos esperado, habríamos perdido esa oportunidad y tal vez aún no habríamos visitado nuestro satélite.

En 1969, Wernher von Braun, ingeniero jefe del programa Apolo, tenía planes para enviar un hombre a Marte en 1982, algo que no pudo ser. Richard Nixon decidió no ir a Marte, cancelar prematuramente el programa Apolo y desmantelar la línea de montaje del *Saturno V*. Enfrentado a los planes de Von Braun, decidió ir marcha atrás. Tres cohetes *Saturno V* que ya habían sido construidos nunca fueron lanzados y se convirtieron en piezas de museo. Los útiles de fabricación del *Saturno V* fueron destruidos. Se dejó extinguir ese cohete maravilloso para ser reemplazado por el pequeño transbordador espacial. En 1989, el presidente George Bush prometió enviar un hombre a Marte en el año 2019. En vez de estar cada vez más cerca, Marte se halla cada vez más lejos. Las cosas no siempre se van haciendo más fáciles con el paso del tiempo y los proyectos caros son a menudo abandonados tras un período inicial.

En la misma línea, Timothy Ferris ha subrayado el hecho de que la China del siglo XV abandonó de pronto todas sus exploraciones navales, justamente después de haber llegado hasta África. Hay muchos otros ejemplos. Hacia 1630, el sha Yahan construyó el Taj Mahal en memoria de su esposa, Muntaz Mahal, que había muerto al dar a luz a su decimocuarto hijo. Cubierto de mármol blanco, para muchos de los que lo han contemplado –entre los que me incluyo– es el edificio más bello del mundo. Según la leyenda popular, el sha Yahan había previsto construir también su propia tumba: un edificio gemelo en mármol negro, al otro lado del río. Los dos estarían unidos por un deslumbrador puente de mármol de ambos colores. ¡Qué increíble panorama hubiera sido! Pero el sueño no se cumpliría. El hijo de Yahan, Aurangzeb, usurpó el trono y encarceló a su padre. El Taj Mahal negro nunca fue construido. El momento adecuado hubiera sido durante la vida del sha Yahan pues todos los artesanos se hallaban reunidos allí, al igual que la experiencia y los medios económicos. Es obvio que la gente conocía la historia y podría haber retomado el proyecto con posterioridad, pero no fue así.

Si no actuamos cuando tenemos la oportunidad, esa oportunidad puede no presentarse de nuevo. Si abandonamos los viajes espaciales, recuperar la tecnología puede ser tan difícil como construir el Taj Mahal negro hoy día.

Así pues, deberíamos estar viajando fuera de la Tierra y extendiéndonos por el cosmos ahora, mientras existe la posibilidad. Debemos considerar dos hechos nada alentadores: nuestra especie no tiene una historia demasiado larga (sólo doscientos mil años sobre un total de trece mil millones) y está confinada en un área geográfica diminuta (un minúsculo planeta en un universo enorme). Ambos están seguramente relacionados: las especies distribuidas en un área geográfica reducida perduran menos que las que se extienden por amplias zonas simplemente porque estas últimas son más difíciles de erradicar. Una especie confinada en una isla siempre se halla en peligro de extinción, y en el universo, la Tierra es justamente eso: una isla diminuta. Permanecemos en ella corriendo un riesgo. Y, lo que es peor, la advertencia lleva implícito el presagio de que no será atendida. ¿Por qué? Pues porque hemos nacido en la Tierra y, por ello, de todos los seres humanos pasados, presentes y futuros, una fracción mayoritaria también habrá nacido en ella (o, en caso contrario, seríamos especiales). Esto quiere decir que no es probable que la raza humana haga caso del aviso y escape de la Tierra, distribuyéndose por el cosmos. Y esta circunstancia podría muy bien ser la razón de nuestra probable y temprana extinción como especie. Abandonar el programa de vuelos espaciales tripulados sería un trágico error, aunque sea un error que probablemente cometamos.

La lección del viajero del tiempo

El viaje en el tiempo es un proyecto para una supercivilización. El viaje al futuro requiere una civilización que ya esté habituada a los viajes interestelares. El viaje al pasado estaría al alcance de una civilización capaz de controlar las fuentes de energía de toda una galaxia. Tal vez haya mil millones de planetas habitables en la nuestra. Una supercivilización que hubiera colonizado la galaxia entera podría tener una población mil millones de veces mayor que la de la Tierra, aunque sería mil millones de veces menos frecuente que cualquier otra que se hallara confinada en su planeta de origen o, en caso contrario, dominaría el conjunto de observadores inteligentes del universo, y nosotros deberíamos pertenecer a ella.

Somos observadores inteligentes, entes conscientes dotados de razonamiento abstracto. Hasta donde sabemos, nuestra especie es la primera sobre la Tierra que pueda ser calificada así. Los chimpancés, las marsopas, las cucarachas y las bacterias no se plantean cuestiones como «¿Cuánto durará mi especie?».

Como observadores inteligentes, nuestra ubicación en el universo tiene que ser especial en el sentido de pertenecer al subconjunto de lugares habitables. Esto es la piedra angular del principio antrópico débil, tal como fue formulado en 1974 por Brandon Carter, una línea de razonamiento que fue utilizada por primera vez en 1961 por el catedrático de Princeton Robert Dicke. Dicke razonó que, como observadores inteligentes, sería probable que nos encontrásemos a unos diez mil millones de años –la vida de una estrella– del *big bang*. Si hubiera transcurrido mucho menos tiempo, las estrellas no habrían podido producir el carbono necesario para fabricar desde una bacteria hasta un físico. Y si hubiera transcurrido mucho más, las estrellas se habrían consumido y el universo sería bastante más inhóspito. Mi aplicación del principio copernicano admite que nos hallamos en una época especial de nuestro universo, precisamente porque somos observadores inteligentes pero, *entre* esos observadores inteligentes, no deberíamos ser especiales. Cabe esperar, pues, que estemos situados al azar en la lista cronológica de todos los observadores inteligentes de nuestro universo. Por otra parte, deberíamos pensar que pertenecemos a una época del universo en la que la población de observadores inteligentes es alta pues la mayoría de éstos viven en esa época. Si las civilizaciones inteligentes perduraran para siempre, entonces casi todos los observadores inteligentes vivirían en un futuro lejano, después de que las estrellas se hubieran consumido. Esto no significa que no pueda haber vida inteligente en ese futuro, sino simplemente que un porcentaje significativo de toda la vida inteligente tiene lugar en la época actual de combustión de las estrellas, cuando nuestro universo es más habitable. Podría haber algunas formas de vida inteligente en un futuro remoto, pero seguramente serían poco comunes; en caso contrario, es probable que fuésemos una de ellas. Del mismo modo, el principio copernicano no implica que no pueda haber supercivilizaciones, sólo establece que serían infrecuentes.

Durante una comida en Los Álamos en 1950, el notable físico Enrico Fermi planteó una famosa cuestión sobre los extraterrestres: «¿Dónde están?». Según el principio copernicano, una fracción significativa del conjunto de observadores inteligentes del universo debe de permanecer aún en su planeta de origen, como nosotros; si no fuera así, seríamos especiales. Así de simple.

Quien opine que la colonización espacial debería ser un hecho común, se tendría que preguntar: «¿Por qué *yo* no soy un colono espacial?». Quien piense que la mayoría de los observadores inteligentes del universo son computadoras conscientes de sí mismas o seres creados mediante ingeniería genética, debería cuestionarse: «¿Por qué *yo* no soy una computadora inteligente o un ser creado de forma artificial?».

El universo es un lugar enorme, quizás infinito, y las eventuales especies inteligentes podrían tener mucho más éxito que la nuestra, pero la mayoría posiblemente, no lo tienen. El principio copernicano indica que probablemente pertenezcamos a una especie inteligente que en la actualidad tenga una población superior a la media[7].

Esto es así por la misma razón por la que es probable que hayamos nacido en un país con una población superior al promedio: por el sencillo motivo que la mayor parte de los observadores inteligentes se hallarán en ese caso. Así pues, en términos poblacionales, será probable que la nuestra sea una de las más grandes y exitosas especies inteligentes.

El porcentaje de civilizaciones como la nuestra que finalmente se conviertan en supercivilizaciones con una población enorme tiene que ser extremadamente pequeño; en caso contrario, lo más probable es que perteneciésemos a alguna. Una supercivilización estaría capacitada para hacer cosas extraordinarias, pero no es probable que la nuestra alcance ese nivel. Algunas especies inteligentes podrían desarrollar los viajes en el tiempo para visitar el futuro lejano o incluso el pasado, pero la mayoría seguramente no. El viaje en el tiempo es difícil. Si estuviera al alcance de la mayor parte de los observadores inteligentes del universo, pero no al nuestro, seríamos especiales. Esto no significa que el viaje en el tiempo sea imposible, sino que, en el mejor de los casos, sería infrecuente. Como ya observó Darwin, la mayoría de las especies no alcanzan su máximo potencial. Ciertos peces ponen hasta un millón de huevos, pero la mayor parte de éstos no llegan a convertirse en adultos. Del mismo modo, la mayoría de las especies no dejan otras que les sucedan. Las cosas no suelen funcionar tan bien como podrían razonablemente hacerlo. Éste es precisamente el motivo por el que a mucha gente le gustaría viajar al pasado, para cambiar cosas que no fueron como debieron ser, desde salvar a un ser querido hasta eliminar a Hitler antes de que llegase al poder. La vida es a menudo trágica.

La inteligencia ofrece la posibilidad de alcanzar un poder y una longevidad enormes, pero ese potencial sólo se realizaría en raras ocasiones, en caso contrario nuestra situación sería muy atípica. La moraleja es estimulante y dolorosa a la vez.

La vida inteligente tiene, en principio, un gran potencial pero, al ser tan compleja, resulta frágil en la práctica. Hemos acumulado una historia de tan sólo doscientos mil años sobre un minúsculo grano de arena perdido en este gigantesco universo que ya tiene a sus espaldas trece mil millones de años. No somos demasiado poderosos; sólo controlamos fuentes de energía que son diminutas comparadas simplemente con nuestro Sol. Y no podemos presumir de una larga longevidad pasada.

Aunque todo ello sólo nos induzca a ser humildes, en ese breve período hemos conseguido también algo extraordinario. Hemos descifrado muchas cosas sobre el universo y sobre las leyes físicas. Sabemos que aquél era mucho más pequeño en el pasado, en relación con su tamaño actual, tenemos ciertas ideas sobre cómo se formaron las galaxias y sobre cómo la Tierra llegó hasta aquí y somos lo suficientemente inteligentes como para haber descubierto cuál es nuestra posición en el cosmos. Ese nivel de conocimiento es notable. Y si somos capaces de entender esas cosas, un porcentaje razonable del conjunto de los observadores inteligentes también las comprenderá. Pero es precisamente en términos de conocimiento, más que de longevidad o poder, en los que cabría esperar que un observador inteligente destacara. La capacidad para plantear preguntas parece traer consigo cierta habilidad para responderlas, pero esta premisa no nos proporciona más tiempo. Ésta es la esencia del informe desde el futuro. Algo que deberíamos saber sobre el tiempo es que disponemos de muy poco.

Humanidad, no malgastes el tiempo: dispones de muy poco. Ése es el secreto del viajero del tiempo.

APÉNDICES

NOTAS

El sueño del viaje en el tiempo

1. *En algún lugar del tiempo:* filme basado en el libro de Richard Matheson *Bid Time Return*, Nueva York, Viking Press, 1975.

2. Michio Kaku incluye un dibujo espacio-temporal de la línea de universo de Jane en su libro *Hyperespace*, Nueva York, Doubleday, 1994, p. 241.

3. La física de los agujeros negros presenta también un buen número de paradojas. Jacob Bekenstein demostró que existía una cantidad finita de desorden (entropía) asociada a un agujero negro. Stephen Hawking y otros afirmaron que el agujero negro debería hallarse a una temperatura finita para que ello fuera consistente con las leyes de la termodinámica. Pero esto no tiene sentido, todo objeto que se halle a una temperatura finita emite radiación térmica, mientras que los agujeros negros no emiten radiación alguna; nada puede escapar de ellos. Se trataba de una paradoja auténtica. Hawking propuso entonces un efecto cuántico que haría que un agujero negro emitiese radiación. Ésta se denomina *radiación de Hawking* y es el descubrimiento más importante de su autor. Así pues, allí donde las paradojas florezcan, existe la oportunidad de que broten grandes teorías físicas.

4. Además de Simon y sus colegas y de Stephen Hawking, tanto Seth Rosenberg, de la Universidad de California en Santa Bárbara, como Arley Anderson, del Imperial College de Londres, han abordado el problema genérico de calcular las probabilidades cuánticas en presencia de máquinas del tiempo. Todos ellos emplean métodos diferentes y llegan a resultados distintos, por lo que el problema aún no puede considerarse resuelto.

1. Normalmente nos referiremos a la velocidad de la luz en el vacío y, por comodidad, redondearemos el valor a 300.000 kilómetros por segundo. En realidad, la magnitud exacta es de 299.792,458 kilómetros por segundo.

2. He aquí un ejemplo de observadores moviéndose a velocidad uniforme y de su experiencia de hallarse «en reposo». En un viaje en avión, ¿ha notado el lector que, una vez el aparato ha alcanzado la altitud de crucero y se encuentra volando suavemente y a velocidad constante (sin efectuar giros), parece como si nos encontrásemos en tierra? Podemos hacer que una moneda se sostenga de canto sobre la mesa o caminar a lo largo del pasillo como si el avión estuviera parado en la pista. De hecho, si todas las cortinillas de las ventanas estuvieran cerradas y no pudiésemos ver el exterior, tendríamos serias dificultades para establecer si estamos en tierra o volando a novecientos kilómetros por hora. Los únicos indicios serían acústicos (ruido del motor, silbido del viento), pero no notaríamos diferencia alguna entre permanecer en la pista y estar en el aire.

3. El astronauta y yo podemos verificar que nuestros relojes de luz tienen la misma distancia entre espejos por medio de una ingeniosa prueba, presentada de forma algo diferente por E. F. Taylor y John A. Wheeler en *Spacetime Physics* (W. H. Freeman, San Francisco, 1992). Coloquemos los relojes de cada uno perpendiculares a la dirección en la que el astronauta se mueve. Por ejemplo, si el astronauta pasa junto a mí de izquierda a derecha, colocaremos los relojes verticalmente, de forma que los haces de luz viajen arriba y abajo. Hagamos que el astronauta instale su reloj en el exterior de la nave y vuele tan cerca que, al pasar, arañe con los espejos la pared de mi laboratorio. Del mismo modo, los espejos de mi reloj, ubicados en la pared externa del laboratorio, rayarían la superficie de su nave.

Supongamos que observara que la distancia entre las marcas dejadas por la nave son menores de 0,9 metros y que se han plasmado al pasar entre los dos espejos de mi reloj vertical. En este caso, el astronauta debería ver que mis espejos han pasado por el exterior de los suyos, y que han dejado marcas más separadas. Ambos estaríamos de acuerdo en que mi espejo es más grande. Por mi parte, convencido de estar en reposo, pensaría que las varas de medir transportadas por un observador en movimiento rápido siempre se acortan en la dirección perpendicular a la trayectoria.

Por el contrario, él podría pensar también que se halla en reposo y concluir que las varas de medir transportadas por un observador en movimiento rápido (yo, en este caso) siempre se alargan en la dirección perpendicular a la trayectoria. Pero esta teoría violaría el primer postulado, pues las leyes de la física del astronauta serían distintas de las mías. Así pues, esto no es posible.

Surgiría el mismo problema si invirtiéramos los papeles, y las marcas dejadas por los espejos del astronauta estuvieran más separadas que mis espejos. La única manera de que ambos observemos los mismos efectos físicos sería que mi reloj dejara unas marcas en su nave que, según sus medidas, estuvieran separadas 0,9 metros, y que el suyo dejara otras en la pared de mi laboratorio cuya distancia, que yo mediría, fuera de 0,9 metros. Es decir, que nuestros espejos respectivos se arañaran mutuamente al pasar cerca unos de otros. De este modo, las observaciones de ambos serían las mismas, como requiere el primer postulado. Nuestros instrumentos de medida estarían, pues, midiendo la misma cosa. Einstein no daba nada por sentado.

4. La magnitud sobre la que los diversos observadores pueden ponerse de acuerdo es denominada ds^2. Escribimos $ds^2 = -dt^2 + dx^2 + dy^2 + dz^2$, donde dt representa la diferencia en el tiempo entre dos sucesos próximos, dx es la diferencia en sentido izquierda-derecha, dy representa la diferencia en sentido delante-atrás y dz, la diferencia en sentido arriba-abajo. Obsérvese el signo menos en el término relativo a la dimensión temporal, que lo distingue de los asociados a las tres dimensiones espaciales.

5. Como nos referiremos a ella a menudo, he redondeado la distancia a Alfa Centauro al año luz más próximo (cuatro años luz). Lo que llamamos Alfa Centauro, la estrella más cercana al Sol, es en realidad un grupo de tres estrellas: Alfa Centauro A (una estrella de tipo solar), Alfa Centauro B (una estrella anaranjada de menor luminosidad) y Alfa Centauro C (una minúscula de un color rojo muy débil). A y B forman un sistema binario a unos 4,35 años luz de la Tierra. Alfa Centauro C (denominada a veces «próxima de Centauro») está un poco más cerca, 4,22 años luz. Cuando alguien habla de Alfa Centauro normalmente se refiere a la estrella A, la más parecida a nuestro Sol.

Como astrónomo aficionado, en mis años de instituto siempre suspiré por observar Alfa Centauro, pero al tratarse de una estrella circumpolar del hemisferio sur, desde mi casa de Kentucky siempre se hallaba por debajo del horizonte. Pasaron muchos años hasta que la vi por primera vez en Tahití durante un viaje alrededor del mundo. Cuando visité Tanzania, pude observar tanto Alfa Centauro A como Alfa Centauro B mediante un pequeño telescopio. Fue una experiencia emocionante.

6. En Planilandia escribiríamos: $ds^2 = -dt^2 + dx^2 + dy^2$, ya que existen sólo dos dimensiones espaciales.

7. En Linealandia escribiríamos: $ds^2 = -dt^2 + dx^2$.

8. Si existieran dos dimensiones temporales (el tiempo ordinario y el tiempo del sueño), además de las tres espaciales, escribiríamos: $ds^2 = -dt^2 - dd^2 + dx^2 + dy^2 + dz^2$, donde *dd* representa la diferencia en tiempo del sueño entre dos sucesos. Obsérvese el signo menos asociado a las dos dimensiones temporales.

El viaje al pasado

1. He presentado este ejemplo en televisión e Igor Novikov lo utiliza también en su libro *The River of Time*, Cambridge, Reino Unido, Cambridge University Press, 1998.

2. Los términos de la ecuación de Einstein tienen dos índices –representados por los subíndices– los cuales, en un espacio-tiempo tetradimensional, pueden adoptar cuatro valores: uno para la dimensión temporal y tres para las dimensiones espaciales. Por ello, esta única ecuación representa en realidad $4 \times 4 = 16$ ecuaciones. Ésta es la razón por la que podemos escribirla sin necesidad de otras y seguir hablando con propiedad de *las ecuaciones* de Einstein. Afortunadamente, algunas de ellas son equivalentes entre sí, por lo que, a la hora de resolverlas, *sólo* nos enfrentamos a diez ecuaciones.

3. La frase procede de *Gravitation*, San Francisco, Freeman, 1973, de C. W. Misner, K. S. Thorne y J. A. Wheeler, quienes citan a M. Klein como fuente.

4. Gödel ya era famoso por su teorema de la incompletitud, publicado en 1931. Antes de Gödel, los matemáticos confiaban en encontrar un sistema finito de axiomas que sirviera de base a las demostraciones de todos los teoremas verdaderos de su campo. Investigando en este sistema, Gödel propuso un teorema autorrecurrente, cuyo enunciado podría traducirse al lenguaje común así: ESTE TEOREMA ES INDEMOSTRABLE. Supongamos que es posible demostrarlo; en ese caso, el teorema sería falso y he ahí el problema: ningún conjunto de axiomas debería permitirnos demostrar un teorema que es falso. Imaginemos, en cambio, que no podemos demostrar tal teorema; éste sería cierto, pero no po-

demos demostrarlo a partir de nuestros axiomas. En ambos casos, los axiomas son incapaces de cumplir su propósito. La matemática es incompleta. El teorema de Gödel es tal vez el desarrollo individual más importante del siglo XX en el campo matemático.

5. Matemáticamente, la solución aproximada de Vilenkin para una cuerda cósmica es del tipo de: $ds^2 = -dt^2 + dr^2 + (1 - 8\mu)r^2d\phi^2 + dz^2$. Comparémosla ahora con la solución exacta que Hiscock y yo encontramos: $ds^2 = -dt^2 + dr^2 + (1 - 4\mu)^2r^2d\phi^2 + dz^2$. ¡La diferencia es minúscula! ds^2 es la magnitud sobre la que los distintos observadores pueden ponerse de acuerdo; dt es la diferencia en tiempo entre dos sucesos próximos; dr, su diferencia en distancia radial, r, desde la cuerda; $d\phi$, su diferencia angular alrededor de la cuerda y dz, su diferencia en distancia vertical hacia arriba o hacia abajo respecto a la cuerda. Finalmente, μ es la masa por unidad de longitud de esta última, medida en masas de Planck (2×10^{-5} gramos) por longitudes de Planck ($1{,}6 \times 10^{-33}$ centímetros) = $1{,}25 \times 10^{28}$ gramos por centímetro. Dado que el valor esperado de μ está en el entorno de 10^{-6}, la solución aproximada está muy cerca de la solución exacta.

6. La velocidad requerida para producir un viaje en el tiempo depende de la masa por unidad de longitud de las cuerdas. Cuanto menos masivas sean, más pequeñas serán las porciones ausentes a las que dan lugar y más pequeños también los atajos, por lo que deberán moverse más deprisa para generar un viaje en el tiempo. En cualquier caso, dada una masa por unidad de longitud concreta, siempre podremos hallar la velocidad (inferior a la de la velocidad de la luz) a la que deben pasar las cuerdas una respecto a otra para permitir el viaje al pasado

7. Las soluciones de cuerdas, como ya he mencionado, son soluciones de «masas en Planilandia», se limitan a eliminar una dimensión espacial. Los artículos de Carroll, Farhi y Guth, así como un resultado debido a Gerard't Hooft en *Classical and Quantum Gravity* (1992), vol. 9, p. 1335, mostraban que, en Planilandia y en condiciones iniciales estáticas o que impliquen masas en movimiento lento, no es posible construir una máquina del tiempo (suponiendo que sólo se permitan masas positivas). Por supuesto, mi solución, con dos masas moviéndose casi a la velocidad de la luz, no responde a tales condiciones. Los citados artículos imponían, en definitiva, un conjunto de condiciones iniciales más bien restringido. Nuestro propio universo empezó con una rápida expansión –el *big bang*–, así que Matthew Headrick y yo rechazamos en un artículo de 1994 la adopción de restricciones de esa clase. Parte de nuestro argumento era que en Planilandia no es posible

asociar momentos con rotaciones (e impulsos de velocidad), procedentes de la acción de rodear una masa, porque matemáticamente esas rotaciones no se suman como se supone que ocurre con los momentos, y porque esos espacio-tiempos a grandes distancias no son aproximadamente planos, con lo que no es posible definir para ellos un momento en ningún caso. Por otra parte, la analogía del momento no sería trasladable a espacio-tiempos tetradimensionales.

8. La radiación de Hawking, un proceso cuántico que hace que el agujero negro acabe evaporándose (un agujero negro de tres mil millones de masas solares desaparecería en 4×10^{94} años por esta causa), añade ciertas complicaciones, alterando la geometría y limitando la entrada de los fotones muy retardados.

9. K. S. Thorne, *Black Holes and Time Warps*, Nueva York, Norton, 1994, p. 479.

10. Mi solución con dos cuerdas cósmicas infinitas elude el teorema de Tipler, ya que su horizonte de Cauchy se extiende hasta el infinito y, por lo tanto, no hay singularidades en él. Curiosamente, la solución del agujero negro giratorio no perturbado también lo soslaya. Como en esta solución el agujero negro se mantiene indefinidamente, el horizonte de Cauchy sigue avanzando aunque esté confinado en una región finita, por lo que no presenta singularidades. Existe la singularidad del anillo, pero ocurre más tarde. El viajero del tiempo sólo la ve tras haber cruzado el horizonte de Cauchy. Una vez más, el viajero podría ser destruido por las partículas emitidas de forma impredecible por la singularidad en anillo pero, nuevamente –recordemos el *big bang*–, podría ser que no lo fuera. Ahora bien, si el agujero negro se evaporara debido a la radiación de Hawking –como prevemos–, no duraría indefinidamente y en su horizonte de Cauchy aparecería una singularidad.

11. La misión de cinco años de la nave *Enterprise* consistía en explorar un sistema estelar cada semana e informar al Cuartel General de la Flota. El *Enterprise* podría haber visitado un sistema estelar cada semana (medida según los relojes de a bordo) viajando simplemente al 99,999% de la velocidad de la luz y suponiendo que las estrellas están a una distancia de cuatro años luz. Los tripulantes envejecerían lentamente debido a la velocidad de la nave pero, una vez concluida la misión, cuando regresaran a la base, se encontrarían con que en ella han transcurrido mil años. Para poder informar al Cuartel General dentro de los cinco años de la misión tras haber visitado varios sistemas estelares, el *Enterprise* debería viajar a una velocidad mayor que la de la luz.

12. Kip Thorne ha usado la metáfora de la hormiga caminando sobre una lámina de goma para explicar los agujeros negros en *Scientific American* (1967), vol. 217, nº. 5, p. 96 y en *Black Holes and Time Warps*, p. 247.

13. Si pudiéramos crear un canal de distorsión que permitiera a una nave espacial alcanzar Alfa Centauro en pocos minutos, nuestro viaje conectaría dos sucesos separados por una mayor distancia en el espacio que en el tiempo. Por ello, y al igual que en el caso de la cuerda cósmica, un observador que se hallara en otra nave moviéndose a cierta velocidad contemplaría nuestra partida de la Tierra y nuestra llegada a Alfa Centauro como si fueran sucesos simultáneos. El espacio-tiempo exterior al estrecho camino utilizado por la nave (la hendidura) no resultaría perturbado. Si el observador de la otra nave nos viera dejando la Tierra a mediodía y llegando también a mediodía (del mismo día) a Alfa Centauro, podríamos crear un segundo canal de distorsión –una segunda hendidura– que fuera desde Alfa Centauro a la Tierra y volver a nuestro planeta a mediodía, según él. Regresaríamos así a tiempo de asistir a nuestra propia partida.

14. Puede que el lector haya oído hablar alguna vez en los medios de comunicación de que alguien ha rebasado la velocidad de la luz en el laboratorio. Tales experimentos tienen que ver, habitualmente, con el efecto túnel cuántico. Si nos sentamos a un lado de una pared, existe una probabilidad infinitesimal de que experimentemos dicho efecto y aparezcamos, de repente, al otro lado. Dado que en ese caso pasaríamos de un lado a otro más deprisa que la luz, adelantaríamos, en efecto, a un rayo de luz que viajara en un camino paralelo. Por ejemplo, Raymond Chiao, de la Universidad de California en Berkeley, llevó a cabo una carrera de laboratorio entre fotones que viajaban directamente hasta un detector y otros que sufrían el efecto túnel a través de una lámina de cristal opaco de algunas micras de espesor. Los fotones que atravesaron la lámina llegaron $1{,}5 \times 10^{-15}$ segundos antes que los que viajaron sin obstáculos.

El hecho tiene su explicación. Cuando enviamos fotones en una carrera de laboratorio, están contenidos en un paquete de onda de longitud finita. Imaginemos dos grupos de corredores compitiendo a la velocidad de la luz; en cada grupo, ciertos corredores van ligeramente adelantados y otros les siguen algo más atrás. Uno de los grupos corre sin obstáculos y el otro encuentra de repente una pared. Una minúscula fracción de los corredores que chocan contra ella la atraviesan. Los corredores que lo logran forman un grupo compacto y llegan, en promedio, antes que los que avanzaron sin obstáculos. Pero la cabecera de ambos grupos llega a la vez, con lo que se podría decir que, en realidad, no se ha superado la velocidad de la luz. Dado que un espacio-tiempo curvo permite rebasar fácilmente a un rayo de luz en cantidades apreciables (en el caso del cuásar 0957, cuya luz atraviesa una lente gravitatoria, un rayo se adelanta al otro en cuatrocientos diecisiete días), la utilización de curvaturas espacio-temporales parece un método más prometedor para viajar al pasado que el túnel cuántico, y esto sin tener en cuenta que, la mayor parte de las veces, el efecto túnel fallaría.

15. Esas ondas que acompañan a un taquión se denominan *radiación gravitatoria de Cherenkov.*

16. En 1973, durante una discusión sobre taquiones en Caltech, Richard Feynman me confesó que albergaba serias dudas sobre su existencia.

El viaje en el tiempo y el origen del universo

1. Durante una conversación relativa al cometa Halley y al hecho de que regresara cada tres cuartos de siglo, mister Nicholas, un miembro veterano de ochenta y siete años, comentó que él no sólo había contemplado el cometa en su anterior aparición en 1910, sino que, siendo estudiante, había conocido a un veterano que lo había visto la vez anterior, en 1835. Nicholas vivió aún para divertir a sus colegas con sus historias en su centésimo cumpleaños y aquel día también subió las escaleras para tomar su copa de oporto.

2. En un agujero de gusano de esta clase (dotado de placas de Casimir con carga eléctrica), un astronauta situado en el centro del túnel envejecería menos que otro ubicado en cualquiera de las bocas debido a que, como en el caso del viajero del tiempo doméstico, se hallaría en el fondo de un profundo pozo gravitatorio. Desde su perspectiva las dos bocas están quietas una respecto a otra y el pozo gravitatorio es igual de profundo por ambos lados, con lo cual observa que los dos relojes situados en las bocas avanzan al mismo ritmo; unos relojes que, según él, estarían sincronizados. Supongamos que una de las bocas se moviera en círculo cerca de la Tierra –con lo que los terrícolas verían el reloj ubicado en ella marchando más despacio–, mientras la otra permanece inmóvil junto a Alfa Centauro. Los relojes de ambas, que se hallan

sincronizados para un observador situado dentro del túnel, conectarían distintos tiempos de la Tierra y Alfa Centauro en el espacio-tiempo exterior, tal como discutíamos en el capítulo 3, sólo que ahora el astronauta que se halla en medio del túnel es más joven de lo previsto gracias a los pozos gravitatorios.

3. Fuera de la cuerda cósmica hay vacío normal, pero atrapado en el interior de ella se encuentra un vacío de alta energía que podría provenir de la desintegración del estado de vacío inflacionario que originalmente habría impregnado todo el espacio. Las cuerdas serían así una especie de residuos fósiles del origen del universo, como esos muñecos de nieve que siguen en pie mucho después de que la nieve del suelo se haya derretido.

4. En su imaginativo relato *Sueños de Einstein*, Alan Lightman considera un espacio-tiempo similar al de la marmota en el que todos los habitantes son *jinn* cuyas líneas de universo rodean una sola ocasión el espacio-tiempo. Esos *jinn* experimentan repetidamente los mismos acontecimientos, lo que implicaría una increíble sensación de *déjà vu*. Estrictamente hablando, la película *Atrapado en el tiempo* se refiere a un espacio-tiempo de la marmota en el marco de la teoría de los universos múltiples de la mecánica cuántica, ya que, cada vez que el personaje de Bill Murray vuelve al pasado, puede adoptar decisiones distintas sobre sus actos durante el día de la Marmota.

5. El cálculo de Hiscock y Konkowski relativo al vacío normal en el espacio de Misner me recordaba el caso del agujero negro en el que el vacío de Boulware (véase la definición en la siguiente nota) crecía exponencialmente al acercarnos al horizonte de sucesos. El problema desaparecía al introducir la radiación de Hawking. Pensaba que una radiación similar podría resolver, tal vez, el crecimiento exponencial que se produce al aproximarse al horizonte de Cauchy en una máquina del tiempo.

Sin embargo, Li-Xin Li encontró que, conforme a los resultados de Hiscock y Konkowski, la densidad de energía del vacío en la región del viaje en el tiempo del espacio de Misner era ya positiva, por lo que no parecía posible evitar que adoptara un valor infinito añadiendo una radiación a la solución, como en el citado caso.

6. Un astronauta que viajara en una nave espacial con una aceleración de 1 giga –la de la gravedad en la Tierra– observaría una radiación de Unruh (fotones) con una longitud de onda de alrededor de un año luz. Vería cómo, en la estela que deja la nave, el vacío de Rindler se hace cada vez más negativo, hasta finalmente estallar en un infinito negativo en torno a un año luz detrás de

aquélla. Esto es correcto porque en el mismo punto el astronauta detectaría una cantidad infinita de radiación de Unruh con una densidad de energía positiva infinita. Ambos infinitos se cancelarían mutuamente, dando una densidad de energía total nula, la del vacío normal. Sería como disponer de una cuenta bancaria con un saldo infinito y de una deuda infinita también; en definitiva, no tendríamos ni un céntimo. Si el observador acelerado no detectara radiación alguna, se hallaría en un mundo dotado de un vacío de Rindler puro y sin radiación térmica. Ese mundo tendría realmente una densidad de energía total negativa, la cual se haría infinitamente negativa a aproximadamente un año luz tras la nave. Según la relatividad general, una densidad de energía negativa hace que el espacio-tiempo se curve, y una densidad de energía negativa infinita crearía una singularidad en la curvatura. El vacío de Rindler se calcula asumiendo una geometría espacio-temporal plana; si un incremento exponencial altera esa geometría, el cálculo deja de ser autoconsistente. Por ello, un vacío de Rindler puro en un espacio-tiempo plano y en el que no exista radiación alguna no constituye un estado de vacío autoconsistente. El estado de vacío normal también parte de una geometría espacio-temporal plana, pero tiene una densidad de energía total y una presión total nulas, lo que da lugar a una geometría plana del espacio-tiempo, siempre según las ecuaciones de Einstein para la relatividad general. Así pues, el vacío normal en un espacio-tiempo plano es autoconsistente. Éste es el tipo de soluciones que buscamos. Dada una geometría de fondo, si podemos elegir entre varios estados cuánticos de vacío, deberemos escoger el que sea autoconsistente, el que dé lugar a la geometría en la que reside.

El físico David Boulware halló un estado de vacío, denominado en su honor *vacío de Boulware*, para el espacio-tiempo curvo que hay en el exterior de una estrella de neutrones fría. En él, los observadores externos no verían radiación alguna. El vacío de Boulware presenta una pequeña densidad de energía negativa, que tiene un valor finito incluso en la superficie de la estrella de neutrones –lo suficientemente bajo como para no perturbar significativamente la geometría–, por lo que es una solución válida. ¿Sería válido este tipo de vacío para un agujero negro? Si hubiera un vacío de Boulware alrededor de un agujero negro, los observadores externos no detectarían ninguna radiación. Desgraciadamente, su densidad de energía se hace más negativa a medida que nos acercamos al horizonte de sucesos, e infinitamente negativa en el horizonte mismo. Como esta circunstancia haría que la geometría del entorno cambiara drásticamente, la solución no es autoconsistente para un agujero negro.

Stephen Hawking y su colega James Hartle descubrieron, no obstante, que era posible otro estado de vacío para la geometría que rodea a un agujero negro. El *vacío de Hartle-Hawking* presenta una densidad de energía finita y muy pequeña en el horizonte de sucesos, es decir, no se hace infinita allí. Dado que no perturba apreciablemente la geometría, la solución es autoconsistente. Al igual que el vacío normal contempla a los observadores acelerados como un vacío de Rindler más una radiación térmica, el vacío de Hartle-Hawking los considera como un vacío de Boulware más una radiación térmica. Así pues, los observadores acelerados que logren mantenerse sobre el agujero negro a una distancia constante, fuera del horizonte de sucesos, gracias a los motores de sus naves, constatarán la existencia de una radiación térmica: la *radiación de Hawking*. La parte de la radiación de Hawking que sale en dirección radial sufre un gran corrimiento hacia el rojo a medida que escala el pozo gravitatorio del agujero negro y los observadores externos pueden contemplarla a gran distancia. La minúscula densidad de energía negativa del vacío de Hartle-Hawking origina una lenta «reacción contraria», que hace que el agujero negro pierda masa muy despacio hasta, finalmente, desaparecer. La energía de la radiación de Hawking que los observadores externos detectan proviene en última instancia de la energía que pierde el agujero negro conforme decrece su masa, la energía siempre se conserva. La radiación de Hawking emitida por agujeros negros de siete masas solares o aún mayores es muy débil –mucho más de lo que actualmente somos capaces de medir–, pero los físicos están convencidos de su existencia.

7. El vacío de Hiscock y Konkowski –un vacío arrollado normal– era inconsistente; no generaba la geometría de partida. El vacío de Rindler arrollado de Li-Xin Li era el adecuado para un espacio de Misner en el que las paredes se aproximaban al 99,9993 % de la velocidad de la luz (del mismo modo que el vacío de Hartle-Hawking era el correcto para un agujero negro).

A alguien tan escéptico sobre lo que hay en el interior de los agujeros negros, como Hawking lo es sobre la existencia de máquinas del tiempo, el vacío de Boulware le habría parecido el adecuado para un agujero negro. Al fin y al cabo, ese estado de vacío no producía radiación y, al principio, todo el mundo estaba convencido de que los agujeros negros no emitían radiación alguna (por eso se les llamaba «negros»). Pero el vacío de Boulware desarrollaba un infinito negativo al aproximarnos al horizonte de sucesos, alterando la geometría y dando al traste con la solución antes de poder entrar en el agujero negro. Esto podía ser interpretado como evidencia a favor de una eventual «conjetura de la protección de los agujeros negros», por la cual los efectos cuánticos del vacío obrarían siempre en el sentido de impedirnos atravesar el horizonte de sucesos. Hawking, por supuesto, creía en los agujeros negros y en que se podía acceder a su interior, con lo que finalmente encontró la solución correcta: el vacío de Hartle-Hawking.

8. El artículo, titulado «Vacío autoconsistente para un espacio de Misner y la conjetura de la protección de la cronología», analizaba también algunas dificultades con las que tropezaría un viajero del tiempo: el peligro de chocar consigo mismo y las perturbaciones producidas por el hecho de que su campo gravitatorio estaría curvado también en el espacio-tiempo. Tales problemas podrían ser superados, no obstante, si el viajero navegara con cuidado y llevara consigo un poco de esa maravillosa sustancia de densidad de energía negativa, logrando que la masa total de su nave fuera nula. De este modo, no perturbaría la solución (de manera similar, para un viajero del tiempo que utilizara mis cuerdas cósmicas infinitas, pudimos deducir –mediante ciertos cálculos matemáticos de J. D. E. Grant– que el campo gravitatorio creado por una nave espacial de masa positiva podría llevar finalmente a la formación de un agujero negro al rodear dichas cuerdas; algo que, de hecho, ya sucede en el caso del bucle finito).

9. Las investigaciones continúan. Tras la publicación de nuestros artículos sobre el espacio de Misner y el viaje en el tiempo en el universo primitivo, Li-Xin Li descubrió un procedimiento de renormalización mejorado para el espacio de Misner. Siempre que se realizan cálculos cuánticos de esta clase, se obtienen resultados infinitos que hay que «renormalizar» para que concuerden con lo observado realmente, para lo cual se hace uso de un estado de vacío conocido que tenga densidad de energía y presión nulas. En las soluciones relativas a viajes en el tiempo se utilizan dos técnicas: el método de la *sección euclídea*, inventado por Hawking, y el método del *espacio de cobertura*.

En el primer método, el problema se resuelve tratando todas las dimensiones como si fueran de tipo espacio, y en el segundo, tratando a los viajeros del tiempo que regresan al pasado como clones de la persona original. Ambas técnicas deberían dar los mismos resultados y resolver cualquier cuestión relativa al manejo de la mecánica cuántica en presencia de curvas cerradas de tipo tiempo. En nuestro artículo sobre el espacio de Misner, abordábamos el problema mediante el método del espacio de cobertura y comprobábamos después, usando el método de la sección euclídea, si los resultados eran correctos, y lo eran. En un artículo posterior en *Physical Review D* (1999), vol. 59, 084016, Li-Xin Li indicaba que era necesario un procedimiento de renormalización mejorado para el método del espacio de cobertura. Con este nuevo procedimiento, el método de la sección euclídea y el del espacio de cobertura producían los mismos resultados en el caso general. Esto permitía a Li-Xin Li mostrar que nuestros resultados iniciales –el hallazgo de un vacío de Rindler arrollado y autoconsistente con densidad de energía y presión nulas para un espacio de Misner en el que las paredes se acercaban la una a la otra al 99,9993 % de la velocidad de la luz– podían ser extendidos desde el campo escalar que habíamos considerado entonces hacia otro tipo de campos como el electromagnético.

Hiscock calculó más tarde la densidad de energía renormalizada para este caso mediante el procedimiento de renormalización *antiguo* con campos escalares que interactúan consigo mismos –como los que intervienen en la inflación–, y encontró un comportamiento explosivo. Li-Xin Li y yo repetimos los cálculos utilizando el procedimiento nuevo y obtuvimos que los campos de esta clase dan lugar a densidades de energía y presiones nulas, según lo previsto. Por lo tanto, nuestros resultados podían ser aplicables también a dichos campos. Nuestros resultados para el universo primitivo –incluyendo los cálculos de temperatura y entropía– no se ven afectados por el nuevo procedimiento de renormalización. En la teoría de supercuerdas, la renormalización se basa en un mecanismo distinto. Cada partícula tiene una compañera supersimétrica; en las condiciones de alta energía como las que prevalecían en el universo primitivo, los efectos cuánticos de las partículas y sus compañeras supersimétricas se cancelan entre sí por parejas para evitar cualquier tipo de comportamiento cuántico explosivo. En los próximos años, sin duda, habrá nuevos estudios basados en estas ideas.

10. La luz se mueve alrededor del espacio de De Sitter a la velocidad de la luz, por supuesto; pero a medida que el propio espacio comienza a expandirse casi a la misma velocidad, esa luz avanza cada vez menos a lo largo de la circunferencia.

En el diagrama espacio-temporal de la figura 21, las líneas de universo de las señales lumínicas son líneas rectas inclinadas 45 grados respecto a la vertical (se mueven un año luz en sentido horizontal en el espacio por cada año que avanzan hacia arriba en el tiempo). Dichas líneas reposan en la superficie curva con forma de reloj de arena. Podemos construir un modelo de una superficie así tomando un par de aros y uniéndolos mediante una docena de trozos de cuerda que conecten puntos homólogos, creando una especie de tambor. Luego hacemos girar uno de los aros hasta que las cuerdas queden inclinadas 45 grados. Obtenemos así una forma de reloj de arena con una cintura hecha de cuerda.

Un rayo de luz emitido en la cintura avanzará sólo 90 grados alrededor de la circunferencia en un tiempo infinito. El círculo que representa la circunferencia crece hasta un tamaño infinito, por lo que, incluso en un tiempo infinito, el rayo no puede rodearlo. Dos personas que vivieran en puntos opuestos del espacio-tiempo de De Sitter no podrían intercambiar mensajes de radio. De hecho, dos observadores cualesquiera que viajaran a lo largo de geodésicas verían que se alejan mutuamente cada vez más deprisa a medida que el espacio entre ellos se expande. Cuando según sus relojes indiquen que se están separando uno de otro a una velocidad superior a la de la luz, perderán el contacto. La señal luminosa que envíe el primero nunca alcanzará a su colega. Éste se mueve más despacio que la luz, pero tiene demasiada ventaja. Aunque el rayo de luz viaje más deprisa, el observador se mueve a una velocidad cada vez más próxima a la de aquélla; mantiene siempre una ventaja y nunca es alcanzado. Si viviéramos en el espacio-tiempo de De Sitter, estaríamos siempre perdiendo el contacto con nuestros amigos. Si nuestro amigo Fred vive a cierta distancia de nosotros, observaríamos un corrimiento hacia el rojo en la radiación que nos envía a la vez que se mueve. Finalmente, cuando la distancia que nos separa empieza a aumentar a la velocidad de la luz –según nuestros relojes–, ese desplazamiento hacia el rojo se hace infinito. Su radiomensaje llegaría c-a-d-a v-e-z m-á-s d-e-s-p-a-c-i-o. La última frase que recibiéramos tardaría en llegar un tiempo infinito. Y la siguiente que enviara no llegaría jamás. Esa señal estaría viajando eternamente entre él y nosotros, pero nunca llegaría. Parecería como si Fred hubiese caído en un agujero negro.

11. Según Lee Smolin, de la Universidad del estado de Pennsylvania, y el físico ruso Valeri Frolov y sus colegas M. A. Markov y Viatcheslav Mukhanov, siempre que un colapso gravitatorio avanza hacia la formación de una singularidad tal como un agujero negro, en el último momento y a medida que crece la temperatura, se entraría en un estado de vacío inflacionario, el cual experimentaría un rebote De Sitter para crear un nuevo universo. De acuerdo

con esta teoría, en nuestro propio universo se estarían produciendo brotes de nuevos universos inflacionarios como si fueran las ramas de un árbol.

12. Si pusiéramos un poco de vacío inflacionario en una caja y expandiéramos ésta hasta que alcanzara un tamaño mayor, habría que consumir energía para mover las paredes hacia fuera, ya que la presión negativa –o succión– debida a dicho vacío tiraría de las paredes hacia dentro y necesitaríamos vencerla. Concluido el proceso, tendríamos una caja más grande llena de vacío inflacionario. Éste tendría la misma densidad de energía que antes pero, como el volumen es mayor, su energía total habría crecido. El incremento debería igualar a la energía empleada en mover las paredes hacia fuera. En la relatividad general, la energía local se conserva en pequeñas regiones, según lo esperado. Pero en el conjunto de la solución y debido a que el espacio-tiempo se curva, la energía total del universo no se conserva, no existe un lugar plano en el que poder establecer un estándar de energía. Se trata de una peculiar e importante propiedad de la relatividad general. Imaginemos el universo en proceso de inflación dividido en muchos compartimientos pequeños. En cada uno de ellos, un observador constataría que la energía total de su compartimiento se incrementa al expandirse éste. Él lo atribuiría al hecho de que hubiera alguien tirando hacia fuera de las paredes. Pero, en realidad, lo que tira de esas paredes son los compartimentos adyacentes, los cuales, a su vez, también se expanden. Así pues, en este caso, la energía total del universo en su conjunto aumenta con el tiempo a medida que el volumen del universo se incrementa.

13. ¿Por qué una superficie hiperbólica tiene curvatura negativa? El brillante matemático alemán Johann Friedrich Gauss observó que una esfera –el conjunto de todos los puntos equidistantes de un punto central en el espacio– tiene curvatura positiva. El grado de curvatura depende de su tamaño. Una esfera pequeña como un grano de mostaza está fuertemente curvada; una esfera más grande, como una pelota de playa, tiene una curvatura más suave, y una esfera gigantesca como la Tierra tiene una curvatura tan leve que nos parece casi plana. Gauss halló que el valor de la curvatura es inversamente proporcional al cuadrado del radio. Ese radio es la distancia en el *espacio* entre cualquier punto de la superficie de la esfera y su centro. En cambio, la superficie hiperbólica de nuestro ejemplo tiene una curvatura negativa porque representa el conjunto de sucesos equidistantes en el *tiempo* –medido por los relojes de a bordo– de un suceso concreto. Como veíamos con anteriori-

dad, en la relatividad especial los observadores están de acuerdo en el cuadrado de la distancia en el espacio menos el cuadrado de la distancia en el tiempo. Ese signo menos asociado a la distancia temporal es el que proporciona a la superficie hiperbólica su curvatura negativa.

14. Para que mi modelo funcione, el estado de vacío de alta densidad debe permanecer dentro de la burbuja durante un breve período tras la formación de ésta, antes de transformarse en radiación térmica. Esto haría que el universo se inflase hasta alcanzar un tamaño lo suficientemente grande como para estar de acuerdo con las observaciones. Es preciso que la inflación continúe dentro de la burbuja (hasta que los relojes marquen la una en punto en la figura 22) durante un lapso al menos cien veces superior al que tardó el espacio de De Sitter circundante en doblar su tamaño, según los observadores de allí. El proceso daría lugar a un universo con una curvatura sensiblemente negativa. Si la inflación en el seno de la burbuja durara más –por ejemplo, diez veces más–, el universo seguiría teniendo curvatura negativa, pero se habría inflado tanto que actualmente no podríamos distinguirlo de un universo plano.

15. En la región negra del efecto túnel nos hallamos «dentro» del túnel y, por lo tanto, «bajo tierra» en nuestra analogía del paisaje. El encontrarse «bajo tierra» hace que el signo negativo asociado a la dimensión tiempo se convierta en positivo (escribiríamos $ds^2 = +dt^2 + dx^2 + dy^2 + dz^2$). La dimensión temporal *se transforma* en una dimensión espacial más, dando lugar a las cuatro dimensiones espaciales de la región negra.

16. Para entender el mecanismo de la inflación caótica de Linde, recordemos nuestra metáfora de la bola de billar rodando a través de un variado paisaje. Una mayor elevación corresponde a una densidad de energía del vacío más alta y a una inflación más rápida. Comencemos con la bola situada en la playa. Existe una pequeña probabilidad de que efectúe un salto cuántico y aterrice en lo alto de las montañas. Una vez allí, tendrá lugar una rápida inflación y la región se expandirá hasta alcanzar un enorme tamaño y engendrar un nuevo universo inflacionario. Conforme el recién nacido universo se infla, pequeñas zonas de esa región perderán contacto entre ellas y empezarán a comportarse de manera independiente, como si fueran muchas bolas de billar. La mayoría rodará ladera abajo pero, ocasionalmente, una de las zonas (bolas de billar) experimentará un salto cuántico e irá a caer aún más arriba, donde se expandirá más deprisa que las demás. El hecho dará lugar

a un universo-hijo en segunda generación cuyo volumen pronto será mayor que el de todos los demás juntos debido a que su inflación es más rápida. El proceso es iterativo. En breve, la mayor parte del volumen del universo estará repartido en zonas que se hallan cada vez más altas en el paisaje, con la inflación desarrollándose mayoritariamente a la densidad de Planck (5×10^{93} gramos por centímetro cúbico). Esas zonas engendran continuamente nuevos universos, salpicando las montañas con un número cada vez mayor de bolas, las cuales ruedan continuamente por las laderas; de vez en cuando, alguna efectúa un salto cuántico y termina produciendo aún más bolas de billar. Al rodar ladera abajo, una bola puede ir a parar a un valle entre montañas y quedar atrapada allí. Eventualmente, esa bola puede experimentar el efecto túnel y aparecer al otro lado de la montaña, cayendo por su ladera exterior y engendrando un universo burbuja abierto como en la figura 22. Por el contrario, la bola puede no tropezar con valle alguno y limitarse a rodar montaña abajo, contribuyendo a que la región, originalmente muy irregular, se transforme en un gigantesco (y, por lo tanto, en apariencia plano) universo de Friedmann.

La inflación caótica de Linde explica cómo la inflación puede tener lugar bajo circunstancias muy generales. Mientras no dispongamos de una teoría del todo, no sabremos cuáles son las leyes que gobiernan un proceso así, pero la teoría de Linde indica que las fluctuaciones cuánticas o los saltos cuánticos deberían conducir a la creación de universos-hijos, los cuales, a su vez, engendrarían nuevos universos en las «montañas». Estos últimos atravesarían finalmente un túnel o rodarían ladera abajo para crear universos como el nuestro. El proceso daría lugar a un árbol fractal de universos que se ramifican a partir de otros.

17. Si el vacío normal es estable frente a la formación espontánea de cuerdas cósmicas (si no lo fuera, se formarían cuerdas cósmicas hasta en la sopa), nuestra solución basada en un estado de vacío cuántico autoconsistente también debería serlo, según se deduce de un argumento formulado por Michael J. Cassidy, uno de los alumnos de Hawking.

Hawking había observado un problema en relación con las máquinas del tiempo que no estén basadas en materia con densidad de energía negativa. Existe una inestabilidad cuando se *entra* en la máquina, al atravesar su horizonte de Cauchy. Si se añade una onda de pequeña amplitud a la solución, la onda puede retroceder en el tiempo hasta su origen, llegando a él con más energía que la que tenía inicialmente. La onda regresa una y otra vez, incrementando su energía en cada viaje y haciendo que la solución sea inestable. Las soluciones basadas en agujeros de gusano –que incluyen materia con densidad de energía negativa– no tienen ese problema porque, cada vez que retrocede en el tiempo, sólo una pequeña fracción de la onda entra por la boca del agujero. Pero cuando solamente hay materia con densidad de energía positiva en juego, aparece la inestabilidad mencionada. En nuestra máquina del tiempo ubicada en el origen del universo, sin embargo, *salimos* de la máquina, con lo cual es estable. Si se perturba la solución mediante una onda, ésta circulará alrededor del bucle en el sentido de las agujas del reloj. Cuando la onda vuelve al punto de partida, la expansión de la rama hace que su longitud de onda sea quinientas treinta y cinco veces mayor que la original y su energía, quinientas treinta y cinco veces más pequeña. Cada vez que rodea el bucle, la onda regresa con una energía disminuida en ese factor; así pues, aunque lo rodee un número infinito de veces, sólo añadirá una cantidad total finita de energía, la cual no perturba apreciablemente la geometría. Ésta es la causa por la que es más fácil salir de una máquina del tiempo que entrar en ella.

En nuestro modelo, el universo se expande eternamente, con lo que el horizonte de Cauchy se extiende indefinidamente hacia el futuro sin que en él aparezca singularidad alguna. Evitamos el teorema de Tipler debido a que, aunque nuestro modelo tenga geodésicas que no se extienden de forma ilimitada hacia el pasado, esto sucede en una región de vacío en la que no existen partículas reales. Normalmente, cabría esperar que tales curvas nacieran en una singularidad –tal como asume el teorema de Tipler– o en un límite del tipo de la cintura del espacio de De Sitter en la solución del túnel. Pero, en nuestro caso, las curvas simplemente rodean el bucle temporal un número infinito de veces. Las partículas que circulen a lo largo de dichas curvas o los fotones que viajen hacia el pasado a través de ellas podrían originar un crecimiento infinito en la densidad de energía de esa región. Sin embargo, en nuestro modelo nos hallamos en una región de vacío en la que no hay partículas reales y donde no se emite fotón alguno hacia el pasado, por lo que el problema no existe. En lugar de hacer que el espaciotiempo se inicie en una singularidad o en una condición límite, nuestro modelo basado en un bucle temporal establece una condición límite periódica de partida (si se demostrara la validez de un modelo de inflación caótica en el que todas las curvas geodésicas se extendiesen una longitud infinita hacia el pasado –con lo que las fluctuaciones cuánticas violarían algunas de las premisas del teorema de Tipler–, se podría construir un modelo del tipo del nuestro que contemplara esa propiedad sólo haciendo que uno de los universos-hijos efectuase un bucle y se convirtiera en el tronco).

Así pues, el origen del universo parece ideal para situar en él una máquina del tiempo, ya que las consideraciones de estabilidad son favorables y las singularidades resultan, de ese modo, más fáciles de evitar. Li-Xin Li y yo pensamos que el hecho es muy interesante, pues es justo en ese punto donde una máquina del tiempo permitiría que el Universo fuera su propia madre.

18. En 1986, Barrow escribió: «Pueden ser necesarias ciertas condiciones límite cosmológicas, bien en una singularidad inicial, bien en una infinitud pasada; la alternativa –el que todas las geodésicas tipo tiempo o nulas (tipo luz) sean cerradas, tal vez con períodos muy superiores a 10^{10} años– no resulta atractiva». Tal como Thorne describe en *Black Holes and Time Warps*, Robert Geroch demostró un teorema en 1967, según el cual sería posible construir un agujero de gusano mediante una torsión del espacio-tiempo uniforme y libre de singularidades, pero sólo si se creara una máquina del tiempo. Thorne escribe: «La reacción general frente al teorema de Geroch, en 1967, fue "*Seguramente*, las leyes físicas prohíben las máquinas del tiempo y, por lo tanto, siempre impedirán construir un agujero de gusano de forma clásica, es decir, sin perforar agujeros en el espacio"». Tras los trabajos de Thorne en 1988, la gente empezó a mostrarse más dispuesta a considerar soluciones que involucraran viajes en el tiempo.

19. El hecho es conocido como *invarianza CPT (carga-paridad-tiempo)*.

20. Si le diéramos la vuelta a la figura 27, obteniendo una serie de bocinas que colapsan en un bucle temporal situado al final del Universo, una solución autoconsistente requeriría que existieran ondas avanzadas exclusivamente. Los observadores que se hallaran en ese Universo verían un bucle temporal en el futuro y todas las ondas electromagnéticas viajando hacia el pasado. Contemplarían, pues, cómo los efectos preceden a las causas. Con el bucle temporal de baja entropía ubicado al final, la flecha del tiempo en la entropía apuntaría también en sentido contrario. Obviamente, la gente llamaría «pasado» al futuro y «futuro» al pasado y estaría convencida de vivir «después» del bucle, igual que nosotros. De hecho, la dirección «hacia el futuro» significa simplemente «alejándose del bucle temporal». Las causas siempre están más cerca del bucle que los efectos. En caso contrario, el modelo no sería autoconsistente, tal como debe ser toda solución que se precie.

1. Estos límites más bien amplios están diseñados para abarcar el 95% de los casos. La fórmula produce una predicción correcta siempre que la longevidad futura caiga en algún punto comprendido entre dichos límites. A menudo se hallará en un margen más pequeño situado dentro de ese intervalo. Recordemos que en el 50% de los casos –como en el del Muro de Berlín–, la longevidad futura estará comprendida entre un tercio y tres veces la longevidad pasada. Por ello, en la mayoría de las ocasiones, el final llega mucho antes de alcanzar el límite superior marcado por el 95% de confianza.

2. R. L. Cann, M. Stoneking y A. C. Wilson estimaron en 1987 que la longevidad de nuestra especie, el *Homo sapiens* (remontada hasta la Eva mitocondrial), era de unos doscientos mil años, basándose en estudios de ADN. Es ésta la edad que he adoptado en mis cálculos y concuerda aproximadamente con otras estimaciones: inferior a doscientos cincuenta mil años (Gould [1989], p. 45n), superior a cien mil años (R. Caroll, *Vertebrate Paleontology and Evolution*, Nueva York, Freeman, 1988, pp. 475 y 476) y mayor de ciento cincuenta mil años (C. B. Stringer, *Scientific American* [1990], vol. 263, p. 98).

3. La longevidad de las diversas especies de mamíferos presenta una distribución exponencial en torno a una media de dos millones de años (véase S. M. Stanley, *Proceedings of the National Academy of Sciences* [1975], vol. 72, p. 646). A partir de este dato podemos establecer límites con el 95% de confianza para la longevidad futura de una especie de mamífero elegida al azar de entre las hoy existentes: más de 50.000, pero menos de 7,4 millones de años. Estos límites son notablemente parecidos a los correspondientes a la longevidad futura para la especie humana con el mismo nivel de confianza –más de 5.100, pero menos de 7,8 millones de años–, los cuales se basan solamente en nuestra longevidad pasada como especie inteligente.

4. La regla del 39 nos habría mantenido también a salvo del *Britannic*, buque hermano del *Titanic* que naufragó en su sexto viaje tras chocar con una mina alemana, pero nos habría permitido viajar muchas veces en el *Olympic*, el otro hermano del *Titanic* que llegó a atravesar quinientas catorce veces el Atlántico antes de ser desguazado.

Alguien que sin duda ignoraba la citada regla era la empleada de la White Star Line Violet Jessop, pues se hallaba a bordo tanto del *Titanic* como del *Britannic* cuando éstos se hundieron y en ambos casos escapó a la muerte. A los astronautas no les queda más remedio también que ignorar rutinariamente la regla del 39.

Con esto no pretendo afirmar que los treinta y nueve primeros viajes de un vehículo sean necesariamente peligrosos. Si adquirimos un coche nuevo, sus treinta y nueve primeros trayectos pueden perfectamente transcurrir sin contratiempos, ya que en este caso podemos experimentar todos los viajes de ese vehículo desde el primero hasta el último. En cambio, cuando llegamos a un puerto para tomar un barco, en principio estaremos muestreando al azar uno de sus viajes. Por supuesto, una nave puede ser retirada del servicio antes de completar treinta y nueve trayectos sin sufrir catástrofe alguna (como en el caso del *Apolo 11*). La regla sirve simplemente para evitar que seamos pasajeros en su último viaje. De hecho, cualquier persona prudente debería evitar los viajes de clausura, dado que uno de los modos de concluir un viaje final es precisamente catastrófico. Los barcos particularmente desafortunados o intrínsecamente peligrosos es difícil que acumulen una larga lista de viajes, por lo que la regla nos ayuda a evitar esa clase de naves.

Un largo historial de éxitos es un buen indicador de seguridad. Los aviones comerciales son generalmente muy seguros y lo normal es que realicen miles de vuelos sin incidentes antes de ser retirados. Si llegamos a un aeropuerto en un instante al azar, por lo tanto, no es demasiado probable que tomemos un avión que efectúe su último viaje o uno de los treinta y nueve primeros (con lo que la famosa regla no interferirá habitualmente en nuestros planes de vuelo). En China, en cierta ocasión me propusieron viajar en un «avión ruso muy viejo y muy seguro», como literalmente me indicaron. Llevaba en servicio dieciocho años, por lo que embarqué en él pensando que, a pesar de su aspecto decrépito, era improbable que mi viaje fuera el último. Pero cuando llevábamos volando unos minutos llegué a la conclusión de que ¡el principio copernicano era lo único que lo mantenía en el aire!

5. ¿Cabe evitar la conclusión de que no nos hallamos en el primer 2,5 % ni en el último 2,5 % de la lista cronológica de seres humanos argumentando que ocupamos una posición especial en la lista en virtud de haber nacido en una época en la que el nivel de sofisticación es lo suficientemente grande como para conocer la fórmula copernicana? Si tenemos más de doce años de edad, ya han nacido después de nosotros mil ochocientos millones de personas, lo que nos deja fuera del 2,5 % final de la lista. Si somos op-

timistas y pensamos que la civilización siempre irá a mejor desde el momento actual, todos los seres humanos futuros vivirán en épocas lo suficientemente avanzadas como para conocer o deducir la fórmula. En este caso, como pertenecientes a una época lo bastante sofisticada como para conocerla, la probabilidad de que estemos en el primer 2,5 % de todos los seres humanos es inferior al 2,5 % (dado que tales observadores ocuparán la totalidad de la lista cronológica, excepto un pequeño segmento inicial). Para que usted, lector, esté informado de mi fórmula, sólo es necesario que viva en una época en la que sea conocida. Al fin y al cabo, nos ha tocado vivir en un período en el que conocemos la obra de Copérnico sin necesidad de ser contemporáneos suyos; lo mismo podría darse con mi fórmula. Si desapareciera la civilización y la humanidad regresara a las sociedades cazadoras-recolectoras, insuficientemente avanzadas como para conocer la fórmula, es probable que la población fuese pequeña (en el margen de un millón de individuos), y nuestra longevidad futura sería probablemente similar a la de otros homínidos (en torno a dos millones de años o menos), haciendo que el número probable de individuos futuros se hallara en el margen de los cien mil millones, una cifra de nuevo inferior a los 2,7 billones. Para pertenecer al 2,5 % inicial de la lista habría que estar en la franja del 2,5 % en todos esos escenarios.

6. Si dispusiéramos realmente de datos actuariales previos sobre la población total a través del tiempo de diversas especies inteligentes extraterrestres, podríamos ponderar tales datos por población (la probabilidad de ser miembro de una especie concreta es proporcional a la población de ésta) para generar una distribución probable del número total de miembros de *nuestra* especie, el *Homo sapiens*. Esa distribución ponderada podría presentar una escala característica, ya fueran cien mil millones o cien billones. Pero como no tenemos dato alguno en este sentido, no podemos hacernos idea de cuál sería esa escala. Así pues, y según la filosofía de Jeffreys, deberíamos considerar igualmente válida cualquier estimación *a priori* para el orden de magnitud del número total de seres humanos. Dicho de otra manera, el número total de individuos a lo largo del tiempo podría hallarse en cualquiera de los intervalos siguientes: 100.000 millones a 1 billón, 1 billón a 10 billones, 10 billones a 100 billones, etcétera. Estas estimaciones deben ser revisadas, según el teorema de Bayes, una vez constatado que han nacido aproximadamente setenta mil millones de individuos hasta la fecha. Como ya he indicado, el método conduce a los mismos resultados que la fórmula copernicana, es decir, a que existe

una probabilidad del 95% de que el número de seres humanos que nazcan en el futuro se halle comprendido entre 1.800 millones y 2,7 billones. Una buena estimación imprecisa, como la de Jeffreys, debería ser válida para cualquier observador inteligente. Si todos la usaran, podríamos hacer un sondeo y comprobar hasta qué punto ha sido correcta; el resultado debería estar de acuerdo con la respuesta copernicana, ya que el 95% de esos observadores inteligentes deberían pertenecer al 95% central de la lista cronológica de todos los miembros de su especie.

7. Por el mismo razonamiento, es probable que nuestra especie posea una longevidad mayor que la media de las especies inteligentes, ya que la mayor parte de los observadores tenderá a pertenecer a una de esas especies de longevidad más alta. Y es probable que nosotros estemos en ese grupo. Así pues, nuestra especie probablemente esté por encima de la media de las especies inteligentes, tanto en longevidad como en población. Si tenemos en cuenta que existe un 95% de probabilidades de que nos hallemos en el 95% central de la historia humana –lo que daría una longevidad total de entre doscientos cinco mil y ocho millones de años–, esto significaría que la longevidad media de las especies inteligentes es incluso inferior a la de la nuestra.

BIBLIOGRAFÍA

Abbott, E. A., *Flatland,* 7ª. ed., Nueva York, Dover, 1952 [*Planilandia,* Palma de Mallorca, José J. de Olañeta, 1999]. Preciosa novela, escrita en 1880, que transcurre en un mundo de dos dimensiones espaciales y una temporal.

Albrecht, A. y P. Steinhardt, *Physical Review Letters* (1982), vol. 48, p. 1220. Universos burbuja en el marco inflacionario.

Alcubierre, M., *Classical and Quantum Gravity* (1994), vol. 11, L73. El motor de distorsión en la relatividad general.

Alpher, R. A. y R. Herman, *Nature* (1948), vol. 162, p. 774. El artículo predecía la radiación cósmica de fondo a una temperatura de 5 grados Kelvin.

Asimov, I., *Asimov's Biographical Encyclopedia of Science and Technology,* Nueva York, Avon Books, 1972 [*Enciclopedia Biográfica de Ciencia y Tecnología,* Madrid, Alianza Editorial, 1987]. Asimov escribió en solitario este impresionante compendio, que abarca más de un millar de científicos.

Baarden, J., P. J. Steinhardt y M. Turner, *Physical Review D* (1983), vol. 28, p. 679. Cálculo de las fluctuaciones que en cosmología inflacionaria llevan a la formación de galaxias y cúmulos de galaxias.

Barrow, J. D., *Gravitation in Astrophysics,* B. Carter y J. Hartle (eds.), Nueva York, Plenum, 1987. Comentario sobre la posibilidad de que existan curvas cerradas tipo tiempo en el universo.

– y F. J. Tipler, *The Anthropic Cosmological Principle,* Oxford, Clarendon Press, 1986. Consecuencias de la idea de que los observadores inteligentes deben residir en lugares habitables.

Bekenstein, J. D., *Physical Review D* (1975), vol. 11, p. 2072. El artículo demostraba que los agujeros negros tienen entropía (desorden).

Benford, G., *Timescape,* Nueva York, Pocket Books, 1980 [*Cronopaisaje,* Barcelona, Ediciones B, 1996]. Novela ganadora del premio Nebula, que trata sobre viajes en el tiempo basados en la teoría de los universos múltiples de la mecánica cuántica.

Bienen, H. S. y N. van de Walle, *Of Time and Power*, Standford, Stanford University Press, 1991.

Birrell, N. D. y P. C. W. Davies, *Quantum Fields in Curved Space*, Cambridge, Cambridge University Press, 1982. Analiza el vacío de Rindler.

Borde, A. y A. Vilenkin, *International Journal of Modern Physics D* (1996), vol. 5, p. 813. Muestra cómo en el modelo de universo de burbuja, el estado inflacionario original tiene que tener un comienzo.

Born, M., *Einstein's Theory of Relativity*, Nueva York, Dover, 1962. Un gran libro. Los diagramas espacio-temporales explican por qué los observadores en movimiento discrepan a la hora de establecer qué sucesos son simultáneos.

Boulware, D. G., *Physical Review D* (1975), vol. 11, p. 1404. El vacío de Boulware en el exterior de una estrella de neutrones.

–, *Physical Review D* (1992), vol. 46, p. 4421. Partículas *jinn* y probabilidades cuánticas.

Boyer, R. H. y R. W. Lindquist, *Journal of Mathematical Physics* (1967), vol. 8, p. 265. Al igual que Carter, exploran el interior de los agujeros negros giratorios.

Browne, M. W., *The New York Times*, 1 de junio de 1993, pp. C1, C7. Comenta mis predicciones copernicanas sobre la longevidad de la especie humana.

Burger, D., *Sphereland*, C. J. Rheinboldt, Nueva York, Apolo Editions (trad.), 1965. Los planilandeses descubren que están viviendo en la superficie de una esfera.

Canavezes, A. y otros, *Monthly Notices of the Royal Astronomical Society* (1998), vol. 297, p. 777. Una muestra de quince mil galaxias cuyos cúmulos presentan geometría espongiforme.

Cann, R.L., M. Stoneking y A.C. Wilson, *Nature* (1987), vol. 325, p. 31. Estimación de la edad de nuestra especie, basándose en estudios del ADN.

Carlini, A. e I.D. Novikov, publicación preliminar TIT/HEP-338/COSMO-75 (1996). La autoconsistencia en los viajes en el tiempo.

Carroll, S.M., E. Farhi y A. Guth, *Physical Review Letters* (1992), vol. 68, p. 263; erratum (1992), vol. 68, p. 3368; CTP#2117 (1992). El artículo indicaba que, al rodear mis cuerdas cósmicas, la nave espacial daba un giro de 360 grados e incrementaba su velocidad.

Carter, B., *Confrontation of Cosmological Theories with Observa-*

tions, M. Longair, Dordrecht, Reidel (eds.), 1974. El principio antrópico.
–, *Physical Review* (1966), vol. 141, p. 1242; *Physical Review* (1968), vol. 174, p. 1559. El interior de un agujero negro giratorio no perturbado, que muestra una región de viaje en el tiempo atrapada en él. Tanto Carter como yo compartimos interés por dos áreas de investigación: las soluciones a la relatividad general que impliquen viajes en el tiempo y el futuro de la especie humana.
Cassidy, M. J., *Classical and Quantum Gravity* (1997), vol. 14, p. 523. El alumno de Hawking demuestra la existencia de un vacío cuántico autoconsistente para el espacio de Misner, el cual permite el viaje en el tiempo.
Chaitin, G. J., *Complexity* (1995), vol. 1, p. 26. Breve examen del teorema de la incompletitud de Gödel.
Cohen, J. E., *How Many People can the Earth Support?,* Nueva York, Norton, 1995. Analiza las diversas estimaciones de los expertos sobre el número de habitantes que podría sostener nuestro planeta. La cifra promedio es doce mil millones de individuos.
Coleman, S. y F. de Luccia, *Physical Review D* (1980), vol. 21, p. 3305. Propone que un estado cuántico de vacío de De Sitter debería desintegrarse mediante la formación de burbujas.
Corry, L., J. Renn y J. Stachel, *Science* (1997), vol. 278, p. 1270. La disputa Hilbert-Einstein sobre prioridades resuelta a favor de este último.
Cutler, C., *Physical Review D* (1992), vol. 45; p. 487. Horizontes de Cauchy en mi espacio-tiempo de dos cuerdas cósmicas.
De Bernardis, P. y otros, *Nature* (2000), vol. 404, p. 955. Datos sobre la radiación cósmica de fondo consistentes con la teoría inflacionaria y que sugieren que la parte del universo que contemplamos es aproximadamente plana.
Deser, S., R. Jackiw y G. 't Hooft, *Annals of Physics* (1984), vol. 152, p. 220. La relatividad general en Planilandia.
Deutsch, D. y M. Lockwood, «The Quantum Physics of Time Travel», *Scientific American* (marzo de 1994), vol. 270, p. 68. Una aproximación asequible al punto de vista de Deutsch sobre el viaje en el tiempo.
Dewdney, A. K., *The Planiverse: Computer Contact with a Two-Dimensional World,* Nueva York, Copernicus Books, 2001. Una secuela de Flatland.
Duane, D., *The Wounded Sky*, Nueva York, Pocket Books, 1983 [*El cielo herido*, Barcelona, Grijalbo, 1993]. De la serie de novelas

Star Trek. Incluye referencias a artículos míos y del Dr. Spock.
Eaton, J. P. y C. A. Haas, *Titanic: Triumph and Tragedy*, 2.ª ed., Nueva York, Norton, 1994. Menciona cómo los Vanderbilt se libraron del naufragio.
Einstein, A., *Sitzungsberichte der Deutschen Akademie der Wissenschaften zu Berlin, Klasse für Mathematik, Physik und Technik* (1915), p. 844. ¡Las ecuaciones de la relatividad general!
–, *Sitzungsberichte der Deutschen Akademie der Wissenschaften zu Berlin, Klasse für Mathematik, Physik und Technik* (1917), p. 142. El universo estático de Einstein.
Everett, A. E., *Physical Review D* (1996), vol. 53, p. 7365. Viaje en el tiempo mediante un motor de distorsión.
Farhi, E., A. H. Guth y J. Guven, *Nuclear Physics* (1990), vol. B339, p. 417. Cómo crear universos en laboratorio.
Ferris, T., *The New Yorker*, 12 de julio de 1999, p. 35. Comenta mis predicciones copernicanas.
–, *The Whole Shebang: A State-of-the-Universe(s) Report*, Nueva York, Simon & Schuster, 1997. Exposición amplia y fundamentada sobre el estado actual de la cosmología. El Taj Mahal negro es para Ferris una metáfora de la materia oscura.
Feynman, R., *The Character of Physical Law*, Cambridge MA, MIT Press, 1994 [*El carácter de la ley física*, Barcelona, Tusquets, 2000]. Incluye la comparación entre el ajedrez y las leyes físicas.
Ford, L. H. y T. A. Roman, *gr-qc/9510071* (1995). Muestra que la materia con densidad de energía negativa, que ayuda a mantener abierto el túnel en un agujero de gusano, ha de estar confinada en una capa delgada.
Friedman, J., M. S. Morris, I. D. Novikov, F. Echeverría, G. Klinkhammer, K.S. Thorne y U. Yurtsever, *Physical Review D* (1990), vol. 42, p. 1915. El principio de autoconsistencia en los viajes en el tiempo.
Friedman, J. L., N. J. Papastamatiou y J. Z. Simon, *Physical Review D* (1992), vol. 46, pp. 4442 y 4456. Muestra cómo resolver el hecho de que las partículas *jinn* hagan que la suma de las probabilidades no sea el 100% en el enfoque de Feynman sobre la mecánica cuántica.
Friedmann, A. Z., *Phys.* (1922), vol. 10, p. 377 y (1924), vol. 21, p. 326. Modelos de *big bang.*
Frolov, V. P., M. A. Markov y V. F. Mukhanov, *Physical Review D* (1990), vol. 41, p. 383. Propone el nacimiento de universos a partir de agujeros negros.
Gamow, G., *One, Two, Three… Infinity*, Nueva York, Dover, 1947

[*Uno, dos, tres... Infinito*, Barcelona, RBA, 1993]. Un libro maravilloso.
–, *Physical Review* (1948), vol. 74, p. 505. *Nature* (1948), vol. 162, p. 680. El *big bang* caliente.
–, *Physical Review* (1928), vol. 51, p. 204. El efecto túnel cuántico y la radiactividad.
Garriga, J. y A. Vilenkin, *Physical Review D* (1998), vol. 57, p. 2230. El artículo muestra que, si en el universo actual existe una constante cosmológica, el hecho conducirá a la formación de universos burbuja de alta densidad en el futuro.
Gatland, K., *The Illustrated Encyclopedia of Space Technology*, 2ª. ed., Nueva York, Orion Books, 1989. Describe los planes de Von Braun para enviar un hombre a Marte en 1982 y contiene otros datos útiles sobre el programa espacial.
Giddings, S., J. Abbott y K. Kuchař, *General Relativity and Gravitation* (1984), vol. 16, p. 751. La relatividad general en Planilandia. El profesor Kuchař me enseñó relatividad general en el instituto; fue quizás el mejor curso que tuve.
Gödel, K., *Reviews of Modern Physics* (1949), vol. 21, p. 447. El universo giratorio de Gödel, que permite el viaje al pasado.
Gold, T., *Nature* (1975), vol. 256, p. 113. Cómo puede una madre lograr que su bebé envejezca más despacio construyendo todas las noches una cápsula esférica de materia densa alrededor de la cuna.
Golden, F., *Time*, 31 de diciembre de 1999, p. 62. *Time* nombra a Albert Einstein «personaje del siglo». Incluye un homenaje a Stephen Hawking.
González-Díaz, P. F., *Physical Review D* (1999), vol. 59, p. 123513. Estabilidad del universo que se crea a sí mismo, propuesto junto con Gott y Li.
Gott, J. R., «A Grim Reckoning», *New Scientist*, 15 de noviembre de 1997, pp. 36-39. Mis predicciones sobre la especie humana y qué deberíamos hacer para mejorar nuestras expectativas de supervivencia.
–, *Astrophysical Journal* (1974), vol. 187, p. 1. El artículo sobre taquiones que Benford utilizó en su novela *Timescape*.
–, *Astrophysical Journal* (1985), vol. 288, p. 422. Solución exacta para una cuerda cósmica.
–, *Il Nuovo Cimento* (1974), vol. 22B, p. 49. En la relatividad general, los taquiones no transmitirían energía o información más deprisa que la luz a través de distancias macroscópicas.
–, *Inner Space/Outer Space*, editado por E. W. Kolb y otros. Chicago,

University of Chicago Press, 1986. Explico cómo mis universos burbuja abiertos pueden ser generados por el escenario de física de partículas propuesto por Linde, Albrecht y Steinhardt.
–, *M.N.R.A.S.* (1980), vol. 193, p. 153. Analiza imágenes de universos pegados unos a otros.
–, *Nature* (1982), vol. 295, p. 304. Universos burbuja abiertos en el marco inflacionario.
–, *Nature* (1993), vol. 363, pp. 315-319. «Implications of the Copernican Principle for Our Future Prospects» [«Implicaciones del principio copernicano en nuestras expectativas de futuro»].
–, *Nature* (1994), vol. 368, p. 108. Muestra cómo el principio copernicano es consistente con el enfoque bayesiano.
–, «Our Future in the Universe», *Clusters, Lensing, and the Future of the Universe,* de las series de conferencias de la Sociedad Astronómica del Pacífico, V. Trimble y A. Reisenegger (eds.), vol. 88, p. 140, San Francisco, Astronomical Society of the Pacific, 1996. Más aplicaciones del principio copernicano.
–, *Physical Review Letters* (1991), vol. 66, p. 1126. Mi máquina del tiempo basada en cuerdas cósmicas.
–, «Will We Travel Back (or Forward) in Time?», *Time,* 10 de abril de 2000, pp. 68-70. Discusión sobre el viaje en el tiempo y las leyes físicas que formaba parte de la serie de *Time* «Visions 21», sobre el siglo XXI.
– y M. Alpert, *General Relativity and Gravitation* (1984), vol. 16, p. 243. Relatividad general en Planilandia.
– y L-X. Li, *Physical Review D* (1998), vol. 58, p. 023501, «Can the Universe Create Itself?» [«¿Puede el universo crearse a sí mismo?»]. Explica el modo en que un bucle temporal en el origen podría permitir al universo ser su propia madre.
–, A. Melott y M. Dickinson, *Astrophysical Journal* (1986), vol. 306, p. 341. Muestra cómo la inflación debería dar lugar a una geometría espongiforme en los cúmulos de galaxias.
–, J. Z. Simon y M. Alpert, *General Relativity and Gravitation* (1986), vol. 18, p. 1019. Relatividad general y electrodinámica en Planilandia.
– y T. S. Statler, *Physics Letters* (1984), vol. 136B, p. 157. Límites para la tasa de formación de universos burbuja abiertos.
Gould, S. J., *Wonderful Life,* Nueva York, Norton, 1989 [*La vida maravillosa*, Barcelona, Crítica, 1991]. Expone cómo la evolución biológica es caótica e impredecible en detalle.
Grant, J. D. E., *Physical Review D* (1993), vol. 47, p. 2388. El espacio de Grant es un espacio-tiempo cuya región, en la que son posi-

bles los viajes en el tiempo, tenía la misma forma que la región del viaje en el tiempo de mi solución basada en dos cuerdas cósmicas. Esto simplificaba ciertos cálculos en el caso de las cuerdas.

Greene, B., *The Elegant Universe*, Nueva York, Vintage Books, 1999 [*El universo elegante*, Barcelona, Crítica, 2001]. Explica la teoría de las supercuerdas.

Guth, A. H., *The Inflationary Universe*, Nueva York, Perseus Press, 1997 [*El universo inflacionario*, Madrid, Debate, 1999]. La explicación original de Guth sobre su descubrimiento de la inflación.

–, *Physical Review D* (1981), vol. 23, p. 347. La inflación.

Harrison, E. R., *Quarterly Journal of the Royal Astronomical Society* (1995), vol. 36, p. 193. Propone que nuestro universo podría haber sido creado en laboratorio por una civilización inteligente anterior.

Hartle, J. B. y S. W. Hawking, *Physical Review D* (1976), vol. 13, p. 2188. Estado de vacío de Hartle-Hawking en el exterior de un agujero negro.

– y S. W. Hawking, *Physical Review D* (1983), vol. 28, p. 2960. Efecto túnel del universo desde la nada.

Hawking, S.W., *A Brief History of Time*, Nueva York, Bantam Books, 1988 [*Historia del tiempo*, Barcelona, Crítica, 1988]. Hawking describe, entre otras cosas, la solución del túnel cuántico desde la nada.

–, *Nature* (1974), vol. 248, p. 30; *Communications in Mathematical Physics* (1975), vol. 43, p. 199. La radiación de Hawking desde los agujeros negros.

–, *Physical Review D* (1992), vol. 46, p. 603. Conjetura de la protección de la cronología.

– y R. Penrose, *Proceedings of the Royal Society of London* (1970), vol. A314, p. 529. Algunos teoremas que demuestran que es inevitable la existencia de una singularidad en el comienzo del universo, salvo efectos de la gravedad cuántica, curvas cerradas tipo tiempo o inflación.

Headrick, M. P. y J. R. Gott, *Physical Review D* (1994), vol. 50, p. 7244. Nuestra respuesta al artículo de Carroll, Farhi y Guth. Incluye comentarios sobre la posibilidad de una máquina del tiempo basada en un bucle de cuerda cósmica oculto en un agujero negro.

Heinlein, R., «All You Zombies», *Road to Science Fiction:* vol. 3. *From Heinlein to Here*, James Gunn (ed.). Clarkson, CA, White Wolf Publishing, 1979. El relato de Heinlein data de 1959.

Hiscock, W. A., *Physical Review D* (1985), vol, 31, p. 3288. Solución exacta para una cuerda cósmica.
– y D. A. Konkowski, *Physical Review D* (1982), vol. 26, p.1225. Estado de vacío cuántico resultante de los cálculos para el espacio de Misner.
Hofstadter, D., *Gödel, Escher, Bach,* Nueva York, Basic Books, 1979 [*Gödel, Escher, Bach. Un eterno y grácil bucle,* Barcelona, Tusquets, 1987]. Analiza el teorema de la incompletitud de Gödel en matemáticas.
Holst, S. y H.-J. Matschull, *Classical and Quantum Gravity* (1999), vol. 16, p. 3095. Un ejemplo de menos dimensiones (Planilandia) en el que existe un estado de vacío con densidad de energía negativa a través del espacio y en el que hay una máquina del tiempo del tipo de la mía –basada en cuerdas cósmicas–, oculta dentro de un agujero negro.
Hubble, E., *Proceedings of the National Academy of Sciences USA* (1929), vol. 15, p. 168. ¡Hubble descubre la expansión del universo!
Jeffreys, H., *Theory of Probability,* Oxford, Clarendon Press, 1939. Propone el concepto de juicio impreciso en la estadística bayesiana, que es consistente con el punto de vista copernicano.
Jones, F .C., *Physical Review D* (1972), vol. 6, p. 2727. Movimiento de los taquiones.
Kaku, M., *Hyperspace,* Nueva York, Doubleday, 1994 [*Hiperespacio,* Barcelona, Crítica, 1996]. Una explicación de las teorías de Kaluza-Klein, más un diagrama espacio-temporal sobre «All You Zombies» de Heinlein.
Kanigel, R., *The Man Who Knew Infinity: A Life of the Genius Ramanujan,* Nueva York, Scribner's, 1991. Una biografía del genial matemático indio.
Kundić, T., E. L. Turner, W. N. Colley, J. R. Gott, J. E. Rhoads, Y. Wang, L. E. Bergeron, K. A. Gloria, D. C. Long, S. Malhotra y J. Wambsganss, *Astrophysical Journal* (1997), vol. 482, p. 75. Medimos un retardo de 417 días en el cuásar 0957+561A,B, resolviendo una controversia sobre la magnitud del retardo a partir de datos anteriores.
Lamoreaux, S. K., *Physical Review Letters* (1997), vol. 78, p. 5. Medida en laboratorio del vacío de Casimir con dos placas (en realidad, una esfera y una placa) separadas entre 0,6 y 6 micras. La fuerza registrada entre las placas concordaba con la teoría con un error de sólo el 5%.
Landsberg, P. T., J. N. Dewynne y C.P. Please, *Nature* (1993), vol. 365, p. 384. Utilizan mi fórmula copernicana del 95%

para predecir (correctamente, como se pudo ver) la permanencia en el poder del gobierno conservador británico.
Lemaître, G., *Ann. Soc. Sci. Bruxelles A.* (1933), vol. 53, p. 51. Un modelo de *big bang* que concluye en expansión acelerada debido a una constante cosmológica.
Lemonick, M. D., *The Light at the Edge of the Universe*, Nueva York, Villard Books/Random House, 1993. La historia científica y humana del COBE, con un relato muy vívido de las reacciones entre los cosmólogos.
–, *Time*, 13 de mayo de 1991, p. 74. Trata sobre mi máquina del tiempo basada en cuerdas cósmicas.
Leslie, J., *The End of the World: The Science and Ethics of Human Extinction*, Londres, Routledge, 1996; *Bulletin of the Canadian Nuclear Society* (1989), vol. 10, nº. 3, p. 10; *The Philosophical Quarterly* (1990), vol. 40, p. 65; *Mind* (1992), vol. 101.403, p. 521. Un compendio sobre la lógica subyacente en los razonamientos que tanto Leslie como Brandon Carter, Holgar Nielsen y yo hemos hecho en torno al número de seres humanos futuros.
Li, L.-X., *Physical Review D* (1994), vol. 50, p. R6037. El artículo que Li-Xin Li adjuntaba a su carta, en el que colocaba una esfera reflectante entre las bocas del agujero de gusano para evitar el crecimiento exponencial del vacío cuántico.
– y J. R. Gott, *Physical Review Letters* (1998), vol. 80, p. 2980. Vacío cuántico autoconsistente para el espacio de Misner, que permite el viaje en el tiempo.
Lightman, A., *Einstein's Dreams*, Nueva York, Pantheon Books, 1993 [*Sueños de Einstein*, Barcelona, Tusquets, 1993]. Un imaginativo enfoque del tiempo.
–, W. H. Press, R. H. Price y S. A. Teukolsky, *Problem Book in Relativity and Gravitation*, Princeton University Press, Princeton, Nueva Jersey, 1975. Límites para una cápsula de masa automantenida y muchos otros interesantes problemas.
Linde, A., *Particle Physics and Inflationary Cosmology*, Chur (Suiza), Harwood Academic Publishers, 1990. Excelente libro de Linde sobre su teoría de la inflación caótica, según la cual las fluctuaciones cuánticas harían brotar universos hijos como si fueran las ramas de un árbol.
–, *Physics Letters* (1982), vol. 108B, p. 389. Universos burbuja en el marco inflacionario.
–, *Physics Letters* (1983), vol. 129B, p. 177. La inflación caótica.
–, *Physical Review D* (1999), vol. 59, p. 023 503. Universos burbuja abiertos en el contexto de la inflación caótica.

Lord, W., *A Night to Remember,* Nueva York, Bantam Books, 1955. [*La última noche del* Titanic, Barcelona, Grijalbo, 1985.] El diálogo protagonizado por la señora Caldwell al embarcar en el *Titanic* procede de este cautivador relato.

Lossev, A. e I. D. Novikov, Publicación preliminar 91/41 A, remitida a *Classical and Quantum Gravity* (1991). Los *jinn* en las máquinas del tiempo y cómo las soluciones tienen que ser autoconsistentes.

Marder, L., *Proceedings of the Royal Society of London, Ser. A.* (1959), vol. 252, p. 45. Solución exacta de las ecuaciones de Einstein, correspondiente a una cuerda cósmica, ¡pero antes de que nadie hubiera hablado de cuerdas cósmicas!

Mather, J. C. y otros, *Astrophysical Journal Letters* (1990), vol. 354, p. L37. El satélite COBE constata que el espectro de la radiación de fondo de microondas es térmico, tal como predecía el modelo del *big bang* caliente.

McKay, C., J. Kastings y O. Toon, «Making Mars Habitable» («Haciendo Marte habitable»), *Nature* (1991), vol. 352, pp. 489-496.

Mendelssohn, K., *The Riddle of the Pyramids,* Nueva York, Praeger, 1974. Analiza por qué los egipcios construyeron pirámides y por qué dejaron de hacerlo.

Misner, C. W., *Relativity Theory and Astrophysics I: Relativity and Cosmology, Lectures in Applied Mathematics*, editado por J. Ehlers, vol. 8, p. 160, American Mathematical Society, Providence, 1967. El espacio de Misner.

–, K. S. Thorne y J. A. Wheeler, *Gravitation,* San Francisco, Freeman, 1973. Aprendí relatividad general en el curso que dio el profesor Kuchař utilizando este libro cuando aún se hallaba en pruebas de imprenta. Incluye los comentarios de Einstein sobre sus sentimientos tras haber obtenido las ecuaciones de la relatividad general.

Morris, M.S., K.S. Thorne y U. Yurtsever, *Physical Review Letters* (1988), vol. 61, p. 1446. Agujeros de gusano empleados como máquinas del tiempo.

Nahin, P .J., *Time Machines,* Nueva York, American Institute of Physics, 1993. Excelente libro sobre viajes en el tiempo en la ciencia y en la ciencia ficción.

Nielsen, H. B., *Acta Physica Polonica* (1989), vol. B20, p. 427. La población futura como tema.

Novikov, I. D., *The River of Time,* Cambridge, Cambridge University Press, 1998. Subraya la importancia del principio de autoconsistencia en los viajes en el tiempo, considerando inaltera-

ble el pasado. Optimista respecto a la posibilidad de realizar un viaje al pasado.
–, *Sov. Phys. JEPT* (1989), vol. 68, p. 439. La autoconsistencia en el viaje en el tiempo.
O'Neill, G. K., *Physics Today* (septiembre de 1974), vol. 27, p. 32. Colonias en el espacio.
Ori, A., *Physical Review Letters* (1991), vol. 67, p. 789; (1992), vol. 68, p. 2117, y (1993), vol. 71, p. 2517. Resultados que sugieren que, si creamos singularidades en el proceso de construcción de una máquina del tiempo, aún podríamos sobrevivir al viaje en el tiempo.
Pais, A., *Subtle Is the Lord...*, Oxford, Clarendon Press, 1982 [*El señor es sutil...*, Barcelona, Ariel, 1984]. La mejor biografía de Einstein. Contiene todas las grandes anécdotas. He tomado de ella unos cuantos detalles biográficos.
Penzias, A. y R. W. Wilson, *Astrophysical Journal* (1965), vol. 142, p. 419. Artículo merecedor del Premio Nobel por el descubrimiento de la radiación cósmica de fondo.
Perlmutter, S. y otros, *Astrophysical Journal* (1999), vol. 517, p. 565. Datos sobre supernovas que sugieren que la expansión del universo se está acelerando.
Pickover, C. A., *Time: A Traveler's Guide*, Nueva York, Oxford University Press, 1998. Una amena introducción a la física del viaje en el tiempo.
Preston, R., *The Hot Zone,* Nueva York, Anchor Books, 1995. Advierte sobre el peligro de virus exterminadores.
Ratra, B. y P. J. E. Peebles, *Astrophysical Journal Letters* (1994), vol. 432, p. L5, y *Physical Review D* (1994), vol. 52, p. 1837.Cálculo del crecimiento de la estructura a partir de fluctuaciones cuánticas aleatorias en universos de burbuja inflacionarios y abiertos. M. Bucher, A.S. Goldhaber y N. Turok, *Physical Review D* (1995), vol. 52, pp. 3314, 5538, y K. Yamamoto, M. Sasaki y T. Tanaka en *Astrophysical Journal* (1995), vol. 455, p. 412, han continuado esas investigaciones.
Riess, A. G. y otros, *Astrophysical Journal* (1998), vol. 116, p. 1009. Datos sobre supernovas que sugieren que la expansión del universo se está acelerando.
Ṛg Veda, Wendy Doniger O'Flaherty (trad.), Harmondsworth, Inglaterra, Penguin, 1981.
Sagan, C., *Broca's Brain,* Nueva York, Random House, 1974 [*El cerebro de broca,* Barcelona, Crítica, 1999]. Habla sobre «Gott y las tortugas».

Schwarzschild, K., *Sitzungsberichte der Deutschen Akademie der Wissenschaften zu Berlin, Klasse für Mathematik, Physik und Technik* (1916), vol. 1916, p. 189. Una vez generalizada, se convirtió en la solución de los agujeros negros. El autor murió poco después de escribir el artículo. Su hijo, Martin Schwarzschild, fue uno de mis mentores en Princeton.

Simon, J. Z., «The Physics of Time Travel», *Physics World* (diciembre de 1994), vol. 7, pp. 27-33. En el libro se señala que las máquinas del tiempo con bucles temporales de 5×10^{-44} segundos serían difíciles de descartar. Ése es el tipo de máquina que Li-Xin Li y yo hemos propuesto para explicar el origen del universo.

Smolin, L., *The Life of the Cosmos*, Oxford, Oxford University Press, 1997. Explica cómo los universos-hijos nacidos en los agujeros negros podrían dar lugar a una evolución en las constantes físicas que favoreciera la producción de más agujeros negros.

Smoot, G. F. y otros, *Astrophysical Journal* (1992), vol. 420, p. 439. Las medidas del satélite COBE muestran fluctuaciones en la radiación cósmica de fondo consistentes con la inflación.

Stanley, S. M., *Proceedings of the National Academy of Sciences* (1975), vol. 72, p. 646. Longevidad media de las especies de mamíferos: dos millones de años.

Staruszkiewicz, A., *Acta Physica Polonica* (1963), vol. 24, p. 734. Masas puntuales en Planilandia.

Taylor, E. F. y J. A. Wheeler, *Spacetime Physics*, San Francisco, W. H. Freeman, 1992. Un gran libro sobre la relatividad especial, lleno de diagramas espacio-temporales.

Thorne, K. S., *Black Holes and Time Warps*, Nueva York, Norton, 1994. Un excelente libro sobre la física de los agujeros negros y los viajes en el tiempo mediante agujeros de gusano.

Tipler, F. J., *Physical Review Letters* (1976), vol. 37, p. 879. El artículo señalaba que, bajo ciertas condiciones generales, tratar de construir una máquina del tiempo en una región finita utilizando sólo materia de masa positiva conduciría a la formación de singularidades.

Tyson, N. de G. y otros, *One Universe: At Home in the Cosmos*, Nueva York, John Henry Press, 2000. Un hermoso libro sobre nuestro universo.

Unruh, W. G., *Physical Review D* (1976), vol. 14, p. 870. La radiación de Unruh.

Van Stockum, W. J., *Proceedings of the Royal Society of Edinburgh*

(1937), vol. 57, p. 135. Tipler observaría más tarde que esta solución de las ecuaciones de Einstein (un cilindro giratorio infinito) permitiría el viaje en el tiempo.
Vilenkin, A., *Physical Review D* (1981), vol. 23, p. 852. Solución aproximada para una cuerda cósmica.
–, *Physics Letters* (1982), vol. 117B, p. 25. Efecto túnel del universo desde la nada.
Vogeley, M., C. Park, M. J. Geller, J. P. Huchra y J. R. Gott, *Astrophysical Journal* (1994), vol. 420, p. 525. Uno de los numerosos estudios realizados por diversos grupos, en los que se muestra que existe una geometría espongiforme en la acumulación de galaxias, que es consistente con la inflación.
Wells, H. G., *The Time Machine* (1895), reimpresa en *The Complete Science Fiction Treasury of H. G. Wells*, Nueva York, Avenel Books, 1978 [*La máquina del tiempo y otros relatos*, Madrid, Valdemar, 2001]. ¡Ahí empezó todo!
Wheeler, J. A. y R. P. Feynman, *Reviews of Modern Physics* (1945), vol. 17, p. 157. Teoría sobre la flecha del tiempo.
– y K. Ford, *Geons, Black Holes, and Quantum Foam,* Nueva York, Norton, 1998. La autobiografía de Wheeler.
Wilson, E. O., en *Biodiversity*, E. O. Wilson (ed.), Washington, D.C., National Academic Press, 1986. Longevidad de las especies.
Zubrin, R. M., *The Case for Mars*, Nueva York, Free Press, 1996.
– y C. P. McKay, «A World for the Winning: The Exploration and Terraforming of Mars», *The Planetary Report* (septiembre/octubre de 1992), vol. 12, nº. 5. Un mundo para el vencedor: la exploración y acondicionamiento de Marte.

ÍNDICE

Título de la edición original: *Time travel in Einstein's Universe. The physical possibilities of travel through time*
Traducción del inglés: Luis Enrique de Juan
Diseño: David Torrents
Foto de solapa: © Marjorie C. Gott

Círculo de Lectores, S. A. (Sociedad Unipersonal)
Travessera de Gràcia, 47-49, 08021 Barcelona
www.circulo.es
1 3 5 7 9 4 0 1 2 8 6 4 2

Licencia editorial para Círculo de Lectores
por cortesía de Tusquets Editores, S. A.

Depósito legal: B. 46988-2004
Fotocomposición: Víctor Igual, S. L., Barcelona
Impresión y encuadernación: Printer industria gráfica
N. II, Cuatro caminos s/n, 08620 Sant Vicenç dels Horts
Barcelona, 2004. Impreso en España
ISBN 84-672-1022-2
N.° 36269